高等职业教育"十三五"精品规划教材

工程力学

(第 3 版)

主编　禹加宽

北京理工大学出版社
BEIJING INSTITUTE OF TECHNOLOGY PRESS

内容简介

本书依据教育部制定的《高职高专近机械类专业力学课程教学基本要求》，结合高职高专培养应用型人才的特点，在充分吸取近些年高职高专教育改革的成果与经验的基础上编写而成。

全书涵盖了理论力学、材料力学课程的主要内容。理论力学部分包括静力学的基础知识、平面力系、空间力系和刚体的定轴转动等；材料力学部分包括材料力学的基础知识、杆件的内力分析、杆件基本变形时的应力与强度计算及变形与刚度计算、应力状态、强度理论、组合变形、压杆稳定与疲劳破坏等。每章前有知识点、先导案例，每节前有知识预热；每章后有先导案例解决、学习经验、小结，并提供了较多的例题、思考题、习题及参考答案，以便教师的选用和学生的预复习。

本书突出高职高专"以应用为目的""以能力为本位"的教育理念，体现"以必需、够用为度"的原则，可作为高职机械、机电、数控技术及模具设计与制造等近机械类专业学生的教学用书，也可以供相关工程技术人员参考。

版权专有　侵权必究

图书在版编目（CIP）数据

工程力学 / 禹加宽主编. —3 版. —北京：北京理工大学出版社，2016.8（2016.9 重印）
ISBN 978-7-5682-2893-0

Ⅰ. ①工… Ⅱ. ①禹… Ⅲ. ①工程力学 Ⅳ. ①TB12

中国版本图书馆 CIP 数据核字（2016）第 197398 号

出版发行 / 北京理工大学出版社有限责任公司	
社　　址 / 北京市海淀区中关村南大街 5 号	
邮　　编 / 100081	
电　　话 /（010）68914775（总编室）	
（010）82562903（教材售后服务热线）	
（010）68948351（其他图书服务热线）	
网　　址 / http://www.bitpress.com.cn	
经　　销 / 全国各地新华书店	
印　　刷 / 三河市华骏印务包装有限公司	
开　　本 / 787 毫米×1092 毫米　1/16	
印　　张 / 14	责任编辑 / 李秀梅
字　　数 / 326 千字	文案编辑 / 杜春英
版　　次 / 2016 年 8 月第 3 版　2016 年 9 月第 2 次印刷	责任校对 / 周瑞红
定　　价 / 33.00 元	责任印制 / 马振武

图书出现印装质量问题，请拨打售后服务热线，本社负责调换

再 版 前 言

高职高专教育越来越突出职业技能培养的教育目标，其教学内容也在向着强化实训和实践，理论知识的教学以"必需、够用"为度的方向发展。在总结工程力学课程长期教学经验的基础上，充分吸取了近年来部分高职院校对教材使用的意见和建议，并结合高职高专培养应用型人才的特点及高职高专教育改革的成果与经验，对全书进行了充实提高和精心修订。

工程力学作为一门技术基础课程，教学课时进一步减少，教学内容更加精选。本书力求精简优化教学内容体系，在基础理论的学习上坚持"必需、够用"的原则，讲清概念、原理，兼顾专业需求和个性发展，以培养实用型人才为主要目标；在介绍与机械有关的力学知识时，以培养实用型人才为主要目标，避免了复杂的数学推导计算，文字简明、内容精练，突出了高等职业教育的特色。同时注意高职高专的培养目标，将素质教育和技能培养有机地结合，及时充实新知识、新技术、新工艺和新方法等方面内容，力求反映科学技术的最新成果。全书涵盖了理论力学、材料力学课程的主要内容。理论力学部分包括静力学的基础知识、平面力系、空间力系和刚体的定轴转动等；材料力学部分包括材料力学的基础知识、杆件的内力分析、杆件基本变形时的应力与强度计算及变形与刚度计算、应力状态、强度理论、组合变形、压杆稳定与疲劳破坏等。每章前有知识点、先导案例，每节前有知识预热；每章后有先导案例解决、学习经验、小结；每章例题、习题经作者精心选择，具有典型性，强调工程概念，使力学教学与工程实践相结合。本书适合作为高职机械、机电、数控技术等近机械类专业的教学用书。

参加本书编写的有：周祥基（第1、2章）、谢世坤（第3、4章）、卞洪元（第5、6章）、丁育林（第7、8章）、禹加宽（第9、10、11章）。全书由禹加宽任主编，周祥基和谢世坤任副主编。

在本书的编写过程中，得到了有关职业院校老师的热情帮助和指导，在此深表感谢。由于编者水平有限，疏漏和欠妥之处在所难免，恳请读者批评指正！

教材使用说明

　　工程力学是现代工程技术重要的理论基础之一，是重要的技术基础课。它在基础课和专业课之间起着桥梁的作用。本教材是高职机械、机电、数控技术、模具设计与制造等近机械类相关专业的基础教材。教材中的主要内容是高职近机械类专业必须具备的基本理论和技能。

　　不同的专业面向不同的岗位群，机械专业适应的岗位群：在船舶配套、机床制造、汽车制造等行业，主要从事产品计划开发，机械制造工艺规程编制及工艺装置计划，技术管理及工艺实施的现场管理，通用机械设备的管理、维护及修缮，数控机床及加工核心操作与程序编制等工作。学生应具有机械制造工艺编制，机械装置及工艺装置计划，机械设备的装配、调试与革新能力，以及数控机床加工等能力。

　　机电专业适应的岗位群：主要在机电、机械等行业，从事机电装置的革新，企业生产线的电气故障诊断、检修及管理维护，机电设备的检修、维护以及机床的数控变革，小型机电控制产品革新、销售和技术支持等工作。学生应具有机电控制设备的操作、装配、调试、维修及控制技术应用能力，以及自动生产线（如柔性制造系统（FMS））的使用、维护能力。

　　数控专业适应的岗位群：主要在机械装备、航空、汽车、模具等产品制造行业，从事机制工艺、数控加工及编程，模具计划与制造，数控设备维护及革新，制造技术管理等工作。学生应具有操作数控机床、编制数控加工工艺规程和加工程序的能力，利用 CAD/CAM 软件进行零件的几何造型及程序编制的能力，使用、调试和维护大型机床、数控机床及其他自动化制造设备的能力。

　　模具专业适应的岗位群：主要在汽车、塑料制品、机械等制造业以及电子家电、航空航天等行业，从事企业的模具计划与制造，模具的装配、调试、维修和管理，数控机床编程与操作等工作。学生应具有模具计划及制造、操作现代化模具加工设备和冲压塑料成形设备、应用计算机进行 CAD/CAM 模具辅助设计制造等方面的能力。

　　本教材主要讲授静力学、运动学、动力学和材料力学。静力学和运动学部分，使学生认识物体机械运动的基本规律，学会运用这些规律和方法分析、解决工程实际中的力学问题；材料力学部分，使学生掌握杆件强度、刚度和稳定性等方面的知识，能熟练地对构件进行强度和刚度计算，并具有较强的实践能力。

　　学习这门课程，既可以直接解决一些简单的工程实际问题，又可以为后续的有关课程打好基础。同时，掌握工程力学的研究方法，将有利于其他科学技术的学习。在高职工科院校里，许多专业基础课、专业课都将直接应用工程力学课程中的基本理论、知识和方法。

　　例如，机电大类专业中需开设的"机械原理"课程中，需要用工程力学中点的合成运动和刚体平面运动的分析方法去分析连杆机构和凸轮机构等，各种机构的复杂运动要用静、动平衡的概念去分析机构的平衡，在机械效率一章中运用工程力学中的机械效率、摩擦、自锁等知识。"机械设计"课程中,需要分析齿轮、传动轴、蜗轮蜗杆的受力和变形,就要计算齿面接触疲劳强度、齿根部的弯曲强度、轮齿的强度、螺栓连接、键连接的剪切强度、齿轮传动轴和蜗杆的强度、刚度,等等,这些都需运用工程力学中的摩擦角、自锁等知识以及构件变形、双向弯曲与扭转组合变形的强度、刚度条件等理论。"机械制造工艺学"课程中,需要考虑工艺系统的受力变形、残余应力、机械加工中的振动等因素对机械加工精度、表面质量的影响,这些都需要应用工程力学的基本知识。"金属切削原理"课程中,需要用"力的合成与分解"方法去分析切削合力与分力,要用变形与应变的知识分析金属切削时的剪切变形和剪应变。"金属切削机床"课程中,需要计算支承件的弯矩、扭矩,需要讨论支承件的刚度及其动态特性;要计算传动件的疲劳强度等,也要运用工程力学中的基本理论。

又如,材料科学与工程大类专业中需要开设的"金属塑性成形原理"课程中,需要讨论金属的塑性和塑性指标、应力状态对塑性的影响、应变分析、应力应变关系,等等,这些都需要应用工程力学的基本知识。此外,还要用工程力学的虚功原理去求解塑性成形问题。"金属学与热处理"课程中,需要应用金属的强度指标、塑性指标、韧性指标等,要讨论金属受正应力作用及受切应力作用的弹性变形和塑性变形。"冲压模具设计与制造技术"课程中,要用到工程力学中的应力应变关系,广义胡克定律,第三、第四强度理论等去分析讨论变形物体的应力、应变状态,要用计算重心的方法去确定压力中心,要用弯曲内力、应力、应变的求解方法去进行弯曲模具设计。"冲压模具技术的理论与实践"课程中,进行挤压模具的强度校核时,要用到工程力学中的弯曲应力、轴向压应力、剪切强度计算方法;在分析"扁挤压筒破坏原因"时,需要用到工程力学中的压应力、温度应力、装配应力组合应力计算、主应力等概念。

随着社会的发展和科技的进步,对高职高专学校提出了更高的要求,学校不仅要给学生传授科学知识,还必须注重学生综合素质的培养和提高,培养学生的工程意识。"工程力学"课程在培养人才方面起着十分重要的作用。首先,"工程力学"课程是后续课程的基础,这从上述列举的实例看得很清楚,基础扎实与否将直接影响后续课程理论知识的学习。其次,工程力学中的基本理论在许多科学技术、工程技术中得到了广泛应用。例如,航空航天、机械制造、石油化工、土木工程、汽车船舶、体育工程等诸多行业与工程力学密切相关。可见,未来的工程技术人员必须认真学好"工程力学"课程,以便理解工程力学的研究方法,掌握工程力学的计算原理、计算方法和计算技能。

除此之外,工程力学在培养学生全面素质和职业能力方面的作用可以归纳如下:

(1) 培养理论联系实际的能力和抽象化能力。工程力学中力学模型和练习题,基本上都是由工程实际中的各种构件、零部件或构筑物简化抽象而得的。

(2) 培养实验观察、分析及动手能力。"工程力学"课程要求学生自己动手做实验,通过观察实验现象,分析试件变形、破坏的原因,根据实验数据归纳、分析、推导出理论公式,培养灵活、综合分析问题和解决问题的能力。

(3) 培养计算机运用能力。"工程力学"课程中的部分习题计算量比较大,为此,任课教师可以指导学生编写程序用计算机计算。这样做既可以保证学生的计算机学习不断线又培养了学生运用计算机的能力,对以后解决工程实际中大型计算问题无疑是一个十分有益的培养、训练。

(4) 培养工程意识。工程力学中对构件的主要变形进行强度、刚度和稳定性计算时,只考虑构件的主要变形及引起变形的主要因素。在实际工程设计中常常运用"忽略次要因素和次要变形"这种方法进行简化计算，可以保证设计的构件既能安全工作又节省材料，符合经济合理原则。

通过以上分析可以看出，学好"工程力学"课程对后续课程的学习将起到至关重要的作用。掌握工程力学中分析问题、解决问题的基本技能和基本方法，将在培养学生的全面素质和职业能力等方面起着十分重要的作用。

本门课程对应岗位

机械制造及自动化、数控技术应用、机电一体化、模具设计与制造等。根据职业岗位需求，职业岗位能力的分析，这些岗位应掌握物体受力分析方法、物体在力系作用下的平衡规律及工程构件在载荷作用下变形和破坏的规律，具备工程分析和计算能力。

 岗位需求知识点

1. 力学的基本原理。
2. 物体受力分析与计算的方法。
3. 材料拉压时的力学性能。
4. 构件的强度、刚度的计算，承载能力的确定和截面尺寸的设计。
5. 运用强度理论解决组合变形的强度、刚度问题。
6. 提高压杆稳定性措施等。

目 录

绪论 ··· 1
  一、工程力学的地位和作用 ··· 1
  二、工程力学的主要内容 ··· 1
  三、学习工程力学的方法 ··· 1

第一篇　理　论　力　学

第 1 章　静力学基础 ··· 5
1.1　静力学基本概念 ··· 6
  1.1.1　力的概念 ··· 6
  1.1.2　力的三要素 ·· 6
  1.1.3　力的表示法 ·· 7
  1.1.4　静力学基本公理 ·· 7
1.2　约束与约束力 ··· 10
  1.2.1　柔性约束 ·· 10
  1.2.2　光滑接触面约束 ·· 11
  1.2.3　圆柱形铰链约束 ·· 11
  1.2.4　固定端支座约束 ·· 13
1.3　受力图 ··· 14
  1.3.1　单个物体的受力图 ·· 14
  1.3.2　物体系统的受力图 ·· 15
1.4　载荷 ··· 16
  1.4.1　载荷按作用性质分类 ··· 16
  1.4.2　载荷按作用时间分类 ··· 16
  1.4.3　载荷按作用范围分类 ··· 17

第 2 章　平面力系的合成与平衡 ··· 23
2.1　平面汇交力系的合成与平衡 ·· 24
  2.1.1　平面汇交力系合成的几何法 ······································· 24
  2.1.2　平面汇交力系平衡的几何条件 ··································· 25
  2.1.3　平面汇交力系合成的解析法 ······································· 26

2.1.4 平面汇交力系平衡的解析条件 ·· 27
2.2 力矩和力偶 ··· 29
2.2.1 力矩的概念及计算 ·· 29
2.2.2 力偶的概念及性质 ·· 31
2.2.3 平面力偶系的合成及平衡 ··· 32
2.2.4 力的平移定理 ··· 34
2.3 平面平行力系的合成与平衡 ··· 35
2.4 平面一般力系的简化 ·· 37
2.4.1 平面一般力系向一点简化 ··· 37
2.4.2 简化结果的讨论 ·· 38
2.5 平面一般力系的平衡方程及其应用 ·· 39
2.5.1 平面一般力系的平衡方程 ··· 40
2.5.2 解题步骤与方法 ·· 40
2.6 静定与超静定问题及物系的平衡 ··· 42
2.6.1 静定与超静定问题的概念 ··· 42
2.6.2 物系的平衡 ·· 43
2.7 摩擦 ·· 46
2.7.1 滑动摩擦 ··· 46
2.7.2 摩擦角 ·· 48
2.7.3 考虑摩擦时物体的平衡问题 ······································ 49
2.7.4 滚动摩擦 ··· 51

第 3 章 空间力系的合成与平衡 ·· 62
3.1 力在空间直角坐标轴上的投影 ·· 63
3.1.1 直接投影法 ·· 63
3.1.2 二次投影法 ·· 63
3.1.3 合力投影定理 ··· 64
3.2 力对轴之矩 ·· 65
3.2.1 力对轴之矩 ·· 65
3.2.2 合力矩定理 ·· 66
3.3 空间任意力系的平衡方程 ·· 67
3.4 重心 ·· 72
3.4.1 重心及形心的坐标公式 ·· 73
3.4.2 确定重心位置的方法 ··· 74

第 4 章 刚体定轴转动 ·· 83
4.1 转动方程、角速度和线速度 ··· 83
4.1.1 转动方程 ··· 83

    4.1.2 角速度和线速度 ………………………………………………………………… 84
  4.2 功率、转速与转矩间的关系 ……………………………………………………… 86
    4.2.1 功率 ……………………………………………………………………………… 86
    4.2.2 功率、转矩和转速之间的关系 ………………………………………………… 86

第二篇 材 料 力 学

第 5 章 轴向拉伸与压缩 ……………………………………………………………… 91
  5.1 轴向拉伸与压缩的概念 …………………………………………………………… 91
  5.2 截面法、轴力与轴力图 …………………………………………………………… 92
    5.2.1 内力的概念 ……………………………………………………………………… 92
    5.2.2 截面法、轴力与轴力图 ………………………………………………………… 93
  5.3 拉压时横截面上的正应力 ………………………………………………………… 95
    5.3.1 应力的概念 ……………………………………………………………………… 95
    5.3.2 横截面上的正应力 ……………………………………………………………… 96
  5.4 轴向拉压杆的变形和胡克定律 …………………………………………………… 97
    5.4.1 纵向线应变和横向线应变 ……………………………………………………… 97
    5.4.2 胡克定律 ………………………………………………………………………… 98
  5.5 材料在轴向拉压时的力学性能 ……………………………………………………100
    5.5.1 低碳钢拉伸时的力学性能 ………………………………………………………101
    5.5.2 低碳钢压缩时的力学性能 ………………………………………………………103
    5.5.3 铸铁拉伸时的力学性能 …………………………………………………………103
    5.5.4 铸铁压缩时的力学性能 …………………………………………………………103
  5.6 轴向拉压杆的强度计算 ……………………………………………………………105
    5.6.1 极限应力、许用应力和安全系数 ………………………………………………105
    5.6.2 拉（压）杆的强度条件 …………………………………………………………105
  5.7 拉压超静定问题 ……………………………………………………………………107
    5.7.1 超静定概念及其解法 ……………………………………………………………107
    5.7.2 装配应力 …………………………………………………………………………108
    5.7.3 温度应力 …………………………………………………………………………109

第 6 章 剪切与挤压 ………………………………………………………………………115
  6.1 剪切与挤压概念 ……………………………………………………………………115
    6.1.1 剪切的概念 ………………………………………………………………………115
    6.1.2 挤压的概念 ………………………………………………………………………117
  6.2 剪切和挤压实用计算 ………………………………………………………………117
    6.2.1 剪切实用计算 ……………………………………………………………………117
    6.2.2 挤压实用计算 ……………………………………………………………………118

| 6.3 剪切胡克定律和切应力互等定理 | 120 |

第7章 圆轴扭转 … 123

7.1 扭转的概念和外力偶矩的计算 … 123
7.1.1 扭转的概念 … 123
7.1.2 外力偶矩的计算 … 124

7.2 扭矩和扭矩图 … 124
7.2.1 扭矩 … 124
7.2.2 扭矩图 … 125

7.3 圆轴扭转时的应力与强度条件 … 127
7.3.1 圆轴扭转时横截面上的应力 … 127
7.3.2 圆截面极惯性矩 I_p 及抗扭截面系数 W_p 的计算 … 130
7.3.3 圆轴扭转时的强度条件 … 131

7.4 圆轴扭转时的变形及刚度条件 … 132
7.4.1 圆轴扭转时的变形 … 133
7.4.2 圆轴扭转时的刚度条件 … 133

第8章 平面弯曲内力 … 138

8.1 平面弯曲 … 138
8.1.1 平面弯曲的概念 … 138
8.1.2 梁的计算简图及分类 … 139

8.2 梁的内力——剪力与弯矩 … 140
8.2.1 截面法求内力——剪力与弯矩 … 140
8.2.2 剪力和弯矩的符号规定 … 141

8.3 剪力图与弯矩图 … 143
8.3.1 剪力方程和弯矩方程 … 143
8.3.2 剪力图与弯矩图 … 143

8.4 弯矩、剪力和载荷集度 … 147
8.4.1 弯矩、剪力和载荷集度间的关系 … 147
8.4.2 利用 $M(x)$、$F_Q(x)$、$q(x)$ 三者之间的关系绘剪力图和弯矩图 … 147

第9章 弯曲强度与刚度 … 154

9.1 梁弯曲时横截面上的正应力 … 154
9.1.1 纯弯曲变形 … 155
9.1.2 正应力分布规律 … 156
9.1.3 弯曲正应力的计算 … 156
9.1.4 常用截面的惯性矩的计算 … 157

9.2 梁弯曲时正应力强度计算 … 159

9.3 弯曲切应力简介 ··· 162
9.3.1 矩形截面梁上的切应力 ·· 162
9.3.2 典型截面梁的最大切应力计算 ·· 163
9.3.3 弯曲切应力强度条件 ·· 163
9.4 梁的弯曲变形与刚度 ··· 164
9.4.1 梁的弯曲变形概述 ··· 164
9.4.2 用叠加法求梁的变形 ·· 167
9.4.3 梁的刚度条件 ·· 168
9.5 提高梁的强度和刚度的措施 ··· 168
9.5.1 合理安排梁的支承及增加约束 ·· 169
9.5.2 选择合理的截面形状 ·· 169
9.5.3 合理布置载荷 ·· 169

第10章 应力状态 强度理论 组合变形 ··· 176
10.1 应力状态的概念 ·· 176
10.1.1 一点的应力状态 ·· 176
10.1.2 单元体的概念 ··· 177
10.1.3 主平面、主应力 ·· 177
10.1.4 应力状态分类 ··· 178
10.2 平面应力状态分析 ··· 178
10.2.1 斜截面上的应力 ·· 179
10.2.2 主应力的大小和方向 ··· 180
10.2.3 最大切应力 ··· 180
10.3 强度理论 ··· 182
10.3.1 强度理论的概念 ·· 182
10.3.2 常用的四种强度理论 ··· 183
10.3.3 四种强度理论的适用范围 ·· 184
10.4 组合变形的强度计算 ·· 184
10.4.1 弯曲与拉伸（压缩）组合变形的强度计算 ······························ 185
10.4.2 弯曲与扭转组合变形的强度计算 ··· 186

第11章 压杆稳定与疲劳破坏等 ·· 193
11.1 压杆稳定的概念 ·· 193
11.2 提高压杆稳定性的措施 ·· 194
11.3 交变应力和疲劳破坏的概念 ·· 196
11.3.1 动应力的概念 ··· 196
11.3.2 交变应力的概念 ·· 196
11.3.3 构件的疲劳破坏及其产生的原因 ··· 197

11.4 应力集中的概念 …………………………………………………………………… 197

附录 A 型钢表 ……………………………………………………………………… 199

附录 B 习题答案 …………………………………………………………………… 203

参考文献 ……………………………………………………………………………… 208

绪　　论

一、工程力学的地位和作用

工程力学是一门与工程技术密切联系的技术基础课，是研究物体运动的一般规律和有关构件的强度、刚度和稳定性理论的科学，在机械及轻工、化工、纺织、建筑等众多相关专业中占有重要的地位。工程力学的定律、定理与结论广泛应用于各种工程技术中。例如，机床、内燃机、起重机等各种各样的机械，它们都是由许多不同构件组成的，当机械工作时，这些构件将受到外力（通常称为载荷）的作用，都要涉及机械运动和强度计算等问题。因此，对机械的研究、制造和使用都是以力学理论为基础的，所以工程力学是解决实际问题的重要基础。

工程力学所阐述的是力学中最普遍、最根本的规律，这些基础知识具有很强的实用性。作为高职高专应用型工程技术人才，在工作中必然会遇到很多与力学有关的问题，通过本课程的学习，可以掌握必要的力学知识，帮助我们正确地使用、安装、维护各类机械，提高操作技能和技术创新能力。

二、工程力学的主要内容

工程力学共分两篇。第一篇为理论力学，重点学习静力学，即学习物体受力分析方法和物体平衡的一般规律；第二篇为材料力学，研究工程构件在载荷作用下变形和破坏的规律，在保证构件既安全又经济的前提下，为构件选用合适的材料、确定合理的截面形状和尺寸提供理论依据。

三、学习工程力学的方法

力学的基本规律，是人们通过长期生产实践和大量科学实验，经过综合、分析和归纳总结出来的，观察和实验是认识力学规律的重要环节。因而，学习工程力学的过程中必须注意理论密切联系实际，在观察和实践中，勤于思考，抓住主要因素，学会运用抽象化的方法建立力学模型，理解问题的本质；注意掌握合理的假设、准确的概括、严密的推理等科学方法；工程力学中的许多概念和公式可以通过做习题来巩固、掌握、加深理解，所以，及时的总结和适量的练习是学好本课程的重要途径。本书每章均列出了知识点、先导案例，有利于把握学习的重点、难点，提高学习兴趣；每章后有先导案例解决、学习经验、本章小结、思考题和习题，有助于复习和深入思考所学的内容，巩固基础知识和提高分析问题和解决问题的能力。

第一篇 理论力学

　　理论力学是研究物体机械运动的规律及其应用的科学。

　　运动是物质存在的形式，是物质的固有属性。它包括了宇宙中发生的一切变化与过程。因此，物质的运动形式是多种多样的，从简单的位置变化到各种物理现象、化学现象，直至人的思维与人们的社会活动。

　　所谓机械运动，是指物体在空间的位置随时间的变化，这是宇宙间物质运动的一种最简单的形式。例如星球的运行，飞机、轮船、汽车的行驶，机器的运转等，都是机械运动。所谓物体的平衡，一般是指物体相对地球处于静止状态或做匀速直线运动，这是机械运动的特殊情形。

　　理论力学包括静力学、运动学和动力学三个部分，本篇着重讨论静力学。静力学研究物体受力分析方法和物体在力系作用下处于平衡的条件。物体平衡时的运动规律较运动状态发生变化时的规律要简单一些，所以静力学是理论力学中较浅显易懂的部分。

　　静力学物体受力分析方法和力系平衡条件在工程技术中应用很广。例如，常见的机械零件，如轴、齿轮、螺栓等，以及手动工具和低速机械等，它们在工作时大多处于平衡状态，或者可以近似看作处于平衡状态。为了合理设计或选择这些机械零件的形状、尺寸，保证构件安全可靠地工作，就要运用静力学知识，对构件进行受力分析，并根据平衡条件求出未知力，为构件的应力分析做好准备。所以，静力学又是学习材料力学的基础。此外，本篇还对运动学中的刚体定轴转动内容作了初步介绍。

第1章 静力学基础

  本章知识点

1. 力、平衡、刚体等概念。
2. 静力学公理及其推论。
3. 常见约束的特征及其约束力的确定。
4. 物体的受力分析及受力图的绘制。

  先导案例

物体受力分析是本学科的基础，通过对力的性质、公理的研究，可以帮助我们合理地分析物体受力状况，正确地画出物体的受力图。如图 1-1 所示的简易起重机，若要画出其中任一构件的受力图，该运用哪些力学原理，采用什么方法来实现呢？这就是本章所要讨论的内容。

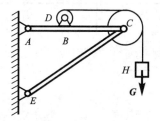

图 1-1 简易起重机

静力学是研究刚体在力系作用下的平衡规律的科学。它包括确定研究对象，进行受力分析，简化力系，建立平衡条件求解未知量等内容。刚体是指在力的作用下不变形的物体。力系是指作用于被研究物体上的一组力。若两力系分别作用于同一物体而效应相同，则二者互称等效力系；若力系与一力等效，则称此力为该力系的合力。所谓力系的简化，就是用简单的力系等效替代复杂的力系。工程中，平衡是指物体相对于地球处于静止状态或匀速直线运动状态，是物体机械运动中的一种特殊状态。如果力系可使物体处于平衡状态，则称该力系为平衡力系。

1.1 静力学基本概念

【知识预热】

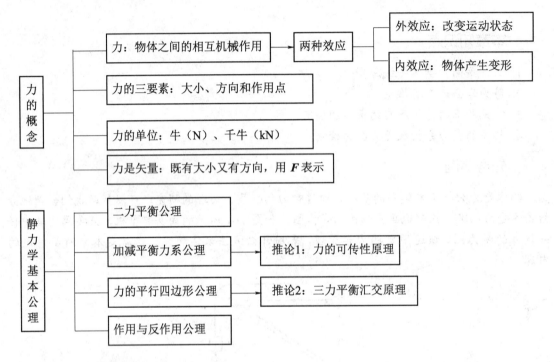

1.1.1 力的概念

力是人们在长期的生活和生产等实践活动中逐渐形成的概念,例如,当人们推车、踢球、举重、打铁时,由于肌肉的紧张而感到力的作用。力是物体之间的相互机械作用。这种作用对物体产生两种效应,一种是引起物体机械运动状态发生改变,称为力的外效应;另一种是使物体产生变形,称为力的内效应或变形效应。物体的运动状态发生变化是指物体速度大小或运动方向的改变,物体的变形是指物体的形状或大小发生变化。静力学只研究力的外效应,材料力学研究力的内效应。

1.1.2 力的三要素

实践证明,力对物体的作用效应取决于力的大小、方向和作用点,这三个因素称为力的三要素。当这三个要素中有任何一个改变时,力的作用效应也将发生变化。力的大小是指物体间相互作用的强弱程度,力大则对物体的作用效果也大,力小则作用效果也小。力的大小可以用测力器测定。在国际单位制中,力的度量单位是牛和千牛,用符号 N 或 kN 表示。

$$1 千牛(kN)=1\,000 牛(N)$$

力具有方向,假设用同样大小的力推动小车:从小车后面推,小车前进;从小车前面推,小车后退。说明力的作用方向不同，产生的效果也不同。

力对物体的作用效果还与力在物体上的作用点有关。将长方形木块搁置在桌面上，施以同样大小和方向的力推木块，如果力的作用点较低，木块将向前移动，如图1-2（a）所示；如果力的作用点较高，木块将翻倒，如图1-2（b）所示。

力的大小、方向和作用点决定了力对物体的作用效果，改变这三个因素中的任一个因素，都会改变力对物体的作用效果。因此，我们把力的大小、方向和作用点称为力的三要素。

1.1.3 力的表示法

力是一个既有大小又有方向的量，因此力是矢量。图示时，常用一带箭头的线段表示力的三要素，如图1-3所示。线段长度 AB 按一定的比例尺表示力的大小；线段的方位和箭头的指向表示力的方向；线段的起点（或终点）表示力的作用点；与线段重合的直线称为力的作用线。本书中，力矢用黑体字母表示，如 $\boldsymbol{F}$；力的大小是标量，用明体字母表示，如 F。

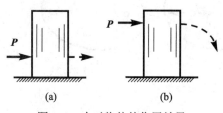

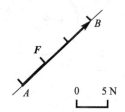

图1-2 力对物体的作用效果　　　　图1-3 力的表示法

若力矢 $\boldsymbol{F}$ 在平面 Oxy 中，则其矢量表达式为

$$\boldsymbol{F} = \boldsymbol{F}_x + \boldsymbol{F}_y = F_x \boldsymbol{i} + F_y \boldsymbol{j} \tag{1-1}$$

式中，$\boldsymbol{F}_x$，$\boldsymbol{F}_y$ 分别表示力 $\boldsymbol{F}$ 沿平面直角坐标轴 x，y 方向上的两个分量；F_x，F_y 分别表示力 $\boldsymbol{F}$ 在坐标轴 x，y 上的投影；$\boldsymbol{i}$，$\boldsymbol{j}$ 分别为坐标轴 x，y 上的单位矢量。

1.1.4 静力学基本公理

静力学公理，是人类在长期的生活和生产实践中，将所积累的经验加以抽象、归纳、总结而建立的，它概括了力的一些基本性质，是建立静力学全部理论的基础。

公理1　二力平衡公理

作用在同一刚体上的两个力，使刚体平衡的必要与充分条件是：此二力必须大小相等、方向相反，且作用在同一条直线上，即 $\boldsymbol{F}_1 = -\boldsymbol{F}_2$（图1-4）。

这一性质揭示了作用于刚体上最简单的力系平衡时所必须满足的条件。

工程上常遇到只受两个力作用而平衡的构件，称为二力构件。根据公理1，二力构件上的两个力必沿两个力作用点的连线，且等值、反向。无数事例说明，一个物体只受到两个力的作用而平衡时，这两个力一定满足二力平衡公理。

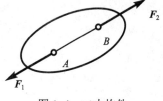

图1-4 二力构件

公理2　加减平衡力系公理

对于作用在刚体上的任何一个力系，可以增加或去掉任一平衡力系，而并不改变原力系

对于刚体的作用效应。

这是因为一个平衡力系作用在物体上，对物体的运动状态是没有影响的，所以在原来作用于物体的力系中加入或减去一个平衡力系，物体的运动状态是不会改变的，即新力系与原力系对物体的作用效果相同。

推论 1　力的可传性原理

刚体上的力可沿其作用线移动到该刚体上任一点而不改变此力对刚体的作用效应。

证明：设力 F 作用于刚体上的 A 点（图 1-5（a）），在其作用线上任取一点 B，并在 B 点处添加一对平衡力 F_1 和 F_2，使 F、F_1、F_2 共线，且 $F_2=-F_1=F$（图 1-5（b））。根据公理 2，将 F、F_1 所组成的平衡力系去掉，刚体仅剩下 F_2，且 $F_2=F$（图 1-5（c）），由此得证。

力的可传性说明，对刚体而言，力是滑动矢量，它可沿其作用线滑移至刚体上的任一位置。需要指出的是，此原理只适用于刚体而不适用于变形体。

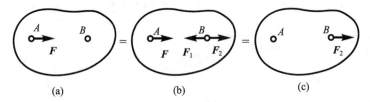

图 1-5　力的可传性

公理 3　力的平行四边形公理

作用于物体上同一点的两个力的合力也作用于该点，且合力的大小和方向可用这两个力为邻边所作的平行四边形的对角线来确定。

该公理说明，力矢量可按平行四边形法则进行合成与分解（图 1-6），合力矢量 F_R 与分力矢量 F_1、F_2 间的关系符合矢量运算法则：

$$F_R = F_1 + F_2 \tag{1-2}$$

即合力等于两分力的矢量和。

在工程中常利用平行四边形法则将一力沿两个规定方向分解，使力的作用效应更加突出。例如，在进行直齿圆柱齿轮的受力分析时，常将齿面的法向正压力 F_n 分解为沿齿轮分度圆圆周切线方向的分力 F_t 和指向轴心的压力 F_r（图 1-7）。F_t 称为圆周力或切向力，其作用是推动齿轮绕轴转动；F_r 称为径向力，其作用是使齿面啮合。

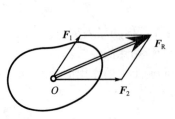

图 1-6　力的平行四边形法则

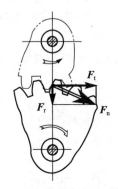

图 1-7　齿轮的受力分析

推论2　三力平衡汇交原理

刚体受三个共面但互不平行的力作用而平衡时，三力必汇交于一点。

证明：设刚体上 A、B、C 三点受共面且平衡的三力 F_1、F_2、F_3 作用（图1-8），根据力的可传性将 F_1、F_2 移至其作用线交点 O，并根据公理3将其合成为 F_R，则刚体上仅有 F_3 和 F_R 作用。根据公理1，F_3 和 F_R 必在同一直线上，所以 F_3 一定通过 O 点，于是得证 F_1、F_2、F_3 均通过 O 点。

此原理说明了共面且不平行的三力平衡的必要条件。利用该条件，当知两个力的作用线相交时，可确定共面的第三个力的作用线的方位。

公理4　作用与反作用公理

两物体间相互作用的力总是同时存在，并且两力等值、反向、共线，分别作用于两个物体。这两个力互为作用与反作用的关系。

这个公理表明，力总是成对出现的，就是说，当物体 A 有一个力作用于物体 B 时，则物体 B 必定同时对物体 A 有一个反作用力。例如，桌面上有一个圆球处于静止状态（图1-9(a)），圆球对桌面有一个作用力 F'_N 作用在桌面上，而桌面对圆球同时也有一个反作用力 F_N 作用在圆球上，力 F'_N 和 F_N 的大小相等，方向相反，沿同一条直线，分别作用在桌面和圆球上，如图1-9（b）所示。

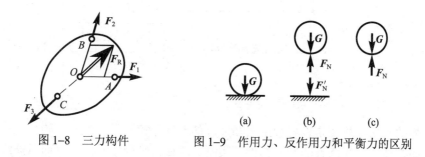

图1-8　三力构件　　　图1-9　作用力、反作用力和平衡力的区别

如图1-9（c）所示，圆球上作用着两个力 G 和 F_N。G 为圆球的重力，F_N 为桌面对圆球的作用力，因圆球处于静止状态，故作用在圆球上的两个力 G 和 F_N 是一对平衡力。

由此可见，力总是成对地以作用与反作用的形式存在于物体之间，并通过作用与反作用而传递。各种自然现象与机械受力分析都遵循这条规律。

需要指出的是，作用与反作用关系与二力平衡条件有着本质的区别：作用力和反作用力是分别作用在两个物体上；而二力平衡条件中的两个力则是作用在同一物体上，它们是平衡力。

1.2　约束与约束力

【知识预热】

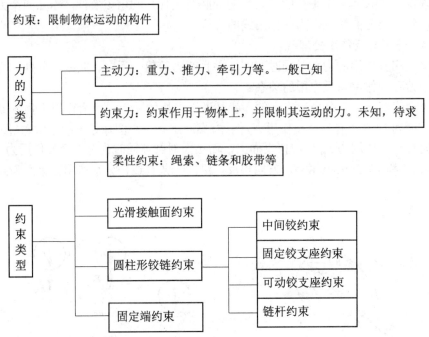

自然界的一切事物总是以各种形式与周围的事物互相联系又互相制约。在机械上，任何构件的运动都被与它相联系的其他构件所限制。例如，轴受轴承的限制而只能绕轴心旋转，车床尾架受床身导轨的限制而只能沿床身做平移运动。一个物体的运动受到周围其他物体的限制，这种限制条件称为约束。例如，轴承对轴而言就是一种约束，导轨是对车床尾架的约束。据前所述，力的作用是使刚体的运动状态发生变化，而约束的存在是限制物体的运动。于是，约束一定有力作用于被约束的物体上，约束作用于该物体上的限制其运动的力，称为约束反力，简称约束力。作用于被约束物体上除约束力以外的力统称为主动力，如重力、推力等。可见，在约束力的三要素中，约束力的大小是未知的，它与主动力的值有关，在静力学中将通过刚体的平衡条件求得；约束力的方向总是与约束所能限制的运动方向相反；约束力的作用点在约束与被约束物体的接触处。

下面介绍工程上常见的约束类型及其约束力的表示方法。

1.2.1　柔性约束

绳索、链条和胶带等柔性体用于阻碍物体的运动时，叫作柔性约束。柔性体本身只能承受拉力，不能承受压力。其约束特点是：限制物体沿柔性体伸长的方向运动，只能给物体提供拉力，用符号 T 表示。

如图 1-10（a）所示，用两条绳索吊住一只球，两条绳索作用于球的拉力分别为 T_1、T_2，它们和球的重力 G 平衡。图 1-10（b）中胶带对胶带轮的拉力 T_1，T_1'，T_2，T_2' 均属于柔性约束力。

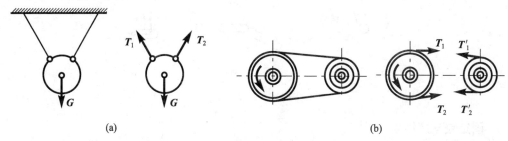

图 1-10 柔性约束

1.2.2 光滑接触面约束

当两物体接触面上的摩擦力很小，可以略去不计时，即构成光滑接触面约束。此时，被约束的物体可以沿接触面滑动或沿接触面的公法线方向脱离，但不能沿公法线方向压入接触面。因此，光滑接触面的约束力的作用线沿接触面公法线方向，指向被约束的物体，称为法向约束力，常用 F_N 表示，如图 1-11 和图 1-12 所示。

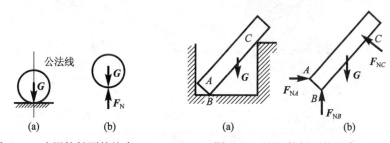

图 1-11 光滑接触面的约束 1　　　　图 1-12 光滑接触面的约束 2

1.2.3 圆柱形铰链约束

两个带有圆孔的物体，用光滑圆柱形销钉连接。受约束的两个物体都只能绕销钉轴线转动，此时，销钉便对被连接的物体沿垂直于销钉轴线方向的移动形成约束，称为圆柱形铰链约束。一般根据被连接物体的形状、位置及作用，可分为以下几种形式。

1. 中间铰约束

如图 1-13（a）所示，1、2 分别是两个带圆孔的物体，将圆柱形销钉穿入物体 1 和 2 的圆孔中，便构成中间铰，通常用简图 1-13（c）表示。

由于销钉与物体的圆孔表面都是光滑的，两者之间总有缝隙，产生局部接触，本质上属于光滑面约束，那么销钉对物体的约束力应通过物体圆孔中心。但由于接触点不确定，故中间铰链对物体的约束力的特点是：作用线通过销钉中心，垂直于销钉轴线，方向不定，可表示为图 1-13（d）中单个力 F_R 和未知角 α 或两个正交分力 F_{Rx}、F_{Ry}。F_R 与 F_{Rx}、F_{Ry} 为合力与分力的关系。

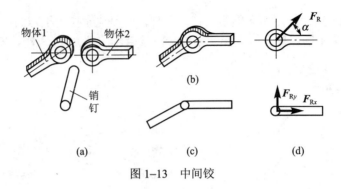

图 1–13 中间铰

2. 固定铰支座约束

将构件用作圆柱形销钉与支座连接，并将支座固定在支承物上，就构成了固定铰支座，如图 1–14（a）所示，符号如图 1–14（b）所示。构件可以绕销钉转动，但不能在垂直于销钉轴线平面内的任何方向移动。当构件有运动趋势时，构件与销钉将在某处接触，约束力通过销钉与构件的接触点。这个接触点的位置随构件受力情况的不同而不同，约束力的方向是未知的。所以，固定铰支座的约束力在垂直于销钉轴线的平面内，通过销钉中心，方向不定，如图 1–14（c）中的 F_A。

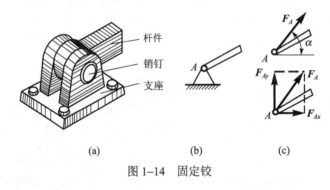

图 1–14 固定铰

3. 可动铰支座约束

在固定铰链支座底部安放若干滚子，并与支承面接触，则构成活动铰链支座，又称辊轴支座（图 1–15（a））。这类支座常见于桥梁、屋架等结构中，通常用简图 1–15（b）表示。活动铰链支座只能限制构件沿支承面垂直方向的移动，不能阻止物体沿支承面运动或绕销钉轴线转动。因此活动铰支座的约束力通过销钉中心，垂直于支承面，指向不定，如图 1–15（c）所示。

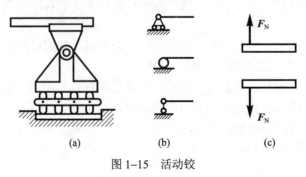

图 1–15 活动铰

4. 链杆约束

不计自重，两端均用铰链的方式与周围物体连接，且不受其他外力作用的杆件，称为链杆。它是二力杆或二力构件。

根据二力平衡公理，链杆的约束力必沿杆件两端铰链中心的连线，指向不定，如图1-16、图1-17中的杆 BC 均为二力杆。

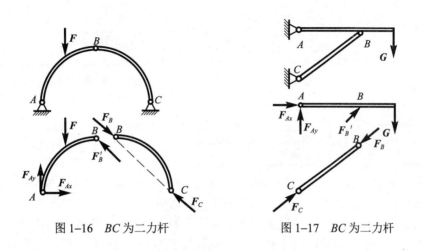

图 1-16 BC 为二力杆   图 1-17 BC 为二力杆

1.2.4 固定端支座约束

构件与支承物固定在一起，构件在固定端既不能沿任何方向移动，也不能转动，构件所受到的这种约束称为固定端支座约束，如图 1-18（a）所示。建筑物上的阳台和雨篷、车床上的刀具、立于路旁的电线杆等都属于固定端支座约束。对于平面问题中的固定端支座，一般用图 1-18（b）所示简图符号表示，约束作用如图 1-18（c）所示，两个正交约束力 F_{Ax}、F_{Ay} 表示限制构件移动的约束作用，一个约束力偶 M_A 表示限制构件转动的约束作用。

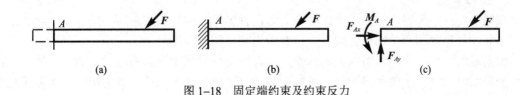

图 1-18 固定端约束及约束反力

1.3 受 力 图

【知识预热】

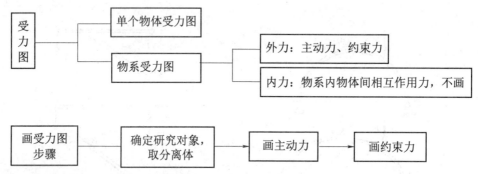

在工程实际中,通常是几个物体或构件相互联系,形成一个系统。例如,板放在梁上,梁支承在柱子上,柱子支承在基础上,形成了房屋的传力系统。静力学的主要任务是研究力系的简化及物体在力系作用下的平衡问题。解决静力学问题时,首先要明确研究对象,再考虑它的受力情况,然后用相应的平衡方程去计算。工程中的结构与机构十分复杂,为了清楚地表达出某个物体的受力情况,必须将它从与其相联系的周围物体中分离出来。分离的过程就是解除约束的过程。在解除约束的地方用相应的约束力来代替约束的作用。被解除约束后的物体叫分离体。在分离体上画上物体所受的全部主动力和约束力,此图称为研究对象的受力图。整个过程就是对所研究的对象进行受力分析。画受力图的基本步骤一般为:

1. 确定研究对象,取分离体

按问题的条件和要求,确定所研究对象(它可以是一个物体,也可以是几个物体的组合或整个系统),解除与研究对象相连接的其他物体的约束,用简单几何图形表示出其形状特征。

2. 画主动力

在分离体上画出该物体所受到的全部主动力,如重力、风载、水压、油压和电磁力等。

3. 画约束力

在解除约束的位置,根据约束的不同类型,画出作用的全部约束力。

最后,根据前面所学的有关知识,检查受力图画得是否正确。

如研究对象为几个物体组成的物体系统(简称物系),还必须区分外力和内力。物体系统以外的周围物体对系统的作用力称为系统的外力。系统内部各物体之间的相互作用称为系统的内力。随着所取系统的范围不同,某些内力和外力也会相互转化。由于系统的内力总是成对出现的,且等值、共线、反向,在系统内自成平衡力系,不影响系统整体的平衡,因此,当研究对象是物体系统时,只画作用于系统上的外力,不画系统的内力。

1.3.1 单个物体的受力图

在画单个物体的受力图之前,先要明确研究对象是什么,再根据实际情况,弄清与研究对象有联系的是哪些物体，这些和研究对象有联系的物体即研究对象的约束，然后根据约束性质，就可以用相应的约束力代替约束对研究物体的作用。经过这样的分析，就可画出单个物体的受力图，其一般画法是：先画出研究物体的简图，再将已知的主动力画在简图上，然后在各相互作用点上画出相应的约束力。

下面举例说明单个物体受力图的画法。

例 1.1　如图 1-19（a）所示，绳 AB 上悬挂一重力为 G 的球 C。试画出球 C 的受力图（摩擦不计）。

解　以球为研究对象，画出球的分离体图。

在球心点 C 标上主动力 G（重力）。

在解除约束的点 B 处画上表示柔性约束的拉力 T_B，在点 C 画上表示光滑接触面约束的法向约束力 F_{NC}。

球受同平面的三个不平行的力作用而平衡，则三力的作用线必相交，交点应为圆心。

例 1.2　图 1-20（a）中的梯子 AB 重力为 G，在 C 处用绳索 CD 拉住，A、B 处分别放在光滑的墙及地面上。试画出梯子的受力图。

解　以梯子 AB 为研究对象，将其单独画出。作用在梯子上的主动力是已知的重力 G，重力 G 作用在梯子的中点上，铅垂向下；光滑墙面的约束力是 F_{NA}，它通过接触点 A，垂直于梯子并指向梯子；光滑地面的约束力是 F_{NB}，它通过接触点 B，垂直于地面并指向梯子；绳索的约束力是 T_C，其作用于绳索与梯子的接触点 C，沿绳索中心线，背离梯子。梯子 AB 的受力图如图 1-20（b）所示。

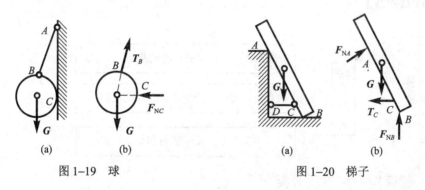

图 1-19　球　　　　　　　图 1-20　梯子

1.3.2　物体系统的受力图

物体系统受力图的画法与单个物体受力图的画法基本相同，区别仅在于所取的研究对象是由两个或两个以上的物体联系在一起的物体系统。研究时只需将物体系统看作一个整体，就像对单个物体一样。此外，当需要画出物体系统中某一单个物体的受力图时，可把它从系统中分离出来，并加上相应的约束力。应该注意到：约束力作为物体间的相互作用，也一定遵循作用与反作用公理。

例 1.3　如图 1-21 所示，三铰拱 ACB 受已知力 F 的作用，若不计三铰拱的自重，试画出 AC、BC 和整体的受力图。

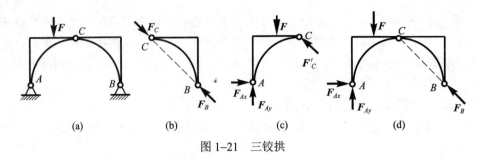

图 1-21 三铰拱

解 (1) 画 BC 的受力图。取 BC 为研究对象，经分析知 BC 为受压二力杆，作出 BC 受力图，如图 1-21（b）所示。

(2) 画 AC 的受力图。取 AC 为研究对象，作用在 AC 上的主动力是 F。A 处为固定铰支座，其约束力为互相垂直的两个分力，C 点受力由作用与反作用公理得到，从而作出 AC 受力图，如图 1-21（c）所示。

(3) 画整体受力图。将 AC 和 BC 的受力图合并，即得到整体受力图，如图 1-21（d）所示。

1.4 载 荷

【知识预热】

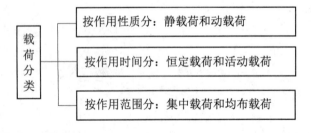

1.4.1 载荷按作用性质分类

载荷按作用性质可分为静力载荷和动力载荷，简称静载荷和动载荷。

缓慢地、逐步地加到结构上的载荷叫作静载荷，其大小、作用位置和方向不随时间而变化。一般建筑所受的载荷基本上属于这一类，如构件的自重、各种物体形成的压力等。

大小、作用位置和方向（或其中一项）随时间而迅速变化的载荷叫作动载荷。例如动力机械所产生的载荷、地震载荷等。在实际计算中，通常是将原载荷的大小乘以一个动力系数后，作为静载荷简化计算。在一些特殊情况下则必须按动载荷计算，不可简化。

1.4.2 载荷按作用时间分类

载荷按作用时间长短可分为恒定载荷和活动载荷。

长期作用在结构上的不变载荷叫作恒定载荷，如构件自重和土压力等。

生产期间可能作用在结构上的可变载荷叫作活动载荷,所谓"可变",是指这种载荷有时存在,有时不存在,作用位置可能是固定的,也可能是移动的。例如室内人群、家具、厂房吊车载荷、风载荷等都是活动载荷。

1.4.3 载荷按作用范围分类

载荷按作用范围可分为集中载荷和分布载荷。

如果载荷作用在结构上的面积与结构的尺寸相比很小,就叫作集中载荷。例如,屋架或梁对柱子或墙的压力,齿轮间的相互作用力等。

如果载荷连续地作用在整个结构或结构的一部分上(不能看成集中载荷时),就叫作分布载荷,如风载荷、雪载荷等。

如果载荷分布在物体的体积内,就叫作体载荷,如物体的重力。其常用单位是牛顿每立方米(N/m^3)或千牛顿每立方米(kN/m^3)。分布于物体表面的载荷叫作面载荷,如楼板上的载荷、水坝所受的水压力等。面载荷的常用单位是牛顿每平方米(N/m^2)或千牛顿每平方米(kN/m^2)。在生产中,往往将体载荷、面载荷化为沿构件轴线方向的线载荷。例如梁的自重简化为沿梁长度方向分布的线载荷。线载荷的常用单位是牛顿每米(N/m)或千牛顿每米(kN/m)。

当分布载荷在各处的大小均相同时,叫作均布载荷;当分布载荷在各处的大小不同时,叫作非均布载荷。

先导案例解决

本章开始提及的简易起重机如图1-22(a)所示,梁 ABC 一端用铰链固定在墙上,另一端装有滑轮并用杆 CE 支撑,梁上 B 处固定一卷扬机 D,钢索经定滑轮 C 起吊重物 H。不计梁、杆、滑轮的自重,要求画出重物 H、杆 CE、滑轮 C、销钉 C、横梁 ABC、横梁与滑轮整体的受力图。

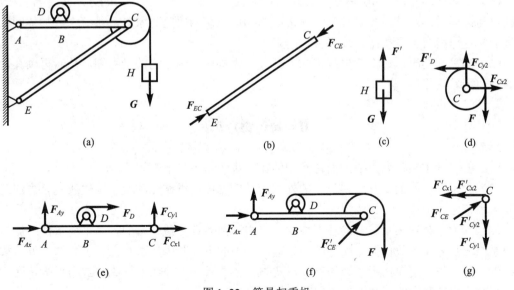

图1-22 简易起重机

简易起重机各构件的受力情况，可采用隔离法来分析解决。即分别以重物 H、杆 CE、滑轮 C、销钉 C、横梁 ABC、横梁与滑轮整体为研究对象，解除各自的约束，画出分离体简图。

分析时应首先判断出 CE 杆为二力杆。其次，C 处为用销钉连接三个物体的中间铰链约束。对 CE 杆，画上约束力 F_{EC} 和 F_{CE}（图 1-22（b））；重物受到重力 G 和拉力 F' 作用（图 1-22（c））；滑轮上画上钢索拉力 F 和 F'_D 作用，铰链销钉对滑轮的约束力 F_{Cx2}、F_{Cy2} 作用（图 1-22（d））；在横梁 ABC 上有固定铰链支座约束力 F_{Ax}、F_{Ay}，卷扬机 D 钢索的拉力 F_D，C 处为铰链销钉的约束力 F_{Cx1}、F_{Cy1}（图 1-22（e））；对横梁与滑轮整体，除 F_{Ax}、F_{Ay}、F 外，尚有 C 处铰链销钉的约束力 F'_{CE}（图 1-22（f））；对于铰链内销钉 C，它分别受到横梁 ABC 的约束力 F'_{Cx1} 和 F'_{Cy1}，二力杆 CE 的约束力 F'_{CE} 以及滑轮的约束力 F'_{Cx2} 和 F'_{Cy2}（图 1-22（g））。

根据公理 4 可知：F_{Cx1} 和 F'_{Cx1}，F_{Cy1} 和 F'_{Cy1}，F_{CE} 和 F'_{CE}，F_{Cx2} 和 F'_{Cx2}，F_{Cy2} 和 F'_{Cy2} 互为作用力与反作用力。

学 习 经 验

正确地进行物体的受力分析，画出物体受力图是本章的中心内容，通过实例分析，可以将其归纳为以下五个步骤：

（1）明确研究对象。首先要明确画哪个物体的受力图，然后把与它相联系的一切约束去掉，将它单独画出来。

（2）研究对象所受的力要全部画出来。除重力、电磁力等少数几种力以外，物体之间都是通过直接连接才会出现相互作用的力。因此，凡研究对象与其他物体连接之处，一般都受到力的作用，千万不要遗漏。

（3）按约束类型和约束性质来确定约束力。什么样的约束，必定产生什么样的约束力。所以，必须清楚地掌握各种约束的性质。

（4）注意作用与反作用的关系。作用力的方向一旦确定，反作用力的方向必定与它相反，不能再随意假设。此外，在以几个物体构成的物体系为研究对象时，系统中各物体间成对出现的相互作用力不再暴露，故不要画出来。

（5）画受力图时，通常应先找出二力杆或二力构件，画出它的受力图，然后再画其他物体的受力图。

本 章 小 结

（1）静力学主要研究力系的简化及物体在力系作用下的平衡规律。

（2）力是物体间的相互作用，力的外效应是使物体的机械运动状态发生改变。力的三要素是大小、方向和作用点的位置。

（3）静力学公理揭示了力的基本性质。二力平衡条件是最基本的力系平衡条件；加减平衡力系原理是力系等效代换与简化的理论基础；力的平行四边形法则说明了力的矢量运算法则；作用与反作用定律揭示了力的存在形式与力在物系内部的传递方式。二力平衡条件、加减平衡力系原理和力的可传性仅适用于刚体。

（4）限制物体运动的物体称为约束。约束阻碍物体运动趋向的力称为约束力，约束力的方向与约束限制物体运动趋向的方向相反。

（5）在分离体上画出所受的全部外力的图形称为受力图。在受力图上只画受力，不画施力；只画外力，不画内力。要解除约束后才能画上约束力作为外力。画受力图的基本步骤为：① 明确研究对象，取分离体；② 画主动力；③ 画约束力。最后检查所画的受力图，检查受力图时，要注意各物体间的相互作用力是否符合作用和反作用的关系。

思 考 题

1. 何谓平衡力系、等效力系、合力和分力？
2. "分力一定小于合力"这种说法对不对？为什么？试举例说明。
3. 设在刚体上 A 点作用 F_1、F_2、F_3 三个力如图 1-23 所示，其大小均不为零，其中 F_1 和 F_2 共线，问此三力能否保持平衡？
4. 如图 1-24 所示，能不能在曲杆的 A、B 两点上施加两个力，使曲杆处于平衡状态？

图 1-23　刚体

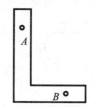

图 1-24　折杆

5. 如图 1-25 所示，当求铰链 C 的约束力时，可否将作用于杆 AC 上点 D 的力 F 沿其作用线移动，变成 BC 上 E 点的力 F'，为什么？
6. 如图 1-26 所示，杆 AB 的重力为 G，B 端用绳子拉住，A 端靠在光滑的墙面，问杆子能否保持平衡？为什么？
7. 如图 1-27 所示，力 P 作用在销钉 C 上，试问销钉 C 对杆 AC 的作用力与销钉 C 对杆 BC 的作用力是否等值、反向、共线？为什么？

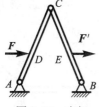

图 1-25　支架

图 1-26　柔索

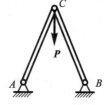

图 1-27　支架

8. 说明下列等式的意义与区别。

$$\begin{cases} F_1 = F_2 \\ F_1 = -F_2 \end{cases} \qquad \begin{cases} F_R = F_1 + F_2 \\ F_R = F_1 - F_2 \end{cases}$$

9. 凡两端用铰链连接的直杆均为二力杆，对吗？

习 题

（假设下列各题中物体间接触处均为光滑，物体的质量除图上已注明者外，均略去不计）

1. 画出题 1 图所示圆球的受力图。

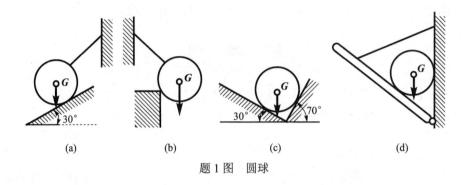

题 1 图　圆球

2. 画出题 2 图中 C 处各约束对物体 A 的约束力。

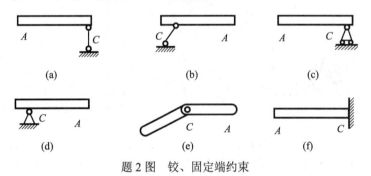

题 2 图　铰、固定端约束

3. 画出题 3 图所示物体 AB 的受力图。

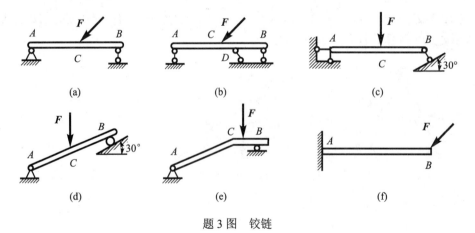

题 3 图　铰链

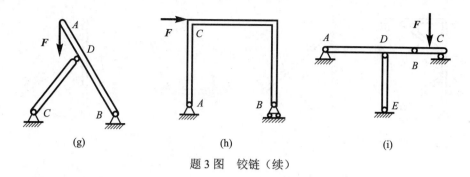

(g) (h) (i)

题 3 图 铰链（续）

4. 题 4 图中各物体的受力图是否有错？如有错，请改正。

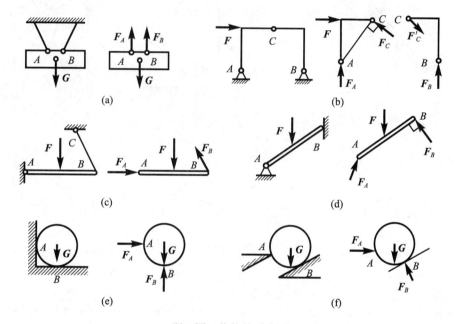

题 4 图 物体的受力图

5. 画出题 5 图所示各物系中指定物体的受力图。

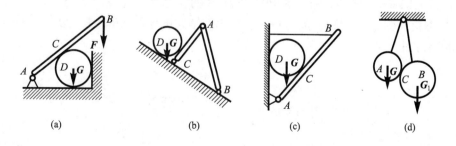

题 5 图 物系

（a）杆 AB，轮 C；（b）杆 AC，轮 D；（c）杆 AB，轮 D；（d）轮 A，轮 B

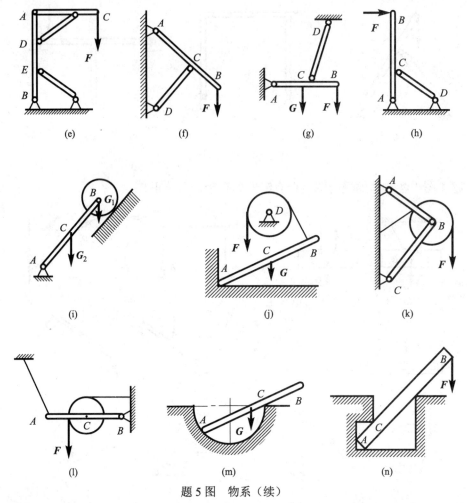

题5图 物系（续）

(e) 杆 AB，杆 AC；(f) 杆 AB，杆 CD；(g) 杆 AB，杆 CD；(h) 杆 AB，杆 CD；(i) 杆 AB，球 B，AB 及 B 整体；(j) 杆 AB，球 D；(k) 杆 AB，球 B；(l) 杆 AB，轮 C，ABC 整体；(m) 杆 AC；(n) 杆 AB

6. 油压夹紧装置如题 6 图所示，油压力通过活塞 A、连杆 BC 和杠杆 DCE 增大对工件 I 的压力，试分别画出活塞 A、滚子 B 和杠杆 DCE 的受力图。

7. 挖掘机简图如题 7 图所示，HF 与 EC 为油缸，试分别画出动臂 AB，斗杆与铲斗组合体 CD 的受力图。

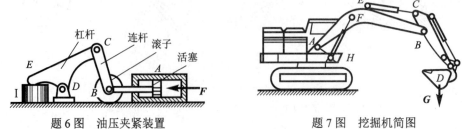

题6图 油压夹紧装置　　　　题7图 挖掘机简图

第 2 章　平面力系的合成与平衡

本章知识点

1. 力在坐标轴上的投影、合力投影定理。
2. 力矩和力偶的概念、性质及定理。
3. 平面汇交力系的合成与平衡条件。
4. 平面平行系的合成与平衡条件。
5. 平面一般力系的简化、平衡条件及求解平衡问题的方法。
6. 考虑摩擦时物体平衡问题的解法。

先导案例

如图 2-1 所示四杆机构，P 与 Q 之间满足什么条件时，杆 BC 处于平衡状态？通过哪些方法来确定这些条件？

工程上，为了研究问题的方便，把许多力学问题根据力作用线的分布情况加以分类。若力系中各力的作用线在同一平面内，该力系称为平面力系。由于结构与受力的平面对称性，可将求解问题在对称平面内加以简化来处理，如图 2-2 所示。各

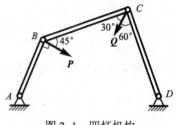

图 2-1　四杆机构

力的作用线不在同一平面内的力系叫作空间力系。在实际问题中，有些结构所受的作用力虽是空间力系，但在一定条件下可简化为平面问题来处理。本章讨论刚体上平面力系的简化和平衡问题，并介绍超静定问题的概念及有滑动摩擦时物体的平衡问题。

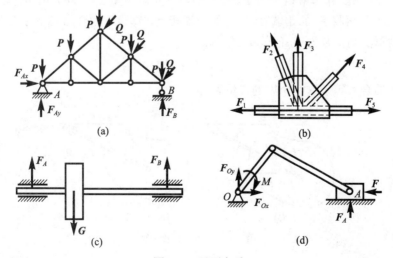

图 2-2　平面力系

2.1 平面汇交力系的合成与平衡

【知识预热】

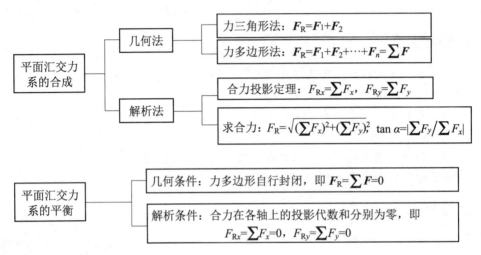

在平面力系中,如果各力的作用线都汇交于一点,这样的力系叫作平面汇交力系。

2.1.1 平面汇交力系合成的几何法

1. 两个汇交力系的合成（力三角形法）

设在刚体上作用有汇交于 A 点的两个力 F_1、F_2,其合力 F_R 的大小与方向由力 F_1、F_2 所构成的平行四边形的对角线来表示,合力 F_R 的作用点即力 F_1、F_2 的汇交点 A（图 2-3（a））。实际上,只要画出力的平行四边形的一半就能得到合力,可省略图 2-3（a）中的直线 AC 和 CD,从留下的 $\triangle ABD$ 即可解得合力 F_R 的大小与方向,如图 2-3（b）所示。于是,可在 F_1 力的末端连上 F_2,再将 F_1 的始端 A 与 F_2 的末端相连,即 AD 为合力 F_R。此法称为求两汇交力合力的三角形法则。合力 F_R 的矢量表达式为

$$F_R = F_1 + F_2 \tag{2-1}$$

即两个汇交力的合力等于这两个力的矢量和。

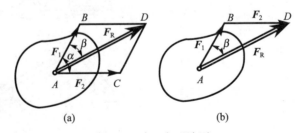

图 2-3 力三角形法则

2. 多个汇交力的合成（力多边形法）

设在物体上的 O 点作用了一个平面汇交力系 F_1、F_2、F_3、F_4，如图 2-4（a）所示。要求这个汇交力系的合力，可以连续应用力三角形法则。如图 2-4（b）所示，先求出 F_1 和 F_2 的合力 F_{R1}，再求 F_{R1} 和 F_3 的合力 F_{R2}，最后求出 F_{R2} 和 F_4 的合力 F_R。力 F_R 就是原汇交力系的合力。实际作图时，虚线所示的 F_{R1} 和 F_{R2} 可不画出，只要按一定的比例，依次作直线 AB、BC、CD 和 DE 分别代表力 F_1、F_2、F_3、F_4，首端 A 和末端 E 的连线 AE 即代表合力 F_R 的大小和方向。合力的作用点仍是原汇交力系的交点 O。多边形 $ABCDE$ 叫作力多边形，这种求合力的方法叫作多边形法则。简单地说，力多边形的封闭边（首尾的连线）就代表原汇交力系的合力。

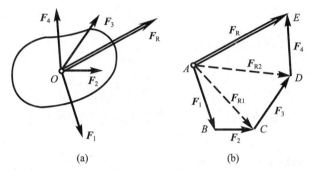

图 2-4 力多边形法

应用力多边形法则求合力时，如按不同顺序画各分力，则力多边形的形状将不相同，但力多边形的封闭边不变，即合力的大小和方向不变。

力多边形法则可推广到任意个汇交力的情形，用公式表示为

$$F_R = F_1 + F_2 + \cdots + F_n = \sum F \tag{2-2}$$

即平面汇交力系合成的结果是一个力，合力的大小和方向等于原力系中各力的矢量和，其作用点是原汇交力系的交点。

2.1.2 平面汇交力系平衡的几何条件

平面汇交力系可合成为一合力 F_R，即合力 F_R 与原力系等效。如果某平面汇交力系的力多边形首尾相重合，即力多边形自行闭合，则力系的合力 F_R 等于零，物体处于平衡状态，该力系为平衡力系。反之，欲使平面汇交力系成为平衡力系，必须使它的合力为零，即力多边形必须闭合。所以，平面汇交力系平衡的几何条件是：力多边形自行闭合——原力系中各力画成一个首尾重合的封闭的力多边形，此时，力系的合力等于零。用公式可表示为

$$F_R = 0, \text{ 或 } \sum F = 0 \tag{2-3}$$

如果已知物体在平面汇交力系作用下处于平衡状态，则可以应用平衡的几何条件，通过在物体上的已知力求出未知的约束力，但未知量的个数不能超过两个。

例 2.1 图 2-5（a）所示为起吊构件的示意图。构件自重 G=10 kN，两钢绳与铅垂线的夹角均为 145°。求当构件匀速起吊时，两钢绳的拉力是多少。（在刚起吊时，构件不是匀速运动，绳受到的拉力大大超过本例所得的结果）

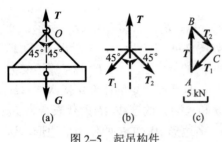

图 2-5 起吊构件

解 对整个起吊系统来说，是二力平衡问题。构件的重力 G 及拉力 T 构成平衡力系，$T=G=10$ kN。吊钩 O 受到三个汇交于 O 点的拉力 T、T_1、T_2 作用且平衡，可用平面汇交力系平衡的几何条件求解。这里 T_1 和 T_2 的方向是已知的，而 T_1 和 T_2 的大小是两个未知数，如图 2-5（b）所示。

作 $AB=T$，过 A、B 点分别作 T_1 和 T_2 的平行线相交于 C 点，即得自行封闭的力 $\triangle ABC$。BC 代表 T_2 的大小和方向；CA 代表 T_1 的大小和方向，如图 2-5（c）所示。按比例量得

$$T_1 = T_2 = 7.07 \text{ kN}$$

2.1.3 平面汇交力系合成的解析法

1. 力在坐标轴上的投影

平面汇交力系的几何法简捷且直观，但其精确度较差。在力学计算中用得较多的还是解析法，为此，需要引入力在坐标轴上投影的概念。

力 F 在坐标轴上的投影定义为：过力矢 F 两端向坐标轴引垂线（图 2-6），得垂足 a、b 和 a'、b'，线段 ab、$a'b'$ 分别为力 F 在 x 轴和 y 轴上投影的大小。投影的正负号则规定为：由起点 a 到终点 b（或由 a' 到 b'）的指向与坐标轴正向相同时为正，反之为负。图 2-6 中力 F 在 x 轴和 y 轴的投影分别为

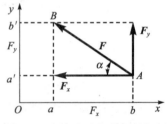

图 2-6 力 F 在坐标轴上的投影

$$\left.\begin{aligned} F_x &= -F\cos\alpha \\ F_y &= F\sin\alpha \end{aligned}\right\} \qquad (2\text{-}4)$$

可见，力的投影是代数量。

当力与坐标轴垂直时，力在该轴上的投影为零；当力与坐标轴平行时，其投影的绝对值与该力的大小相等。

如果力 F 在坐标轴 x 和 y 上的投影 F_x 和 F_y 为已知，则由图 2-6 中的几何关系，可以确定力 F 的大小及方向为

$$\left.\begin{aligned} F &= \sqrt{F_x^2 + F_y^2} \\ \tan\alpha &= \left|\frac{F_y}{F_x}\right| \end{aligned}\right\} \qquad (2\text{-}5)$$

2. 合力投影定理

由式（2-5）可知，如能求出合力在直角坐标轴 x、y 上的投影，则合力的大小和方向即可以确定。为此，需讨论合力和它的分力在同一坐标轴上的投影关系。

设有一平面汇交力系 F_1、F_2、F_3 作用在物体的 O 点，如图 2-7（a）所示。从 A 点开始作力多边形 $ABCD$，则矢量 AD 表示该力系的合力 F_R 的大小和方向。在力系平面内任取一轴 x，如图 2-7（b）所示，将各力都投影到 x 轴上，并令 F_{1x}、F_{2x}、F_{3x} 和 F_{Rx} 分别表示各分力

F_1、F_2、F_3 和合力 F_R 在 x 轴上的投影，由图 2-7（b）可得

$$F_{1x} = ab, \quad F_{2x} = bc, \quad F_{3x} = -cd, \quad F_{Rx} = ad$$

而

$$ad = ab + bc - cd$$

因此可得

$$F_{Rx} = F_{1x} + F_{2x} + F_{3x}$$

这一关系可推广到任意多个汇交力的情况，即

$$F_{Rx} = F_{1x} + F_{2x} + \cdots + F_{nx} = \sum F_x \tag{2-6}$$

即合力在任一坐标轴上的投影，等于各分力在同一坐标轴上投影的代数和。这就是合力投影定理。

3. 平面汇交力系求合力的解析法

设在刚体上 A 点作用有平面汇交力系 F_1，F_2，$\cdots$，F_n。欲求此力系的合力，应先选定坐标系 Oxy，然后将力系中各力向坐标轴投影，得

$$\left. \begin{array}{l} F_{Rx} = \sum F_x \\ F_{Ry} = \sum F_y \end{array} \right\} \tag{2-7}$$

再按式（2-5）可算出合力 F_R 的大小和方向（图 2-7），此法称为求合力的解析法。

$$\left. \begin{array}{l} F_R = \sqrt{(\sum F_x)^2 + (\sum F_y)^2} \\ \tan \alpha = \left| \dfrac{\sum F_y}{\sum F_x} \right| \end{array} \right\} \tag{2-8}$$

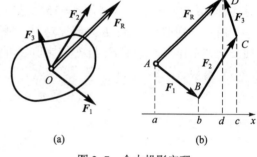

图 2-7 合力投影定理

由以上的讨论可知，平面汇交力系合成的结果是一个合力。

2.1.4 平面汇交力系平衡的解析条件

从平面汇交力系平衡的几何条件得其平衡的必要且充分条件为：力系中各力在两个坐标轴上投影的代数和分别等于零。即

$$\left. \begin{array}{l} F_{Rx} = \sum F_x = 0 \\ F_{Ry} = \sum F_y = 0 \end{array} \right\} \tag{2-9}$$

式（2-9）称为平面汇交力系的平衡方程，最多可求解包括力的大小和方向在内的 2 个未知量。

例 2.2 如图 2-8（a）所示，已知定滑轮一端悬挂一物重 G =500 N，另一端施加一倾斜角为 30° 的拉力 F_T，使物体 A 匀速上升。求定滑轮支座 O 处的约束力。

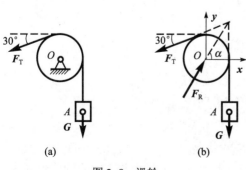

图 2-8 滑轮

解 (1) 选滑轮与重物的组合体为研究对象,画受力图。

据三力平衡汇交定理,将支座约束力设为 F_R,其方位角为 α,如图2-8(b)所示,滑轮受平面汇交力系作用。

(2) 建立直角坐标系 Oxy,列平衡方程并求解。

$$\sum F_x = 0, \quad F_R\cos\alpha - F_T\cos 30° = 0$$
$$\sum F_y = 0, \quad F_R\sin\alpha - F_T\sin 30° - G = 0$$

其中

$$G = F_T = 500 \text{ N}$$

解得

$$F_R = \sqrt{3}G = \sqrt{3} \times 500 \text{ N} = 866 \text{ N}$$
$$\tan\alpha = \frac{1+\sin 30°}{\cos 30°} = 1.732, \quad \alpha = 60°$$

因为 F_R 为正值,所以 F_R 假设的方向与实际方向一致,其与 x 轴的夹角为 $60°$。

例 2.3 图 2-9 (a) 所示为一夹具中的连杆增力机构,主动力 F 作用于 A 点,夹紧工件时连杆 AB 与水平线间的夹角 $\alpha = 15°$。试求夹紧力 F_N 与主动力 F 的比值(摩擦不计)。

解 分别取滑块 A、B 为研究对象,画受力图,如图 2-9 (b)、(c) 所示。两物体均受平面汇交力系作用,若求 F_N 与 F 的比值,可设 F 为已知,求出 F_N,即可得到二者关系。

对滑块 A

$$\sum F_y = 0, \quad -F + F_R\sin\alpha = 0$$

解得

$$F_R = F/\sin\alpha$$

对滑块 B

$$\sum F_x = 0, \quad F_R'\cos\alpha - F_N = 0$$
$$F_R' = F_R$$

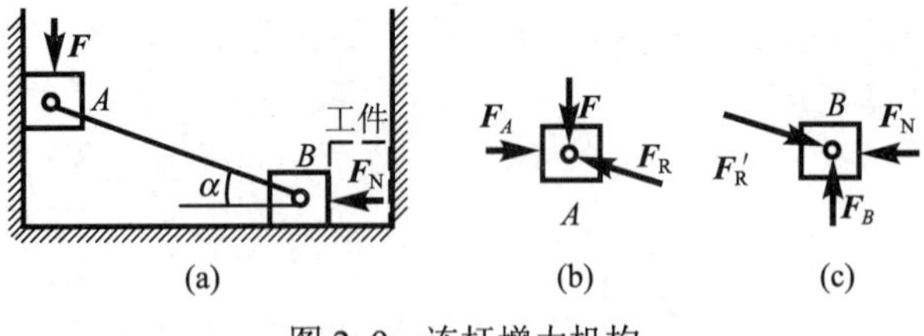

图 2-9 连杆增力机构

解得

$$F_N = F_R'\cos\alpha = F_R\cos\alpha = F\cot\alpha$$

于是

$$F_N / F = \cot\alpha = \cot 15° = 3.73$$

分析讨论:从 $F_N / F = \cot\alpha$ 的关系式可看出,当 α 越小时,夹紧力与主动力的比值越大。

2.2 力矩和力偶

【知识预热】

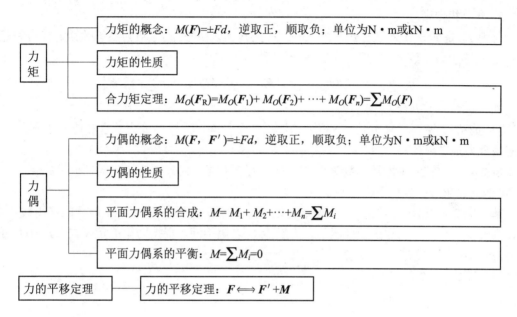

2.2.1 力矩的概念及计算

1. 力矩的概念

力不仅能使物体移动,还能使物体转动。如图 2-10 所示,用扳手转动螺母时,作用于扳手 A 点的力 F 可使扳手与螺母一起绕螺母中心点 O 转动。由经验可知,力的这种转动作用不仅与力的大小、方向有关,还与转动中心至力的作用线的垂直距离 d 有关。因此,定义 Fd 为力使物体对点 O 产生转动效应的度量,称为力 F 对点 O 之矩,简称**力矩**,用 $M_O(F)$ 表示,即

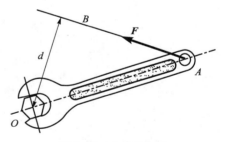

图 2-10 力对点之矩

$$M_O(F) = \pm Fd \quad (2-10)$$

式中,O 点称为力矩中心,简称矩心;d 称为力臂;乘积 Fd 称为力矩的大小;符号"±"表示力矩的转向,规定在平面问题中,逆时针转向的力矩取正号,顺时针转向的力矩取负号。故平面上力对点之矩为代数量。

力矩的单位为牛顿·米(N·m)或千牛顿·米(kN·m)。

应当注意:一般来说,同一个力对不同点产生的力矩是不同的,因此不指明矩心而求力矩是无任何意义的。在表示力矩时,必须标明矩心。

2. 力矩的性质

从力矩的定义式（2-10）可知，力矩有以下几个性质：

（1）力 F 对 O 点之矩不仅取决于 F 的大小，同时还与矩心的位置即力臂 d 有关。

（2）力 F 对于任一点之矩，不因该力的作用点沿其作用线移动而改变。

（3）力的大小等于零或力的作用线通过矩心时，力矩等于零。

显然，互相平衡的两个力对于同一点之矩的代数和等于零。

3. 合力矩定理

若力 F_R 是平面汇交力系 $F_1, F_2, \cdots, F_n$ 的合力，由于力 F_R 与力系等效，则合力对任一点 O 之矩等于力系各分力对同一点之矩的代数和，即

$$M_O(F_R) = M_O(F_1) + M_O(F_2) + \cdots + M_O(F_n) = \sum M_O(F) \qquad (2-11)$$

式（2-11）称为合力矩定理。

当力矩的力臂不易求出时，常将力分解为两个易确定力臂的分力（通常是正交分解），然后应用合力矩定理计算力矩。

例 2.4 如图 2-11 所示，数值相同的三个力按不同方式分别施加在同一扳手的 A 端。若 $F=200$ N，试求三种情况下力对点 O 之矩。

解 图 2-11 所示三种情况下，虽然力的大小、作用点和矩心均相同，但力的作用线各异，致使力臂均不相同，因而三种情况下，力对点 O 之矩不同。根据力矩的定义式（2-10）可求出力对点 O 之矩分别为

（1）图 2-11（a）中

$$M_O(F) = -Fd = -200 \text{ N} \times 200 \times 10^{-3} \text{ m} \times \cos 30°$$
$$= -34.6 \text{ N} \cdot \text{m}$$

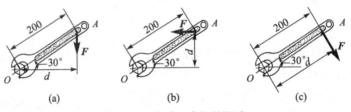

图 2-11　力臂对力矩的影响

（2）图 2-11（b）中

$$M_O(F) = Fd = 200 \text{ N} \times 200 \times 10^{-3} \text{ m} \times \sin 30° = 20.0 \text{ N} \cdot \text{m}$$

（3）图 2-11（c）中

$$M_O(F) = -Fd = -200 \text{ N} \times 200 \times 10^{-3} \text{ m} = -40.0 \text{ N} \cdot \text{m}$$

由计算结果看出，第三种情况（力臂最大）下力矩值为最大，这与我们的实践体会是一致的。

例 2.5 试计算图 2-12（a）中的均布载荷 q 对 O 点之矩（已知：$q=1$ kN/m，$l=0.5$ m）。

解 本题应用合力矩定理计算，能非常方便地得到所要求的结果。

均布载荷的合力大小为 ql，合力到 O 点的距离为 $l/2$（图 2-12（b）），因此，均布载荷 q 对 O 点之矩为

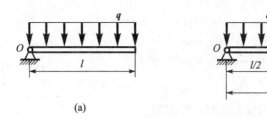

图 2-12 均布载荷 q 对 O 点的力矩

$$M_O(q) = -ql \cdot \frac{l}{2} = -1 \text{ kN/m} \times 0.5 \text{ m} \times \frac{0.5 \text{ m}}{2} = -0.125 \text{ kN} \cdot \text{m}$$

2.2.2 力偶的概念及性质

1. 力偶的概念

在生活和生产实践中,经常见到某些物体同时受到大小相等、方向相反、不共线的两个平行力所组成的力系使物体产生转动效应的情况。例如,驾驶员用双手转动方向盘的作用力 F 和 F'(图2-13(a)、(b));人用手拧水龙头时,作用在开关上的两个力 F 和 F'(图 2-13(c)、(d))。这一对等值、反向、不共线的平行力,称为**力偶**,并用符号(F, F')表示。由于力偶不可能合成为更简单的形式,所以力偶和力都是组成力系的基本元素。

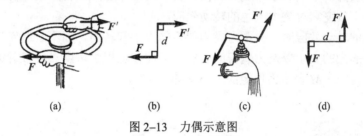

图 2-13 力偶示意图

力对刚体的运动效应有两种——移动和转动,但力偶对刚体的作用效应仅仅是使其产生转动。

力偶的两力作用线所决定的平面称为力偶的作用面,两力作用线间的垂直距离 d 称为力偶臂。力学中,用力偶的任一力的大小 F 与力偶臂 d 的乘积再冠以相应的正负号,作为力偶在其作用面内使物体产生转动效应的度量,称为**力偶矩**,记作 $M(F,F')$ 或 M。即

$$M(F, F') = M = \pm Fd \tag{2-12}$$

式中,符号"±"表示力偶的转向,一般规定,力偶逆时针转动时取正号,顺时针转动时取负号。力偶矩的单位为 N·m 或 kN·m。

2. 力偶的基本性质

性质 1 力偶无合力,所以不能用一个力来代替。力对物体有移动和转动效应;力偶对物体只有转动效应。图 2-14 所示为物体分别受到力和力偶作用时的运动情况。

性质 2 力偶对于其作用面内任意一点之矩与该点(矩心)的位置无关,它恒等于力偶矩。如图 2-15 所示,已知力偶(F, F')的力偶矩为 $M=Fd$,在其作用面内任意取点 O 作为矩心,设点 O 到力 F' 的垂直距离为 x,则力偶(F, F')对点 O 之矩为

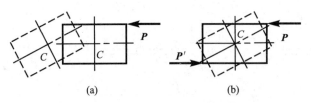
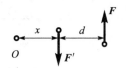

图 2-14 物体受一力与受一力偶作用的比较   图 2-15 力偶矩与矩心无关

$$M_O(F) + M_O(F') = F(x+d) - F'x = Fd$$

此值等于力偶矩。在计算结果中不包含 x 值，可见力偶对平面内的任一点的力矩，与矩心的位置无关。

性质 3 在同一平面内的两个力偶，如果它们的力偶矩大小相等、转向相同，则这两个力偶是等效的，这叫作力偶的等效性。

力偶的这一性质已为实践所证实。根据力偶的等效性，可得出以下两个推论：

推论 1 力偶可在其作用面内任意移动和转动，而不改变它对物体的转动效应。即力偶对物体的转动效应与它在作用面内的位置无关。

如图 2-16 所示，驾驶员操纵方向盘时，不管手放在 1—1 位置还是 2—2 位置，因此时的力偶臂不变，只要力的大小不变，转动效果就一样。

推论 2 只要力偶矩的大小不变，转向不变，可以相应地改变组成力偶的力的大小和力偶臂的长短，而不改变它对物体产生的转动效应。

在研究力偶的转动效应时，只需考虑力偶矩的大小和转向，而不必追究其在作用面内的位置、组成力偶的力的大小以及力偶臂的长短。因此在工程中可用一段带箭头的弧线来表示力偶，箭头表示转向，M 表示力偶矩的大小（图 2-17）。

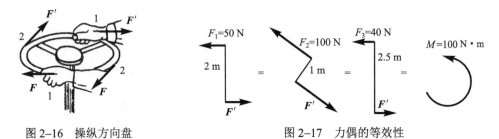

图 2-16 操纵方向盘   图 2-17 力偶的等效性

性质 4 力偶在任意轴上的投影等于零。因为组成力偶的两个力大小相等、方向相反，所以这个结论成立。

2.2.3 平面力偶系的合成及平衡

1. 平面力偶系的合成

平面力偶系合成的结果为一合力偶，合力偶矩等于各分力偶矩的代数和。即

$$M_R = M_1 + M_2 + \cdots + M_n = \sum M \quad (2-13)$$

证明： 如图 2-18（a）所示，设在刚体某平面上作用力偶系 M_1，M_2，$\cdots$，M_n，在力偶作用面内任选两点 A、B 并连线，以 $\overline{AB} = d$ 作为公共力偶臂，保持各力偶的力偶矩不变，将各力偶分别表示成作用在 A、B 两点的反向平行力（图 2-18（b）），则有

$$F_1 = \frac{M_1}{d},\ F_2 = \frac{M_2}{d},\ \cdots,\ F_n = \frac{M_n}{d}$$

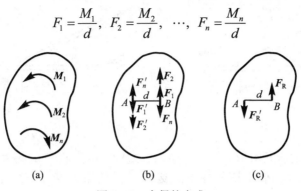

图 2-18 力偶的合成

于是在 A、B 两点处各得一组共线力系，其合力分别为 F_R 和 F'_R（图 2-18（c）），且有

$$F_R = F'_R = F_1 + F_2 + \cdots + F_n = \sum F$$

F_R 和 F'_R 为一对等值、反向、不共线的平行力，它们组成的力偶即合力偶，所以有

$$M = F_R d = (F_1 + F_2 + \cdots + F_n)d = M_1 + M_2 + \cdots + M_n = \sum M_i$$

2. 平面力偶系的平衡

按式（2-13），平面力偶系简化结果为一合力偶，所以平面力偶系平衡的充要条件为：力偶系中各力偶矩的代数和等于零。即

$$M = \sum M_i = 0 \tag{2-14}$$

式（2-14）称为平面力偶系的平衡方程，此方程只能求解 1 个未知量。

例 2.6 梁 AB 上作用一个力偶，其力偶矩 $M=100$ kN·m，力偶转向如图 2-19（a）所示。若梁长 $l=5$ m，质量不计，试求 A、B 支座的反力。

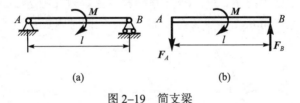

图 2-19 简支梁

解 取梁 AB 为研究对象。由两端支座的性质，知 F_B 的方位铅直，而 F_A 的方位不定。但梁上载荷只有一个力偶，而力偶只能与力偶平衡。所以 F_A 与 F_B 必组成一个力偶，即 F_A 与 F_B 大小相等，作用线平行，设其指向如图 2-19（b）所示。由平面力偶系的平衡条件有

$$\sum M_i = 0,\ -M + F_A l = 0$$

$$F_A = \frac{M}{l} = \frac{100\ \text{kN·m}}{5\ \text{m}} = 20\ \text{kN}$$

$$F_B = 20\ \text{kN}$$

例 2.7 丁字横梁由固定铰 A 及连杆 CD 支持，如图 2-20（a）所示。在 AB 杆的 B 端有一个力偶作用，其力偶矩 $M=100$ N·m，转向如图 2-20 所示。若各杆自重不计，试求 A、D 处的约束力。

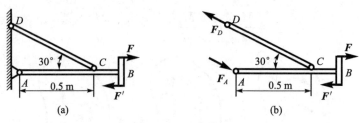

图 2-20 丁字横梁

解 取整个构架为研究对象。连杆 CD 为二力杆，故支座 D 的约束力 F_D 沿 CD 中心线。另外，根据力偶只能与力偶平衡的性质，支座 A 的约束力 F_A 与 F_D 也必组成一个力偶与已知力偶相平衡，故 F_A 与 F_D 等值且反向平行，如图 2-20（b）所示。由平面力偶系的平衡条件有

$$\sum M_i = 0, \quad F_A \cdot AC\sin 30^\circ - M = 0$$

$$F_A = \frac{M}{AC\sin 30^\circ} = \frac{100 \text{ N} \cdot \text{m}}{0.5 \text{ m} \times 0.5} = 400 \text{ N}$$

$$F_D = 400 \text{ N}$$

2.2.4 力的平移定理

若力的作用线不通过物体的转动中心，则其对物体的作用同一个平移力和一个附加力偶对物体的联合作用等效，此为力的平移定理。

证明：设一力 F 作用于刚体上点 A，今欲将此力平移到刚体上点 O（图 2-21（a）），为此，在点 O 加上一对平衡力 F'、F''，并使它们与力 F 平行且大小相等（图 2-21（b）），此时的力系 F、F'、F'' 与原力 F 等效。由图可看出力 F 与 F'' 组成一力偶，称为附加力偶，其力偶矩为 $M=Fd=M(F)$。于是力系 F、F'、F'' 与力系 F'、M 等效（图 2-21（c））。因此，力 F 与力系 F'、M 等效，即力 F 可从点 A 平移至点 O，但必须同时附加一力偶，附加力偶矩等于原力对指定点之矩。

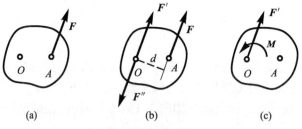

图 2-21 力的平移

力的平移定理揭示了力对刚体产生移动和转动两种运动效应的实质。以打乒乓球为例（图 2-22），当用球拍挡球时，球拍对球的作用力通过球的质心，球将平动而不带旋转；当用球拍削球时，球拍对球的作用力擦在球边（图 2-22（b）），此时，在球心加一对与作用力大小相等、作用线平行而方向相反的平衡力系，即可分离出球拍所受作用力有两种作用效果：平动和转动。

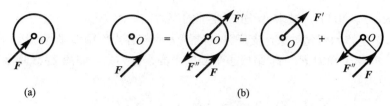

图 2-22 偏心力的作用

顺便指出，力的平移定理的逆定理是成立的。即：刚体的某平面上的一力 F 和一力偶 M 可进一步合成得到一个合力 F_R，$F_R=F$，力 F_R 作用线相对于力 F 的作用线平移了一段距离。

2.3 平面平行力系的合成与平衡

【知识预热】

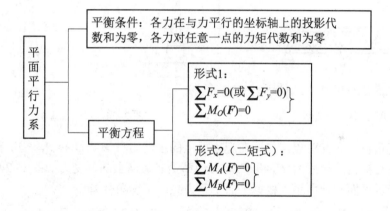

若力系中各力的作用线与 y（或 x）轴平行，显然式（2-6）中 $\sum F_y = 0$（或 $\sum F_x = 0$），则力系独立的平衡方程为

$$\left.\begin{array}{l}\sum F_y = 0 (或 \sum F_x = 0) \\ \sum M_O(\boldsymbol{F}) = 0\end{array}\right\} \quad (2-15)$$

式（2-15）表明平面平行力系平衡的充要条件为：力系中各力在与力平行的坐标轴上投影的代数和为零，各力对任意点之矩的代数和也为零。

平面平行力系的平衡方程的另一种形式为二矩式，即

$$\left.\begin{array}{l}\sum M_A(\boldsymbol{F}) = 0 \\ \sum M_B(\boldsymbol{F}) = 0\end{array}\right\} \quad (A、B 连线不与各力 \boldsymbol{F} 平行) \quad (2-16)$$

平面平行力系只有两个独立的平衡方程，因而只能求解两个未知量。下面通过举例说明各种平面平行力系平衡方程的应用。

例 2.8 一桥梁桁架受载荷 F_1 和 F_2 作用，桁架各杆的自重不计，尺寸如图 2-23 所示。

已知 F_1=70 kN，F_2=30 kN，试求 A、B 支座的约束力。

解 取桁架整体为研究对象，支座 A 的约束力应与各力作用线平行，因此作用在桁架上的已知力 $\boldsymbol{F}_1$、$\boldsymbol{F}_2$ 和未知力 $\boldsymbol{F}_A$、$\boldsymbol{F}_B$ 组成了平衡的平面平行力系，如图 2–23 所示。列平衡方程如下：

$$\sum M_A(\boldsymbol{F}) = 0, \quad F_B \times 15 \text{ m} - F_1 \times 3 \text{ m} - F_2 \times 9 \text{ m} = 0$$
$$\sum F_y = 0, \quad F_A + F_B - F_1 - F_2 = 0$$

解得

$$F_A = 32 \text{ kN}, \quad F_B = 68 \text{ kN}$$

例 2.9 图 2–24（a）所示为塔式起重机简图。已知：机身重 W=220 kN，最大起重力 G_1=50 kN，平衡块重 G_2=30 kN。试分别求出空载和满载时，轨道对机轮 A、B 的法向约束力，并问此起重机在空载和满载时会不会翻倒？

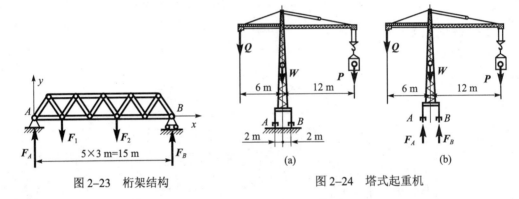

图 2–23 桁架结构　　图 2–24 塔式起重机

解 选起重机为研究对象，作用在起重机上的主动力有 $\boldsymbol{W}$、$\boldsymbol{Q}$ 和 $\boldsymbol{P}$，它们都是铅垂向下的，还有轨道对机轮的约束力 $\boldsymbol{F}_A$ 和 $\boldsymbol{F}_B$，它们都是竖直向上的，受力如图 2–24（b）所示。图中各力构成了平面平行力系，根据平面平行力系的平衡条件有

$$\sum M_A(\boldsymbol{F}) = 0, \quad Q \times (6-2) \text{ m} - W \times 2 \text{ m} - P \times (12+2) \text{ m} + F_B \times 4 \text{ m} = 0$$
$$\sum M_B(\boldsymbol{F}) = 0, \quad Q \times (6+2) \text{ m} + W \times 2 \text{ m} - P \times (12-2) \text{ m} - F_A \times 4 \text{ m} = 0$$

解得

$$\left.\begin{array}{l} F_A = 2Q + 0.5W - 2.5P \\ F_B = -Q + 0.5W + 3.5P \end{array}\right\}$$

（1）满载时，把 P=50 kN 代入约束力方程解得

$$F_A = 2 \times 30 \text{ kN} + 0.5 \times 220 \text{ kN} - 2.5 \times 50 \text{ kN} = 45 \text{ kN}$$
$$F_B = -30 \text{ kN} + 0.5 \times 220 \text{ kN} + 3.5 \times 50 \text{ kN} = 255 \text{ kN}$$

（2）空载时，把 P=0 代入约束力方程解得

$$F_A = 2 \times 30 \text{ kN} + 0.5 \times 220 \text{ kN} = 170 \text{ kN}$$
$$F_B = -30 \text{ kN} + 0.5 \times 220 \text{ kN} = 80 \text{ kN}$$

满载时，为了保证起重机不致绕 B 点翻倒，要求轨道对 A 轮的约束力 $\boldsymbol{F}_A$ 大于零；空载时，为了保证起重机不致绕 A 点翻倒，要求轨道对 B 轮的约束力 $\boldsymbol{F}_B$ 大于零。本例计算结果表明：

满载时，F_A=45 kN＞0；空载时，F_B=80 kN＞0。因此，起重机在使用过程中不会翻倒。

2.4 平面一般力系的简化

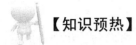【知识预热】

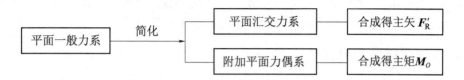

2.4.1 平面一般力系向一点简化

作用于刚体上的平面一般力系 F_1, F_2, ⋯, F_n，如图 2–25（a）所示，力系中各力的作用点分别为 A_1, A_2, ⋯, A_n。在平面内任取一点 O，称为简化中心。根据力的平移定理将力系中各力的作用线平移至 O 点，得到一汇交于 O 点的平面汇交力系 F_1', F_2', ⋯, F_n' 和一附加平面力偶系 $M_1=M_O(F_1)$, $M_2=M_O(F_2)$, ⋯, $M_n=M_O(F_n)$，如图 2–25（b）所示，按照式（2–2）和式（2–13）将平面汇交力系与平面力偶系分别合成，可得到一个力 F_R' 与一个力偶 M_O，如图 2–25（c）所示。

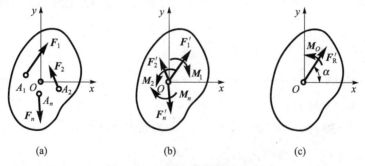

图 2–25 平面一般力系的简化

平面汇交力系各力的矢量和为

$$F_R' = \sum F' = \sum F \qquad (2\text{–}17)$$

F_R' 称为原力系的主矢，此主矢不与原力系等效。在平面直角坐标系 Oxy 中，有

$$\left. \begin{array}{l} F_{Rx}' = \sum F_x \\ F_{Ry}' = \sum F_y \end{array} \right\} \qquad (2\text{–}18)$$

$$\left. \begin{array}{l} F_R' = \sqrt{(F_{Rx}')^2 + (F_{Ry}')^2} = \sqrt{(\sum F_x)^2 + (\sum F_y)^2} \\ \tan \alpha = \left| \dfrac{\sum F_y}{\sum F_x} \right| \end{array} \right\} \qquad (2\text{–}19)$$

式中，F'_{Rx}，F'_{Ry}，F_x，F_y 分别为主矢与各力在 x，y 轴上的投影；F'_R 为主矢的大小；夹角 α（F'_R，x）为锐角，F'_R 的指向由 $\sum F_x$ 和 $\sum F_y$ 的正负号决定。

附加平面力偶系的合成结果为合力偶，其合力偶矩为

$$M_O = M_1 + M_2 + \cdots + M_n = \sum M_O(F) = \sum M$$

M_O 称为原力系对简化中心 O 点的主矩，此主矩不与原力系等效。

主矢 F'_R 等于原力系的矢量和，其作用线通过简化中心。它的大小和方向与简化中心的位置无关；而主矩 M_O 的大小等于原力系中各力对简化中心力矩的代数和，在一般情况下主矩与简化中心的位置有关。原力系与主矢和主矩的联合作用等效。

2.4.2 简化结果的讨论

平面一般力系向一点简化，一般可得一力（主矢）和一力偶（主矩），但这并不是简化的最终结果。当主矢和主矩出现不同值时，简化最终结果将会是表 2-1 所示的情形。

表 2-1 平面一般力系简化结果

主矢 F'_R	主矩 M_O	简化结果	意 义
$F'_R \neq 0$	$M_O \neq 0$	合力 F_R	$F_R = F'_R$，F_R 的作用线与简化中心 O 点的距离为 $d = \dfrac{\lvert M_O \rvert}{F_R}$
	$M_O = 0$	合力 F_R	$F_R = F'_R$，F_R 的作用线通过简化中心 O 点
$F'_R = 0$	$M_O \neq 0$	合力偶 M_O	$M_O = \sum M_O(F)$，主矩 M_O 与简化中心 O 点位置无关
	$M_O = 0$	力系平衡	平面一般力系平衡的必要和充分条件为 $\left. \begin{array}{l} F'_R = 0 \\ M_O = 0 \end{array} \right\}$

例 2.10 一矩形平板 $OABC$，在其平面内受 F_1、F_2 及 M 的作用，如图 2-26（a）所示。已知 $F_1 = 20$ kN，$F_2 = 30$ kN，$M = 100$ kN·m，求此力系的合成结果。

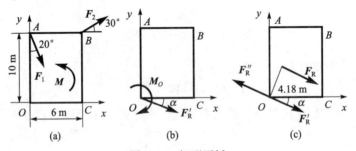

图 2-26 矩形平板

解 取 O 点为简化中心，选取坐标轴如图 2-26（a）所示。

（1）求主矢 F'_R。

$$F'_{Rx} = \sum F_x = F_1 \sin 20° + F_2 \cos 30° = 20 \text{ kN} \times 0.342 + 30 \text{ kN} \times 0.866 = 32.8 \text{ kN}$$

$$F'_{Ry} = \sum F_y = -F_1 \cos 20° + F_2 \sin 30° = -20 \text{ kN} \times 0.940 + 30 \text{ kN} \times 0.5 = -3.8 \text{ kN}$$

$$F'_R = \sqrt{(F'_{Rx})^2 + (F'_{Ry})^2} = \sqrt{(32.8 \text{ kN})^2 + (-3.8 \text{ kN})^2} = 33 \text{ kN}$$

$$\tan \alpha = \left|\frac{\sum F_y}{\sum F_x}\right| = \left|\frac{-3.8 \text{ kN}}{32.8 \text{ kN}}\right| = 0.116$$

$$\alpha = 6.6°$$

由于 F'_{Rx} 为正值，F'_{Ry} 为负值，所以主矢 F'_R 指向第四象限（图 2–26（b））。

（2）求主矩 M_O。

$$M_O = \sum M_O(F) = \sum M_O(F_1) + \sum M_O(F_2) + M$$
$$= -F_1 \sin 20° \cdot OA - F_2 \cos 30° \cdot OA + F_2 \sin 30° \cdot OC + M$$
$$= -20 \text{ kN} \times 0.342 \times 10 \text{ m} - 30 \text{ kN} \times 0.866 \times 10 \text{ m} + 30 \text{ kN} \times 0.5 \times 6 \text{ m} + 100 \text{ kN} \cdot \text{m}$$
$$= -138 \text{ kN} \cdot \text{m}$$

（3）求合力 F_R。

$$F_R = F'_R = 33 \text{ kN}$$
$$\alpha = 6.6°$$
$$d = \frac{|M_O|}{F'_R} = \frac{138 \text{ kN} \cdot \text{m}}{33 \text{ kN}} = 4.18 \text{ m}$$

因为 M_O 是顺时针转向，故合力 F_R 应在主矢 F'_R 的上方，合力的作用线至 O 点的距离为 4.18 m（图 2–26（c））。

2.5 平面一般力系的平衡方程及其应用

【知识预热】

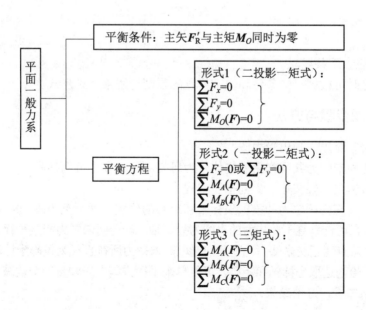

2.5.1 平面一般力系的平衡方程

由表 2-1 知，平面一般力系平衡的充分和必要条件为主矢与主矩同时为零，即

$$\left. \begin{array}{l} F_R' = \sqrt{(\sum F_x)^2 + (\sum F_y)^2} = 0 \\ M_O = \sum M_O(\boldsymbol{F}) = 0 \end{array} \right\}$$

故有

$$\left. \begin{array}{l} \sum F_x = 0 \\ \sum F_y = 0 \\ \sum M_O(\boldsymbol{F}) = 0 \end{array} \right\} \quad (2-20)$$

式（2-20）称为平面一般力系的平衡方程基本形式，可简称为二投影一矩式。它表明平面一般力系平衡的解析充要条件为：力系中各力在平面内两个任选坐标轴的每个轴上投影的代数和均等于零，各力对平面内任意一点之矩的代数和也等于零。式（2-20）最多能够求得包括力的大小和方向在内的三个未知量。

平面一般力系平衡方程除了式（2-20）的基本形式外，还有其他两种形式。

一投影两矩式平衡方程：

$$\left. \begin{array}{l} \sum F_x = 0 (或 \sum F_y = 0) \\ \sum M_A(\boldsymbol{F}) = 0 \\ \sum M_B(\boldsymbol{F}) = 0 \end{array} \right\} \quad (2-21)$$

其中两点连线 AB 不能与投影轴 x（或 y）垂直。

三矩式平衡方程：

$$\left. \begin{array}{l} \sum M_A(\boldsymbol{F}) = 0 \\ \sum M_B(\boldsymbol{F}) = 0 \\ \sum M_C(\boldsymbol{F}) = 0 \end{array} \right\} \quad (2-22)$$

其中 A、B、C 三点不共线。

解具体问题时可根据已知条件和便于解题的原则选用某一种形式。

2.5.2 解题步骤与方法

（1）确定研究对象，画出受力图。

应将已知力和未知力共同作用的物体作为研究对象，取出分离体画受力图。

（2）选取投影坐标轴和矩心，列平衡方程。

列平衡方程前应先确定力的投影坐标轴和矩心的位置，然后列方程。若受力图上有两个未知力相互平行，可选垂直于此二力的直线为投影轴；若无两未知力相互平行，则选两未知力的交点为矩心；若有两正交未知力，则分别选取两未知力所在直线为投影坐标轴，选两未知力的交点为矩心。恰当选择坐标轴和矩心，可使单个平衡方程中未知量的个数减少，便于求解。

（3）求解未知量，讨论结果。

将已知条件代入平衡方程式中,联立方程求解未知量。必要时可对影响求解结果的因素进行讨论;还可以另选一不独立的平衡方程,对某一解答进行验算。

例 2.11 外伸梁如图 2-27(a)所示。在 C 处受集中力 F 作用,设 $F=30$ kN,试求 A、B 的支座约束力。

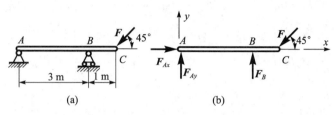

图 2-27 外伸梁

解 (1)取梁为分离体,画受力图。
梁受到 B 端已知力 F 和固定铰 A 点的约束力 F_{Ax}、F_{Ay},活动铰 B 点的约束力 F_B,为平面一般力系情况,如图 2-27(b)所示。
(2)建立直角坐标系 Axy,列平衡方程:

$$\sum F_x = 0, \qquad F_{Ax} - F\cos 45° = 0$$
$$\sum F_y = 0, \qquad F_{Ay} - F\sin 45° + F_B = 0$$
$$\sum M_A(F) = 0, \qquad F_B \times 3\text{ m} - F\sin 45° \times 4\text{ m} = 0$$

(3)求解未知量。
将已知条件 $F=30$ kN 分别代入平衡方程式,解得

$$F_{Ax} = 21.2 \text{ kN}, \quad F_{Ay} = -7.1 \text{ kN}, \quad F_B = 28.3 \text{ kN}$$

计算结果为正,说明各未知力的实际方向均与假设方向相同。若计算结果为负,则未知力的实际方向与假设方向相反。

例 2.12 一木屋架如图 2-28(a)所示,A、B 两端分别为固定和可动铰链支座,已知屋面的载荷 $F_1=F_2=10$ kN,AC 边还受到方向垂直于 AC 的均布载荷,其载荷集度为 $q=1$ kN/m,屋架的跨度为 $4a=6$ m,试求支座 A、B 的约束力。

解 (1)选取屋架为研究对象,画受力图(图 2-28(b))。

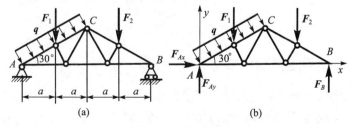

图 2-28 平面屋架

(2)建立直角坐标系 Axy,列平衡方程。
列平衡方程时,均布载荷可以视为集中力 Q,Q 的作用点在均布载荷的中点,Q 的大小

应等于载荷集度与均布载荷分布长度的乘积，本例中有

$$Q = AC \cdot q = \frac{2a}{\cos 30°} \times q = 3.46 \text{ kN}$$

根据平面一般力系的平衡方程有

$$\sum F_x = 0, \quad F_{Ax} + Q\sin 30° = 0$$
$$\sum F_y = 0, \quad F_{Ay} - F_1 - F_2 - Q\cos 30° + F_B = 0$$
$$\sum M_A(F) = 0, \quad -aF_1 - 3aF_2 - Q \times \frac{a}{\cos 30°} + 4aF_B = 0$$

（3）求解未知量。

将已知条件 $F_1=F_2=10$ kN，$4a=6$ m，$Q=3.46$ kN 代入平衡方程，解得

$$F_{Ax} = -1.73 \text{ kN}, \quad F_{Ay} = 12 \text{ kN}, \quad F_B = 11 \text{ kN}$$

2.6 静定与超静定问题及物系的平衡

【知识预热】

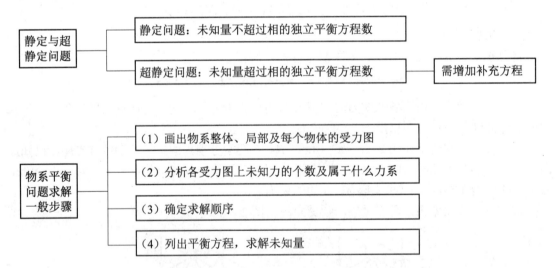

2.6.1 静定与超静定问题的概念

前面所介绍的物体平衡计算问题中，应求解未知量的个数均未超过其相应的独立平衡方程个数，并且不论如何改变刚体所受的外力，都可求得唯一解，力学中称此类问题为静定问题。

对工程中多数构件与结构，为了提高刚度和坚固性，往往增加多余的约束，因而使约束力数超过能列出的独立平衡方程数。这样，依靠力学中建立的平衡方程不能求出刚体所受的全部约束力。此类问题称为超静定问题。图 2-29（a）、（b）所示情况均属超静定问题。图 2-29

（a）所示为一厂房结构，顶拱两端铰支，立柱均固连于地面，是个超静定问题。图 2-29（b）所示的机床主轴受三个轴承支承，也是个超静定问题。对于超静定问题，必须考虑构件因受力而产生的变形，列出足够的补充方程后才能求出全部未知力，有待于材料力学作进一步讨论。

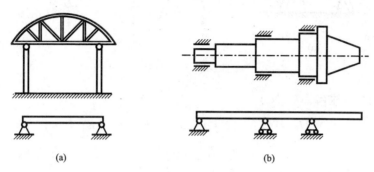

图 2-29 超静定结构

2.6.2 物系的平衡

工程中的机械或结构一般总是由若干物体以一定形式的约束联系在一起而组成，这个组合体称为物体系统，或简称物系。

在第 1 章中，已叙述过物系分离体的受力图画法及其注意事项。若物系有 n 个物体，在平面问题中，对每个物体可列出不超过三个独立的平衡方程，就整个物系而言，就有不超过 $3n$ 个独立的平衡方程。若系统的平衡问题中未知量数等于或小于独立的平衡方程式，问题为静定问题；否则，问题就属于超静定问题。

解决物系的受力分析问题，总是运用静力平衡方程式建立已知量和未知量的关系，并进一步用已知量表达出未知量。所以，解决物系的平衡问题时，应当首先从有已知力作用的，而未知力数少于或等于独立平衡方程数的物体着手分析，这个条件称为可解条件。对符合可解条件的分离体先行求解，将求得物系的内力，通过作用与反作用关系，转移到其他物体作为已知力，逐步扩大已知量的数目直至最终全部解决。这就是求解物系平衡的大致顺序。

下面举例说明物系平衡问题的解法。

例 2.13 人字梯由 AB、AC 两杆在 A 点铰接，又在 D、E 两点用水平绳连接。梯子放在光滑的水平面上，其一边有人攀登而上，人的重力为 G，尺寸如图 2-30（a）所示。如不计梯重，求绳的张力及铰链 A 的内力 F_{Ax}、F_{Ay}。

解 （1）选取研究对象。

此题可能取的对象有人字梯整体、AB 杆、AC 杆。其中整体所受力系为平面平行力系，而且只有两个未知力，符合可解条件。AB 杆及 AC 杆所受力系为平面一般力系，每个杆件都有四个未知力，无法求解，故需先从整体的平衡条件中解出地面约束力 F_B、F_C 后，再求解其他未知力。现先取整体为研究对象，并画出其分离体受力图，如图 2-30（b）所示。

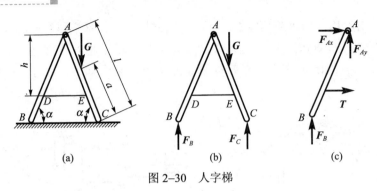

图 2-30 人字梯

（2）列平衡方程求解。

$$\sum M_C(F) = 0, \quad G \cdot a \cdot \cos\alpha - F_B \cdot 2l \cdot \cos\alpha = 0$$

解得

$$F_B = G\frac{a}{2l}$$

求出 F_B 后，再取 AB 杆为研究对象，画出其分离体受力图，如图 2-30（c）所示。有

$$\sum F_x = 0, \quad F_{Ax} + T = 0$$
$$\sum F_y = 0, \quad F_{Ay} + F_B = 0$$
$$\sum M_A(F) = 0, \quad Th - F_B l\cos\alpha = 0$$

解得

$$F_{Ax} = \frac{-Ga\cos\alpha}{2h}, \quad F_{Ay} = -G\frac{a}{2l}, \quad T = \frac{Ga\cos\alpha}{2h}$$

（3）分析几何参数对解的影响。

对 T 及 F_{Ax} 而言，当 h 及 α 值下降而 a 值增大时，T 及 F_{Ax} 随之增大。对 F_{Ay} 而言，当 a/l 增大时，F_{Ay} 随之增大。

例 2.14 图 2-31（a）中的起重架，自重不计，A、B、D 处均为铰接，E 端为固定端支座，在横杆 AC 的 C 端挂一重物，其重力 $P=5$ kN。试求固定端支座 E 及铰链 A、B、D 处的约束力。

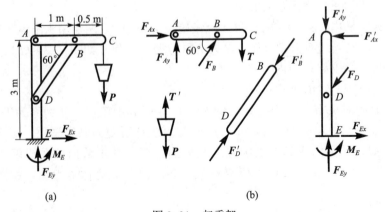

图 2-31 起重架

解 取整体为研究对象,可以求出固定端支座 E 处的约束力 $\boldsymbol{F}_{Ex}$、$\boldsymbol{F}_{Ey}$ 和约束力偶 $\boldsymbol{M}_E$。为了求出铰 A、B、D 处的约束力,必须将物体系统从铰接点处拆开,形成四个单个物体,它们是重物、横杆 AC、斜杆 BD 和竖杆 AE。因重物平衡,可求出作用于横杆 C 点处的拉力 $T=5$ kN。斜杆 BD 是二力杆,因而确定铰 B 和铰 D 处的相互作用力的方向是沿杆轴 BD 的方向,根据斜杆 BD 的平衡条件有 $F'_D = F'_B$,详见受力图(图 2–31(b))。

(1)取整体为研究对象。有

$$\sum F_x = 0, \quad F_{Ex} = 0$$
$$\sum F_y = 0, \quad F_{Ey} - P = 0$$
$$\sum M_E(\boldsymbol{F}) = 0, \quad M_E - P \times 1.5 \text{ m} = 0$$

解得

$$F_{Ex} = 0, \; F_{Ey} = 5 \text{ kN}, \; M_E = 7.5 \text{ kN} \cdot \text{m}$$

(2)取横杆 AC 为研究对象。有

$$\sum F_x = 0, \quad F_{Ax} + F_B \cos 60° = 0$$
$$\sum F_y = 0, \quad F_{Ay} + F_B \sin 60° + T = 0$$
$$\sum M_A(\boldsymbol{F}) = 0, \quad T \times 1.5 \text{ m} - F_B \sin 60° \times 1 \text{ m} = 0$$

解得

$$F_{Ax} = -4.35 \text{ kN}, \; F_{Ay} = -2.5 \text{ kN}, \; F_B = 8.7 \text{ kN}$$

解得结果为负值,说明未知力的实际指向与原假设的指向相反。

通过以上例题的分析,可将求解物体系统平衡问题的要领归纳如下:

(1)要抓住一个"拆"字。将物体系统从相互联系的地方拆开,在拆开的地方用相应的约束力代替约束对物体的作用。这样,就把物体系统分解为若干个单个物体,单个物体受力简单,便于分析。

(2)比较系统的独立平衡方程个数和未知量个数,若彼此相等,则可根据平衡方程求解出全部未知量。一般来说,由 n 个物体组成的系统,可以建立 $3n$ 个独立的平衡方程。

(3)根据已知条件和所求的未知量,选取研究对象。通常可先由整体系统的平衡求出某些待求的未知量,然后根据需要适当选取系统中的某些部分为研究对象,求出其余的未知量。

(4)在各单个物体的受力图上,物体间相互作用的力一定要符合作用与反作用关系。物体拆开处的作用与反作用关系,是顺次继续求解未知力的"桥"。在一个物体上,可能某拆开处的相互作用力是未知的,但求解之后,对与它在该处联系的另一物体就成为已知的了。可见,作用与反作用关系在这里起"桥"的作用。

(5)选择平衡方程的形式和注意选取适当的坐标轴和矩心,尽可能做到一个平衡方程中只含有一个未知量,并尽可能使计算简化。

2.7 摩 擦

【知识预热】

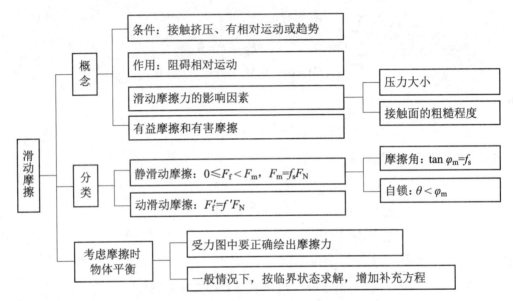

前面分析物体受力时，都把物体的表面看作是绝对光滑的，忽略了物体之间的摩擦，其实，摩擦是一种普遍存在的现象。在一些问题中，摩擦对物体的受力情况影响很小，为了计算方便可以忽略不计。但在工程上有些摩擦问题是不能忽略的，甚至起到了决定性作用。例如，闸瓦制动、摩擦轮传动等都要依靠摩擦来工作。

按照接触物体之间可能存在的相对滑动或相对滚动，把摩擦分为滑动摩擦和滚动摩擦。

2.7.1 滑动摩擦

两个相互接触的物体，发生相对滑动，或存在相对滑动趋势时，彼此之间就有阻碍滑动的力存在，此力称为滑动摩擦力。根据两物体之间是否产生滑动可把滑动摩擦力分为静滑动摩擦力和动滑动摩擦力。由于摩擦对物体的运动起阻碍作用，所以摩擦力总是作用于接触面（点），沿接触处的公切线，与物体滑动或滑动趋势方向相反。因此，画摩擦力前应先确定物体的运动或运动趋势方向。

为了认识摩擦的规律，可以做如下实验：实验装置如图 2-32（a）所示，重力为 G 的重物 A 放在水平面上，绳子的一端与重物 A 相连，另一端通过滑轮与装砝码的盘子相连，略去绳重和滑轮阻力，绳子对重物 A 的拉力 T 的大小就等于砝码和盘子的重力 Q。实验情况分述如下。

1. 静滑动摩擦

实验表明，逐渐增加砝码的质量而不超过一定范围时，重物 A 始终保持静止。这说明沿水平方向有一个阻止重物 A 滑动的力 F_f 存在。即当两接触物体之间只有滑动趋势时,物体接触表面产生的摩擦力,我们把它称为静滑动摩擦力,简称静摩擦力。

静止状态下的静摩擦力随主动力的变化而变化,其大小由重物 A 的平衡条件确定(图 2–32 (b)),介于零和最大静摩擦力之间,即

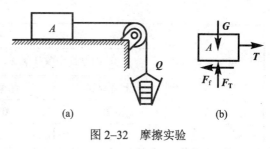

图 2–32 摩擦实验

$$0 \leqslant F_f < F_{fm}$$

2. 静摩擦定律

当拉力 T 增大到某一值时,重物 A 处于将要滑动的临界静止状态,此时的静摩擦力达到最大值,称为最大静摩擦力。实验表明,其大小与接触面间的正压力 F_N(法向约束力)成正比,而与物体的接触面积无关,即

$$F_{fm} = f_s F_N \qquad (2\text{--}23)$$

式(2–23)称为静摩擦定律。式中,F_{fm} 称为最大静摩擦力;比例常数 f_s 称为静滑动摩擦因数,简称静摩擦因数,其大小取决于相互接触物体表面的材料性质和表面状况(如表面粗糙度、润滑情况以及温度、湿度等)。

3. 动滑动摩擦

在图 2–32(a)所示的实验装置中,当拉力 T 的值稍大于 F_{fm} 时,重物就开始滑动,此时沿接触面所产生的摩擦力 F_f' 称为动滑动摩擦力。即当两接触物体之间有相对滑动时,物体接触表面产生的摩擦力称为动滑动摩擦力,简称动摩擦力。

当物体处于相对滑动状态时,在接触面上产生的滑动摩擦力 F_f' 的大小与接触面间的正压力 F_N 的大小成正比,即

$$F_f' = f' F_N \qquad (2\text{--}24)$$

式(2–24)称为动摩擦定律。式中,比例常数 f' 称为动摩擦因数,它与物体接触表面的材料性质、表面状况及相对滑动速度有关,其值一般略小于静摩擦因数,即有 $f_s > f'$。这说明推动物体从静止到开始滑动比较费力,一旦物体滑动起来后,要维持物体继续滑动就省力了。精度要求不高时,可视 $f_s \approx f'$。部分常用材料的滑动摩擦因数如表 2–2 所示。

表 2–2 部分常用材料的滑动摩擦因数

材料名称	滑动摩擦因数			
	静摩擦因数(f_s)		动摩擦因数(f')	
	无润滑剂	有润滑剂	无润滑剂	有润滑剂
钢—钢	0.15	0.10~0.12	0.1	0.05~0.10
钢—铸铁	0.2~0.3		0.16~0.18	0.05~0.15
钢—青铜	0.15~0.18	0.10~0.15		0.07
钢—轴承合金			0.2	0.04
铸铁—铸铁		0.2	0.18	0.07~0.15

续表

材料名称	滑动摩擦因数			
	静摩擦因数（f_s）		动摩擦因数（f'）	
	无润滑剂	有润滑剂	无润滑剂	有润滑剂
铸铁—青铜	0.28	0.16	0.15～0.21	0.07～0.15
铸铁—皮革	0.55	0.15	0.28	0.12
铸铁—橡胶			0.8	0.5
青铜—青铜			0.15～0.20	0.04～0.10
木—木	0.4～0.6	0.10	0.2～0.5	0.07～0.10

注：本表摘自《机械设计实用手册》（化学工业出版社，2003年第二版，表1-1-41）。

由摩擦定律可知：若要增大摩擦力，可通过增大摩擦因数的方法（如在汽车轮胎上制造花纹、在车轮上缠链条、在路面上撒煤渣等）来实现，也可通过增大法向反力值来达到增大摩擦力的目的（如张紧胶带轮上的胶带等）。若要减小摩擦力，由于减小法向反力值一般比较困难，所以主要通过减小摩擦因数的方法（如在两物体的接触面上加润滑剂、减小接触面的粗糙度等）来实现。

2.7.2 摩擦角

当考虑摩擦时，支承面对物体的约束力由法向力 F_N 和摩擦力 F_f 组成，这两个力的合力 F_R（图2-33（a））称为支承面对物体的全约束力。全约束力与支承面的法线间的夹角为 φ，显然，如垂直于支承面的主动力 Q 不变，则物体在滑动前，摩擦力 F_f 以及角 φ 均随主动力 P 的增大而增大。设 P 增大到 P_1 时物体处于临界平衡状态，这时摩擦力 F_f 达到最大值 F_{fm}，同时角 φ 也达到最大值 φ_m，这个角 φ_m 叫作摩擦角（图2-33（b））。由图2-33（b）的几何关系可以看出，$\tan\varphi_m = \dfrac{F_{fm}}{F_N}$，因 $F_{fm} = f_s F_N$，所以

$$\tan\varphi_m = f_s \tag{2-25}$$

即摩擦角的正切值等于静摩擦因数。可见 φ_m 与 f_s 一样，也是表示材料摩擦性质的物理量。

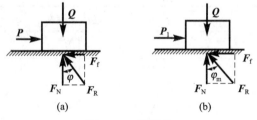

图2-33 摩擦角

由于静摩擦力 F_f 的值不能超过 F_{fm}，所以约束全反力与支承面法线间的夹角也不可能大于摩擦角，即

$$0 \leq \varphi \leq \varphi_m$$

因此,若作用于物体上的所有主动力的合力 S 的作用线与支承面法线间的夹角为 θ,利用摩擦角的概念,可得如下结论:

(1) 如果 $\theta > \varphi_m$(图 2-34(a)),此时,无论 S 值多么小,全约束力 F_R 都不可能与 S 共线,因而物体不可能平衡而产生滑动。

(2) 如果 $\theta < \varphi_m$(图 2-34(b)),此时,无论 S 多么大,只要支承面不被压坏,全约束力 F_R 总可以与 S 共线,物体总能保持静止状态。这种现象就叫作**自锁**。

(3) 如果 $\theta = \varphi_m$(图 2-34(c)),则物体处于临界平衡状态。

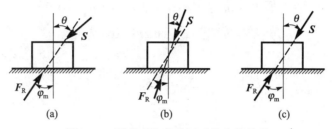

图 2-34 摩擦角与物体运动状态的关系

在工程上常常利用自锁现象,例如,传送带输送物料时就是借助自锁阻止了物料的下滑,千斤顶把重物顶起后借助自锁而使螺纹不致滑动。但有时又需避免自锁,例如机器运转时,不允许零件产生自锁而"卡住"不动。

2.7.3 考虑摩擦时物体的平衡问题

考虑摩擦时物体的平衡问题,其计算方法和不计摩擦时的平衡问题相同,只是在画受力图时,除了主动力和一般的约束力外,还应添加摩擦力。应当注意,摩擦力的方向总是沿着接触面的切线且与相对滑动趋势的方向相反。当物体处于临界状态时,摩擦力达到最大值。由于静摩擦力的大小在零和 F_{fm} 之间变化,所以这类问题的解不是一个确定值,而是用不等式表示的一个范围,这个范围叫作平衡范围。

如果用全约束力 F_R 表示临界静止状态下接触面的约束力,则在受力图上不再画最大静摩擦力,问题的解法亦与一般平衡问题无异了。

例 2.15 一重力 $G = 600\ \text{N}$ 的物体放在倾角为 α 的斜面上,如图 2-35(a)所示。若静摩擦因数 $f_s = 0.15$,斜面的倾角 $\alpha = 30°$(大于摩擦角 φ_m)。为保持物块平衡,在其上加一水平力 F,求该力的最小值和最大值。

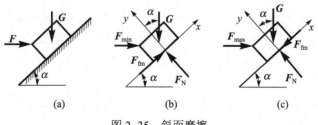

图 2-35 斜面摩擦

解 因为斜面角 $\alpha > \varphi_f$，所以若不加力 $F_{\min}$，物块将沿斜面下滑。如果水平力 $F_{\min}$ 太小，物块也会下滑；如果 $F_{\min}$ 太大，物块将沿斜面上滑。所以，为使物块平衡，所加的水平力 $F_{\min}$ 应在一定的范围内。

（1）求 $F_{\min}$。

$F_{\min}$ 为使物体不致下滑所需的力 F 的最小值，此时物体处于下滑临界状态，所以作用在它上面的摩擦力应达到最大值，且方向沿斜面向上。取物块为研究对象，画出受力情况如图 2-35（b）所示。

列平衡方程：

$$\sum F_x = 0, \quad F_{\min}\cos\alpha - G\sin\alpha + F_{\mathrm{fm}} = 0$$
$$\sum F_y = 0, \quad F_N - F_{\min}\sin\alpha - G\cos\alpha = 0$$

列补充方程：

$$F_{\mathrm{fm}} = f_s F_N$$

解得

$$F_{\min} = \frac{\sin\alpha - f_s\cos\alpha}{\cos\alpha + f_s\sin\alpha}G = \frac{\sin 30° - 0.15 \times \cos 30°}{\cos 30° + 0.15 \times \sin 30°} \times 600 \,\mathrm{N} = 236 \,\mathrm{N}$$

（2）求 $F_{\max}$。

$F_{\max}$ 为使物体不致上滑所需的力 F 的最大值，此时物体处于向上滑动的临界状态。这时，作用在物块上的摩擦力方向沿斜面向下，摩擦力也达到最大值。物块的受力情况如图 2-35（c）所示。

列平衡方程：

$$\sum F_x = 0, \quad F_{\max}\cos\alpha - G\sin\alpha - F_{\mathrm{fm}} = 0$$
$$\sum F_y = 0, \quad F_N - F_{\max}\sin\alpha - G\cos\alpha = 0$$

列补充方程：

$$F_{\mathrm{fm}} = f_s F_N$$

解得

$$F_{\min} = \frac{\sin\alpha + f_s\cos\alpha}{\cos\alpha - f_s\sin\alpha}G = \frac{\sin 30° + 0.15 \times \cos 30°}{\cos 30° - 0.15 \times \sin 30°} \times 600 \,\mathrm{N} = 478 \,\mathrm{N}$$

综合以上结果可知，使物体保持静止的水平推力 F 的大小应满足下列条件：

$$236 \,\mathrm{N} \leqslant F \leqslant 478 \,\mathrm{N}$$

本题也可用全约束力 F_R 来表示斜面的约束力，同样得到上述结果。

例 2.16 图 2-36（a）所示为一起重机制动装置。已知鼓轮半径为 r，制动轮半径为 R，制动杆长为 l，制动块与制动轮间的摩擦因数为 f_s，起吊重力为 G 的物体，其他尺寸如图 2-36（a）所示。求制动鼓轮的最小制动力 $F_{\min}$。

解 鼓轮能被制动，是由于制动块与制动轮间摩擦力的作用。当鼓轮恰被制动时，制动力为最小值 $F_{\min}$，静摩擦力达到最大值。

先取鼓轮为研究对象，其受力图如图 2-36（b）所示。

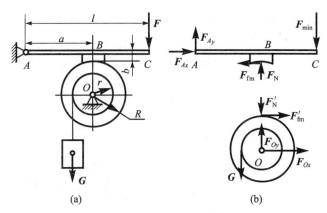

图 2-36 起重机制动装置

列平衡方程：

$$\sum M_O(\boldsymbol{F}) = 0, \quad F'_{\text{fm}} R - Gr = 0$$

列补充方程：

$$F'_{\text{fm}} = f_s F'_N$$

解得

$$F'_N = \frac{Gr}{f_s R}$$

再取制动杆 ABC 为研究对象，其受力图如图 2-36（b）所示。

列平衡方程：

$$\sum M_A(\boldsymbol{F}) = 0, \quad F_N a - F_{\min} l - F_{\text{fm}} b = 0$$

解得

$$F_{\min} = \frac{Gr}{Rl}\left(\frac{a}{f_s} - b\right)$$

2.7.4 滚动摩擦

由实践经验可知，滚动比滑动省力。在工程中，为了降低劳动强度，常利用滚动来代替滑动。例如，搬运机器等重物时在重物底下垫上辊轴，塔式起重机下面装上轮子后沿路轨滚动，在混凝土浇灌器上安装导轮使之沿铅垂导轨向上可减小摩擦，车辆用车轮、机器中用滚动轴承等，都是利用了这个性质。

将一重力为 G 的轮子放在地面上，在轮心 O 处作用水平拉力 $\boldsymbol{F}$（图 2-37（a））。假设轮子和地面均为刚体，则接触点为 A。显然轮子上的力矩不平衡，只要有微小的拉力作用，轮子就会发生滚动，这与事实不符。事实上只有当拉力达到一定数值时，轮子才开始滚动，这说明地面对轮子有阻止滚动的力偶存在，其原因是轮子和地面不是刚体，均要产生变形，变形后轮子与地面接触处的约束力分布如图 2-37（b）所示。

将这些平面分布约束力向点 A 简化，可得到一个作用在点 A 的力 $\boldsymbol{F}_R$ 和一个力偶 $\boldsymbol{M}_f$，此力偶起着阻碍滚动的作用，称为滚动摩擦力偶矩。将力 $\boldsymbol{F}_R$ 进一步分解为法向约束力 $\boldsymbol{F}'_N$ 和滑

动摩擦力 F_f（图 2-37（c）），并将法向约束力 F_N' 和滚动摩擦力偶矩 M_f 进一步按力的平移定理的逆定理进行合并，即可得到约束力 F_N，其作用线向滚动方向偏移一段距离 e（图 2-37（d））。当轮子处于临界状态时，滚动摩擦力偶矩和距离 e 均为最大值，并有

$$M_{fm} = e_{max}F_N = KF_N \tag{2-26}$$

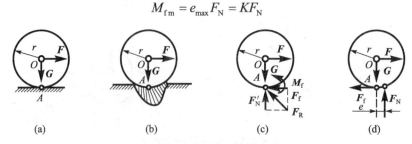

图 2-37 滚动摩擦

滚动摩擦力偶矩最大值 M_{fm} 与两个相互接触物体间的法向约束力 F_N 成正比，该结论称为滚动摩擦定律，比例常数 K 称为滚动摩擦因数，相当于滚动阻力偶的最大力偶臂 e_{max}，故其单位为长度单位。K 值与物体接触表面的材料性质和表面状况有关。常见材料的滚动摩擦因数如表 2-3 所示。

表 2-3 常见材料的滚动摩擦因数

材　料	K/mm	材　料	K/mm
软钢—软钢	0.5	表面淬火车轮—钢轨	~0.1
铸铁—软钢	0.5	圆锥形车轮	0.8~1.0
木材—钢	0.3~0.9	圆柱形车轮	0.5~0.7
木材—木材	0.5~0.8	钢轮—木面	1.5~2.5
钢板—钢滚筒	0.2~0.7	橡胶轮胎—沥青路面	2.5
铸铁或钢轮—钢轨	0.5	橡胶轮胎—土路面	10~15

注：本表摘自《机械设计实用手册》（化学工业出版社，2003 年第二版，表 1-1-43）。

一般材料硬些，受载后，接触面的变形就小些，滚动摩擦因数 K 也会小些。自行车轮胎气足时骑车省力，火车轨道用钢轨，轮子用铸铁轮都是增大硬度、减小滚动阻力偶的例子。

现在讨论为什么滚动比滑动省力。在图 2-37 中，设使滚子滚动所需的最小水平力为 F_1，使其滑动所需的最小水平力为 F_2。

使滚子即将滚动时，有

$$F_1 r = KF_N = KG，即 F_1 = \frac{K}{r}G$$

使滚子即将滑动时，有

$$F_2 = f_s F_N = f_s G，即 F_2 = f_s G$$

式中，f_s 为滚子与水平面间的静摩擦因数。

因为 $\frac{K}{r} \ll f_s$，所以 $F_1 \ll F_2$，即使滚子滚动要比使期滑动省力得多。

先导案例解决

通过本章的学习,我们来探讨一下先导案例中所提出的的问题:**P** 与 **Q** 之间满足什么条件时,杆 BC 处于平衡状态?(为便于讨论,杆的自重不计,这样 AB、BC、CD 均可看成是二力杆,力的作用线沿着杆件的轴线。)

[**方法一**](节点法)图 2-38(b)　　　　图 2-38(c)
(1)研究对象:取节点 B　　　　　　取节点 C
(2)受力分析:F_{AB}、F_{CB}、**P**　　　　**Q**、F_{BC}、F_{CD}
(3)作力三角形,则 $F_{AB}=P$,　　　作力三角形,则 $Q\sin 60°=F_{BC}$,
$F_{CB}=\sqrt{2}P$。　　　　　　　　　因 $F_{CB}=F_{BC}$,于是 $\sqrt{2}P=Q\sin 60°$,
　　　　　　　　　　　　　　　　　则 $\dfrac{P}{Q}=\dfrac{\sqrt{6}}{4}$。

[**方法二**](解析法)本案例若将 BC 杆作为研究对象,分析其受力情况,建立适当的坐标系,利用解析法亦可求解,但过程相对麻烦一些,请自己演算看看。

[**方法三**] 本案例还有更简便的方法,即取 ABCD 为研究对象,如图 2-38(d)所示,主动力为 **P**、**Q**,因 A 点、D 点的约束力 F_A、F_D 作用线分别沿 AB 和 CD 杆延伸交于 O 点,则 $M_O(F_A)=0$,$M_O(F_D)=0$,因系统平衡,故取 $\sum M_O(F)=0$,于是

$$M_O(P)+M_O(Q)=0$$

即　　　　$P×BO−Q\cos 30°×CO=P×\sqrt{2}BC−Q\cos 30°×BC=0$

得　　　　　　　　　　　$\dfrac{P}{Q}=\dfrac{\sqrt{6}}{4}$

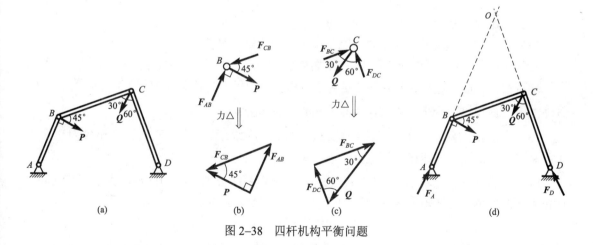

图 2-38　四杆机构平衡问题

学 习 经 验

(1)学习时应弄清力矩、力偶的性质及力系简化方法与结论,注意把握平面汇交力系、平面平行力系、平面一般力系的平衡条件及三者之间的关系。

(2) 在运用平衡方程求解物体或物系平衡问题时，要恰当地选取研究对象，正确画出各物体的受力图。应特别注意各受力图之间要彼此协调，符合作用与反作用定律，要注意二力杆、二力构件的判断。在解题时要注意选择平衡方程的形式、坐标轴和矩心，并尽可能做到一个平衡方程只含有一个未知量，以简化计算。例 2.14 题后已作了归纳，请认真阅读，细心体会。

(3) 求解考虑摩擦的物体平衡问题时，可将静滑动摩擦力作为未知约束力对待。应先判断出物体在主动力作用下的运动趋势，从而决定静滑动摩擦力的方向；在列平衡方程时要考虑静滑动摩擦力的变化有一个范围，从而引起答案也是一个有范围的值；只有判断物体已处于临界平衡状态的前提下，才能应用补充方程 $F_{fm} = f_s F_N$，求得的答案也是临界值，否则，只能应用平衡条件来决定静滑动摩擦力的大小。

(4) 本章内容较丰富，为学好本章知识，应做好课前预习、课后复习工作，并做适量的习题巩固所学内容。

本 章 小 结

(1) 平面汇交力系的合成结果是一个合力 F_R。

几何法：根据力多边形法则求合力，力多边形的封闭边表示合力 F_R 的大小和方向。

解析法：根据合力投影定理，利用力系中各分力在两个直角坐标轴上的投影的代数和，求合力的大小和方向。

$$F_{Rx} = \sum F_x, \quad F_{Ry} = \sum F_y$$

$$F_R = \sqrt{F_{Rx}^2 + F_{Ry}^2}, \quad \tan\alpha = \frac{F_{Ry}}{F_{Rx}}$$

合力的作用线通过原汇交力系的交点。

(2) 平面汇交力系平衡的必要与充分条件是合力 F_R 为零。

几何法：力多边形自行封闭，即首尾端重合。

解析法：平面汇交力系中各分力在两个坐标轴上的投影的代数和都等于零，即 $\sum F_x = 0$，$\sum F_y = 0$。应用这两个平衡方程，可以求解两个未知量。

(3) 力矩是力对物体转动效应的度量。可按力矩的定义 $M_O(F) = \pm Fd$ 和合力矩定理 $M_O(F_R) = \sum M_O(F)$ 来计算平面上力对点之矩。

(4) 力偶是另一个基本力学量，它的作用效应取决于三要素：力偶矩的大小、转向和力偶作用面的方位。力偶矩的值为力偶中任一力 F 的大小与力偶臂 d 的乘积，即

$$M(F, F') = \pm Fd$$

(5) 力的平移定理表明，力对刚体的作用与作用于该力作用线以外任一点的一平移力和一个附加力偶等效，附加力偶等于该力对平移点之矩。

(6) 平面力偶系合成的结果是一个合力偶。合力偶矩等于各分力偶矩的代数和，即 $M = \sum M_i$。平面力偶系的平衡条件是各力偶矩的代数和为零，即 $\sum M = 0$。应用该平衡方程可求解一个未知量。

（7）平面平行力系平衡的充要条件：力系中各力在与力平行的坐标轴上投影的代数和为零，各力对任意点之矩的代数和也为零。只有两个独立的平衡方程，应用它们只能求解两个未知量。

（8）力系简化的主要依据是力的平移定理。平面一般力系向平面内任一点简化，一般可得到作用于简化中心的一个力和一个力偶。这个力称为主矢，它等于原力系中各力的矢量和，与简化中心的位置无关。这个力偶叫作原力系的主矩，它等于原力系中各力对简化中心力矩的代数和，一般与简化中心的位置有关。

（9）平面一般力系的平衡方程有三种形式。

① 基本式：$\sum F_x = 0$，$\sum F_y = 0$，$\sum M_O(\boldsymbol{F}) = 0$。

② 两矩式：$\sum F_x = 0$（或$\sum F_y = 0$），$\sum M_A(\boldsymbol{F}) = 0$，$\sum M_B(\boldsymbol{F}) = 0$（连线 AB 不能与 x 轴或 y 轴垂直）。

③ 三矩式：$\sum M_A(\boldsymbol{F}) = 0$，$\sum M_B(\boldsymbol{F}) = 0$，$\sum M_C(\boldsymbol{F}) = 0$（A、B、C 三点不共线）。

无论是哪种形式，平面一般力系只能有三个独立的平衡方程，求解三个未知量。

（10）求解物系平衡问题的步骤。

① 适当选取研究对象，画出各研究对象的受力图。

② 分析各受力图，确定求解顺序，并根据选定的顺序逐个选取研究对象求解。

（11）滑动摩擦分为静滑动摩擦和动滑动摩擦。

静滑动摩擦力 F_f：$0 \leqslant F_f \leqslant F_{fm}$，$F_f$ 由平衡条件确定，而 $F_{fm} = f_s F_N$。

动滑动摩擦力 $F_f' = f F_N$，F_f' 是在已发生滑动情况下的摩擦力，略小于 F_{fm}。

摩擦角 φ_m 是指物体处于临界滑动平衡状态时，F_m 与 F_N 的合力（全反力）作用线与支承面的法线之间的夹角，$\tan \varphi_m = f_s$。

用解析法求解有静滑动摩擦的平衡问题时，需先判断出静摩擦力的方向，然后运用平衡方程求解，其解一般是一个有范围的值。

思 考 题

1. 分力是否可能大于合力？两个相等的分力与合力一样大，条件是什么？

2. 图 2-39 所示为某平面汇交力系合成时所作的力多边形，问该力系的合力在力多边形上怎样表示？

3. 在图 2-40 中，两个力三角形中的三个力的关系有何不同？

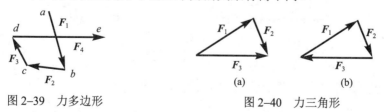

图 2-39 力多边形　　　　图 2-40 力三角形

4. 同一个力在两个互相平行的轴上的投影是否相等？若两个力在同一轴上的投影相等，这两个力是否一定相等？

5. 用手拔钉子拔不出来，为什么用钉锤一下就能拔出来？手握钢丝钳，为什么用不太大的握紧力就能把铁丝剪断？

6. 图 2-41 中，力 F_1、F_1' 组成的力偶作用在 Oxy 平面内，力 F_2、F_2' 组成的力偶作用在 Oyz 平面内，它们的力偶矩值相等，此两力偶是否等效？

7. 为什么力偶不能用一力与之平衡？如何解释图 2-42 中的平衡现象。

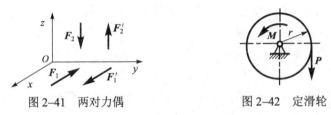

图 2-41 两对力偶　　　　图 2-42 定滑轮

8. 力向已知点平行移动时，其附加力偶矩怎样确定？

9. 平面一般力系的合力与其主矢的关系怎样？在什么情况下其主矢即合力？

10. 在简化一个已知平面力系时，选取不同的简化中心，主矢和主矩是否不同？力系简化的最后结果会不会改变？为什么？

11. 在研究物体系统的平衡问题时，如以整个系统为研究对象，是否可能求出该系统的内力？为什么？

12. 一个物体放在不光滑的水平面上，此物体是否一定受到摩擦力的作用？

13. 图 2-43 中的物体 A 放在粗糙的斜面上，斜面的倾角 $\alpha > \varphi_m$ 时，物体将下滑。若在物体上加一个垂直于斜面的压力，能否阻止物体下滑？为什么？

14. 图 2-44 中的物体，重力均为 G，接触面间的摩擦因数均为 f_s。要使物体向右滑动，哪一种施力方法比较省力？为什么？

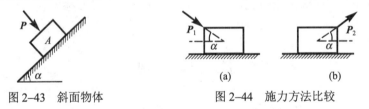

图 2-43 斜面物体　　　　图 2-44 施力方法比较

15. 图 2-45 中的物体重力为 100 N，放置在水平面上，重物与水平面间的摩擦因数 f_s=0.3。判断图示三种情况下摩擦力是多大？物体处于静止状态还是运动状态？

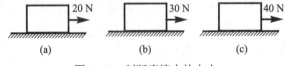

图 2-45 判断摩擦力的大小

16. 拉车时，为什么车轮直径大，轮胎内气压高就省力？

习　题

1. 已知 F_1=400 N，F_2=1 000 N，F_3=100 N，F_4=500 N，试用几何法求题 1 图所示汇交力

系的合力。

2. 起吊时构件在题 2 图所示位置平衡，构件重力 G=30 kN。试用几何法求钢索 AB、AC 的拉力。

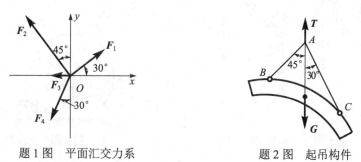

题 1 图　平面汇交力系　　　　题 2 图　起吊构件

3. 托架制成题 3 图所示三种形式。已知 F=1 000 N，AC=CB=AD。试分别就三种情况计算出 A 点约束力的大小与方向。

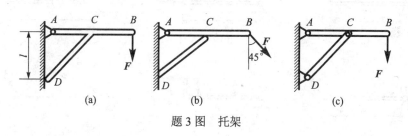

题 3 图　托架

4. 如题 4 图所示的三角支架由杆 AB、AC 铰接而成，在 A 处作用有重力 G=2 kN，分别求出图中情况下杆 AB、AC 所受的力（不计杆自重）。

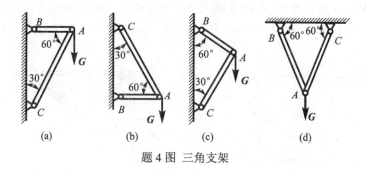

题 4 图　三角支架

5. 如题 5 图所示，简易起重机用钢丝绳吊起重力 G=2 kN 的重物，不计杆件自重、摩擦及滑轮大小，A、B、C 三处简化为铰链连接。求杆 AB 和 AC 所受的力。

6. 如题 6 图所示，电缆盘重力 G=10 kN，直径 D=1.2 m，在水平方向加一拉力 F，使其超过 h=0.2 m 的台阶。试求：

（1）力 F 的最小值；

（2）若力 F 方向可变，则要使电缆盘能过此台阶的力 F 为最小值，确定它的大小和方向。

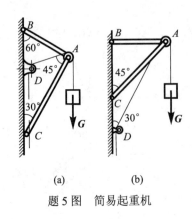
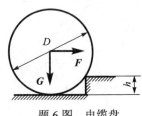

题 5 图　简易起重机　　　　　题 6 图　电缆盘

7. 计算题 7 图所示的各图中力 F 对 O 点的力矩。

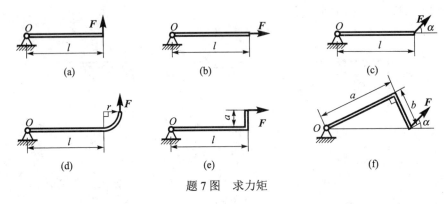

题 7 图　求力矩

8. 如题 8 图所示力 $F=300$ N，$r_1=20$ cm，$r_2=50$ cm，试求力 F 对点 A 之矩。

9. 铰链四连杆机构 O_1BAO_2 在题 9 图所示位置平衡，已知 $\overline{O_2A}=0.4$ m，$\overline{O_1B}=0.6$ m，作用在曲柄 O_2A 上的力偶矩 $M_2=1$ N·m，不计杆重，求力偶矩 M_1 的大小及连杆 AB 的受力。

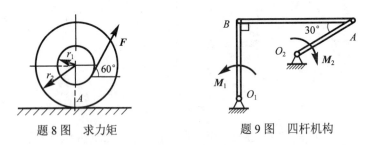

题 8 图　求力矩　　　　　题 9 图　四杆机构

10. 分析题 10 图所示平面一般力系向点 O 简化的结果。已知：$F_1=100$ N，$F_2=150$ N，$F_3=200$ N，$F_4=250$ N，$F=F'=250$ N。

11. 如题 11 图所示起重吊钩，若吊钩点 O 处所承受的力偶矩最大值为 5 kN·m，则起吊重力不能超过多少？

12. 构件的支承及载荷情况如题 12 图所示（$F=10$ kN），求支座 A、B 处的约束力。

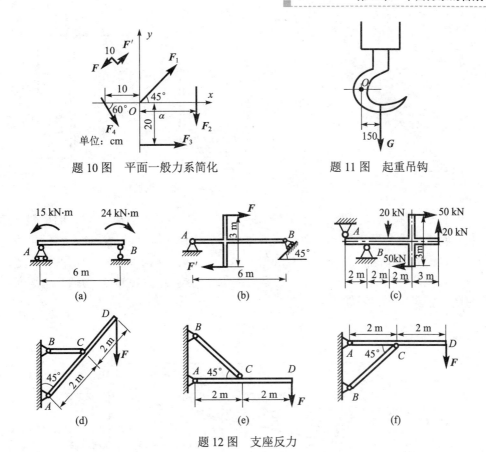

题 10 图　平面一般力系简化　　题 11 图　起重吊钩

题 12 图　支座反力

13. 如题 13 图所示圆柱 A 重力为 G，在中心上系有两绳 AB 和 AC，绳分别绕过光滑的滑轮 B 和 C，并分别悬挂重力为 G_1 和 G_2 的物体，设 $G_2>G_1$。试求平衡时的 α 角和水平面 D 对圆柱的约束力。

14. 相同的两圆管置于斜面上，并用一铅垂挡板 AB 挡住，如题 14 图所示。每根圆管重力为 4 kN，求挡板所受的压力。若改用垂直于斜面的挡板，这时压力有何变化？

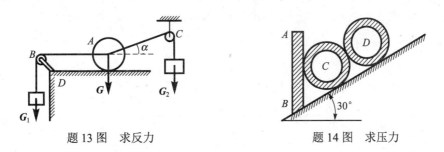

题 13 图　求反力　　　　题 14 图　求压力

15. 高炉加料小车如题 15 图所示。小车及料的重力 $G=240$ kN，重心在 C 点，已知 $a=100$ cm，$b=140$ cm，$e=100$ cm，$d=140$ cm，$\alpha=60°$。求钢索拉力 T 及轮 A、B 处所受的约束力。

16. 钢筋校直机构如题 16 图所示，若在 E 点作用水平力 $P=90$ N，试求在 D 处将产生多大的压力，并求铰链支座 A 的约束力。

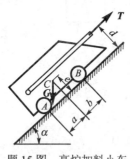

题 15 图 高炉加料小车

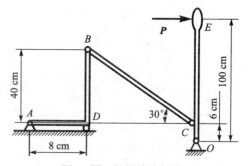

题 16 图 钢筋校直机构

17. 起重工人为了把高 10 m、宽 1.2 m、重力 G=20 kN（重心在 C 点）的塔架立起来，首先用垫块将其一端垫高 1.56 m，而在其另一端用桩柱顶住塔架以防滑动，然后再用卷扬机拉起塔架，如题 17 图所示。试求当钢丝绳处于水平位置时，钢丝绳的拉力需要多大才能把塔架拉起来？并求此时桩柱的约束力。又若钢丝绳承受的拉力为 40 kN，为拉起塔架又不致将钢丝绳拉断，则至少应将塔架垫起多高？

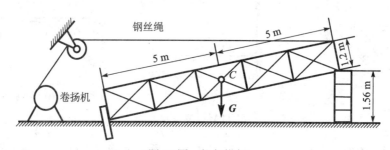

题 17 图 拉起塔架

18. 题 18 图所示为小型推料机的简图。电动机转动带动曲柄 OA，通过连杆 AB 使推料板 O_1C 绕轴 O_1 转动，便将物料推送到运输机上。已知装有销钉 A 的圆盘的重力 G_1=200 N，均质杆 AB 的重力 G_2=300 N，推料板 O_1C 的重力 G=600 N。设料作用于推料板 O_1C 上 B 点的力 F=1 000 N，且与板垂直，$\overline{OA}$=0.2 m，$\overline{AB}$=0.2 m，$\overline{B_1O}$=0.4 m，α=45°。若在图示位置机构处于平衡，求作用曲柄 OA 上的力偶矩 M 的大小。

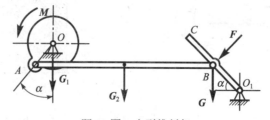

题 18 图 小型推料机

19. 如题 19 图所示，梯子 AB 的重力 G=200 N，靠在光滑墙上，梯子长为 l=3 m，已知梯子与地面间的静摩擦因数为 0.25，今有一重力为 650 N 的人沿梯子向上爬，若 α=60°，求人能够达到的最大高度。

20. 砖夹宽 280 mm，爪 AHB 与 BCED 在 B 点处铰接，尺寸如题 20 图所示。被提起的砖重力为 G，提举力 F 作用在砖夹中心线上。若砖夹与砖之间的静摩擦因数 f_s=0.5，则尺寸 b 应为多大才能保证砖被夹住不滑掉？

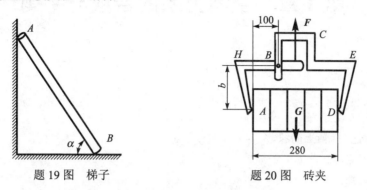

题 19 图　梯子　　　　题 20 图　砖夹

21. 有三种制动装置如题 21 图所示。已知圆轮上转矩为 M，几何尺寸 a、b、c 及圆轮同制动块 K 间的静摩擦因数 f_s。试求制动所需的最小力 F 的大小。

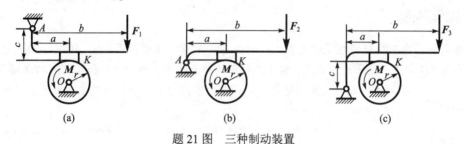

题 21 图　三种制动装置

第3章　空间力系的合成与平衡

 本章知识点

1. 力在空间坐标轴上的投影。
2. 合力投影定理。
3. 力对轴之矩。
4. 空间力系平衡条件及平衡问题的求解方法。
5. 重心及求解方法。

 先导案例

一盏灯挂在由三根杆所组成的支架上，如图 3-1 所示。上面的两根杆 AC 和 AD 与在墙上支点间的连线 CD 构成一个等边三角形，这个三角形的平面跟第三根杆 AB 垂直，AB 杆跟墙面成 30°角。三根杆重力不计，灯的重力为 G，如何求这三根杆所受力的大小？

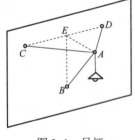

图 3-1　吊灯

若力系中各力的作用线不在同一平面内，该力系就称为空间力系。

空间力系按各力作用线的相对位置，又可分为空间汇交力系、空间平行力系和空间任意力系。在机械工程中，机械或零部件的几何形体都是立体的，一般所作用的力系都是空间状态。图 3-2、图 3-3 所示各构件均为受空间力系作用的情况。

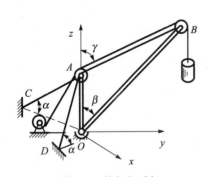

图 3-2　桅杆起重机

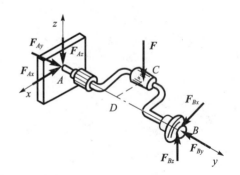

图 3-3　手摇钻

本章将讨论空间力系问题的理论基础，即力在空间直角坐标轴上的投影及力对轴之矩的概念与运算，对空间任意力系问题的平衡计算，物体重心的概念及重心位置的求解方法。

3.1 力在空间直角坐标轴上的投影

【知识预热】

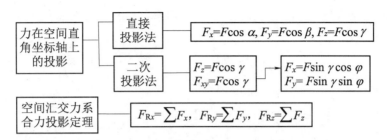

力在空间坐标轴上投影的概念与力在平面坐标轴上投影的概念相同,由于力所对应的参考系不同,故计算方法有所不同。力在空间坐标轴上的投影有两种方法,即直接投影法和二次投影法。

3.1.1 直接投影法

当力 F 在空间的方位直接采用 F 与 x、y、z 坐标轴的夹角 α、β、γ 表示时(图 3–4),则力 F 在直角坐标轴上的投影可表示为

$$\left.\begin{array}{l}F_x = F\cos\alpha \\ F_y = F\cos\beta \\ F_z = F\cos\gamma\end{array}\right\} \quad (3\text{–}1)$$

各轴的投影方向与所对应轴的正向一致时取正号,反之取负号。

3.1.2 二次投影法

若力在空间的方位采用力与任一坐标轴(如 z 轴)的夹角 γ 及力在垂直于此轴(z 轴)的坐标平面(Oxy 面)上的投影与另一轴的夹角 φ 表示,如图 3–5 所示,则可先求出力 F 在 xy 平面上的投影 F_{xy},然后再将 F_{xy} 分别投影到 x、y 轴上,求出力 F 在坐标轴上的投影。此法称为二次投影法。

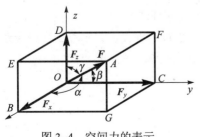

图 3–4 空间力的表示

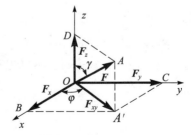

图 3–5 空间力的投影

应用二次投影法的过程可作如下归纳：

$$F \Rightarrow \begin{cases} F_z = F \cdot \cos\gamma \\ F_{xy} = F \cdot \sin\gamma \end{cases} \Rightarrow \begin{cases} F_x = F_{xy} \cdot \cos\varphi = F \cdot \sin\gamma\cos\varphi \\ F_y = F_{xy} \cdot \sin\varphi = F \cdot \sin\gamma\sin\varphi \end{cases}$$

3.1.3 合力投影定理

设有一空间汇交力系 F_1，F_2，$\cdots$，F_n，利用力的平行四边形法则，可将其逐步合成为一个合力矢 F_R，且有

$$F_R = F_1 + F_2 + \cdots + F_n = \sum F \tag{3-2}$$

因此有

$$\left. \begin{array}{l} F_{Rx} = \sum F_x \\ F_{Ry} = \sum F_y \\ F_{Rz} = \sum F_z \end{array} \right\} \tag{3-3}$$

空间汇交力系的合力在某一轴上的投影，等于力系中各力在同一轴上投影的代数和，式（3-3）称为空间力系的合力投影定理。

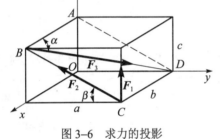

图 3-6 求力的投影

例 3.1 在边长 $a=150$ mm，$b=100$ mm，$c=50$ mm 的长方体上，作用有 3 个力，如图 3-6 所示。$F_1=10$ kN，$F_2=20$ kN，$F_3=30$ kN。试计算各力在 3 个坐标轴上的投影。

解 （1）力 F_1 与 z 轴平行，故直接对各轴投影有

$$F_{1x}=0, F_{1y}=0, F_{1z}=10 \text{ kN}$$

（2）力 F_2 与坐标平面 Oyz 平行，故直接对各轴投影有

$$F_{2x} = 0$$

$$F_{2y} = -F_2 \cdot \cos\beta = -F_2 \cdot \frac{a}{\sqrt{a^2+c^2}}$$

$$= -20 \text{ kN} \times \frac{150}{\sqrt{150^2+50^2}} = -19.0 \text{ kN}$$

$$F_{2z} = F_2 \sin\beta = F_2 \cdot \frac{c}{\sqrt{a^2+c^2}} = 20 \text{ kN} \times \frac{50}{\sqrt{150^2+50^2}} = 6.32 \text{ kN}$$

（3）力 F_3 为空间力，所在平面 $ABCD$ 与坐标平面 Oyz 垂直，故应用二次投影法求解。首先将力 F_3 在与平面 $ABCD$ 平行的 x 轴上和平面 Oyz 上投影，有

$$F_{3x} = -F_3 \cdot \cos\alpha = -F_3 \cdot \frac{b}{\sqrt{a^2+b^2+c^2}}$$

$$= -30 \text{ kN} \times \frac{100}{\sqrt{150^2+100^2+50^2}} = -16.0 \text{ kN}$$

$$F_{3yz} = F_3 \cdot \sin\alpha = F_3 \cdot \frac{\sqrt{a^2+c^2}}{\sqrt{a^2+b^2+c^2}}$$

$$= 30 \text{ kN} \times \frac{\sqrt{150^2+50^2}}{\sqrt{150^2+100^2+50^2}} = 25.4 \text{ kN}$$

再将力 F_{3yz} 投影到 y 轴和 z 轴上，有

$$F_{3y} = F_{3yz} \cdot \cos\beta = F_{3yz} \cdot \frac{a}{\sqrt{a^2+c^2}} = 25.4 \text{ kN} \times \frac{150}{\sqrt{150^2+50^2}} = 24.1 \text{ kN}$$

$$F_{3z} = F_{3yz} \cdot \sin\beta = F_{3yz} \cdot \frac{c}{\sqrt{a^2+c^2}} = 25.4 \text{ kN} \times \frac{50}{\sqrt{150^2+50^2}} = 8.03 \text{ kN}$$

3.2　力对轴之矩

【知识预热】

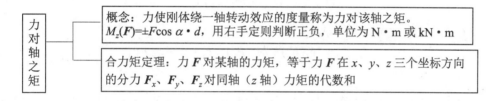

在第 2 章力偶理论中已提及，力对物体有两种作用，其中之一是使物体绕矩心转动的附加力偶，附加力偶的值等于力对点之矩。因此，可以认为力对点之矩就是力使物体绕矩心转动作用的一种度量。

3.2.1　力对轴之矩

从空间的角度来看，对一个与 z 轴不共面的力 F，可将力 F 分解为两个分力，一个为平行于 z 轴方向的分力 F_z，另一个为在垂直于 z 轴平面上的分力 F_{xy}。这样就将力 F 中对轴无矩的成分与有矩的成分分离开来（图 3-7（a））。由于 F_z 对 z 轴无矩，所以力 F 对 z 轴的力矩就只等于 F_{xy} 对 z 轴的力矩，而 F_{xy} 对 z 轴的力矩就是 F_{xy} 对 O 点之矩。故

$$M_z(F) = M_z(F_{xy}) = M_O(F_{xy}) = F_{xy} \cdot d = \pm F \cdot \cos\alpha \cdot d \tag{3-4}$$

综上所述，力使刚体绕一轴转动效应的度量称为力对该轴之矩，简称力对轴之矩。它等于此力在垂直于该轴平面上的投影对该轴与此平面的交点之矩（图 3-7（b））。记作 $M_z(F)$，下标 z 表示取矩的轴，力对轴之矩的单位为 N·m 或 kN·m。

力对轴之矩的符号可用右手定则来判定：用右手握住 z 轴，使四指指向力矩的转向，若此时大拇指指向 z 轴的正向，则力矩为正；反之为负。

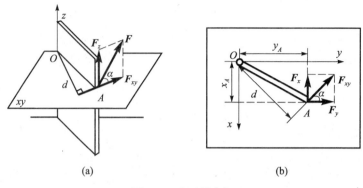

图 3–7 力对轴之矩

3.2.2 合力矩定理

在平面力系中推证过的合力矩定理，在空间力系中仍然适用，即力 F 对某轴（如 z 轴）的力矩，为力 F 在 x、y、z 三个坐标方向的分力 F_x、F_y、F_z 对同轴（z 轴）力矩的代数和，此为合力矩定理。

$$M_z(F) = M_z(F_x) + M_z(F_y) + M_z(F_z) \qquad (3\text{--}5)$$

因分力 F_z 平行于 z 轴，故 $M_z(F_z)=0$，于是

$$M_z(F) = M_z(F_x) + M_z(F_y) = F_y \cdot x_A - F_x \cdot y_A \qquad (3\text{--}6a)$$

同理可得

$$M_x(F) = M_x(F_y) + M_x(F_z) = F_z \cdot y_A - F_y \cdot z_A \qquad (3\text{--}6b)$$

$$M_y(F) = M_y(F_z) + M_y(F_x) = F_x \cdot z_A - F_z \cdot x_A \qquad (3\text{--}6c)$$

应用上式时，投影 F_x、F_y、F_z 及坐标 x_A、y_A、z_A 均应考虑本身的正负号。所得力矩的正负号亦将表明力矩绕轴的转向。

例 3.2 若已知条件与例 3.1 相同，试求力 F_1、F_2 对 x、y、z 轴之矩。

解 有关力的投影在例 3.1 中已经求出，则据式（3–6）有

$$M_x(F_1) = F_1 \cdot a = 10 \text{ kN} \times 150 \text{ mm} = 1500 \text{ kN} \cdot \text{mm} = 1.5 \text{ kN} \cdot \text{m}$$

$$M_y(F_1) = -F_1 \cdot b = -10 \text{ kN} \times 100 \text{ mm} = -1000 \text{ kN} \cdot \text{mm} = -1 \text{ kN} \cdot \text{m}$$

$$M_z(F_1) = 0 \cdot \sqrt{a^2 + b^2} = 0$$

$$M_x(F_2) = F_{2z} \cdot a = 6.32 \text{ kN} \times 150 \text{ mm} = 948 \text{ kN} \cdot \text{mm} = 0.948 \text{ kN} \cdot \text{m}$$

$$M_y(F_2) = -F_{2z} \cdot b = -6.32 \text{ kN} \times 100 \text{ mm} = -632 \text{ kN} \cdot \text{mm} = -0.632 \text{ kN} \cdot \text{m}$$

$$M_z(F_2) = -F_{2y} \cdot b = -19 \text{ kN} \times 100 \text{ mm} = -1900 \text{ kN} \cdot \text{mm} = -1.9 \text{ kN} \cdot \text{m}$$

3.3 空间任意力系的平衡方程

【知识预热】

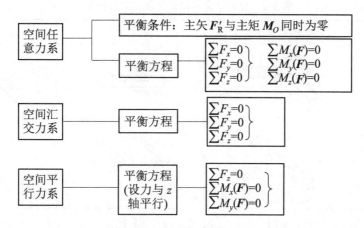

空间任意力系的平衡条件也是通过力系的简化得出的。与平面任意力系相仿，空间任意力系也可简化为主矢和主矩，当主矢和主矩都等于零时力系平衡。由此而导出的空间任意力系的平衡方程为

$$\left.\begin{array}{l}\sum F_x = 0 \\ \sum F_y = 0 \\ \sum F_z = 0\end{array}\right\} \quad \left.\begin{array}{l}\sum M_x(\boldsymbol{F}) = 0 \\ \sum M_y(\boldsymbol{F}) = 0 \\ \sum M_z(\boldsymbol{F}) = 0\end{array}\right\} \quad (3\text{--}7)$$

式（3-7）表明空间任意力系平衡的必要与充分条件是：各力在三个坐标轴上的投影的代数和以及各力对此三轴之矩的代数和都等于零。

式（3-7）有六个独立的平衡方程，可以解六个未知量，它是解决空间力系平衡问题的基本方程。

由式（3-7）可得出空间任意力系的特殊情况下的平衡方程式如下：

空间汇交力系：

$$\left.\begin{array}{l}\sum F_x = 0 \\ \sum F_y = 0 \\ \sum F_z = 0\end{array}\right\} \quad (3\text{--}8)$$

空间平行力系（设各力与 z 轴平行）：

$$\left.\begin{array}{l}\sum F_z = 0 \\ \sum M_x(\boldsymbol{F}) = 0 \\ \sum M_y(\boldsymbol{F}) = 0\end{array}\right\} \quad (3\text{--}9)$$

求解空间力系的平衡问题的基本方法和步骤与平面力系问题相同。即

（1）确定研究对象，取分离体，画受力图。
（2）确定力系类型，列出平衡方程。
（3）代入已知条件，求解未知量。

正确地取出分离体，画受力图是解决问题的关键，表 3-1 列出了空间常见的约束类型及约束力表示法。

表 3-1 空间常见约束类型及约束力表示法

约束类型	约束简图	简化符号	约束力图示
向心滚子轴承 径向滑动轴承		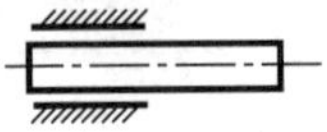	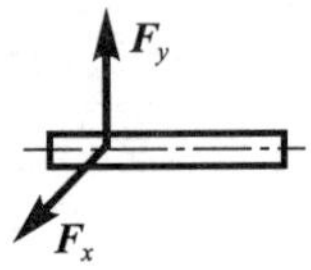
球形铰链		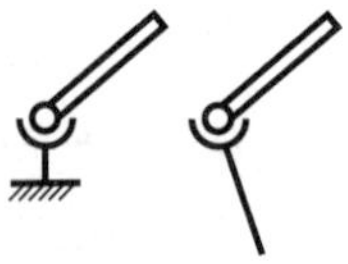	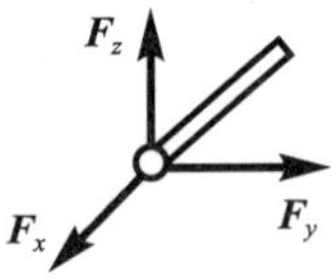
向心推力轴承 径向止推轴承	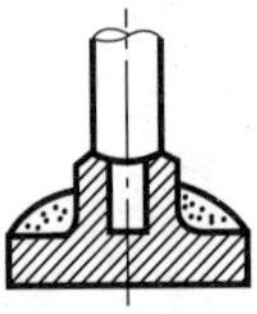	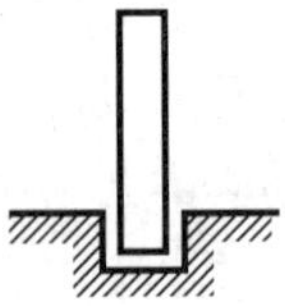	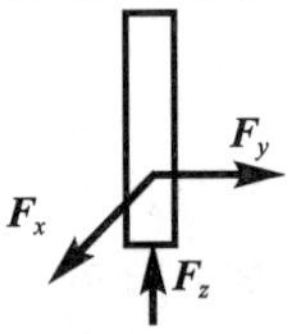
柱销铰链		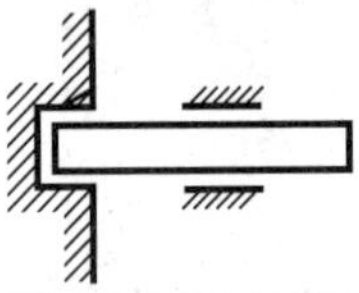	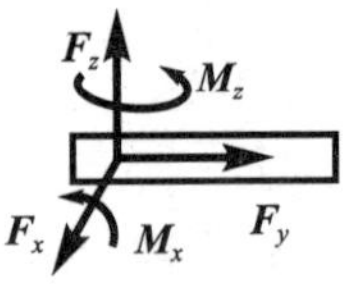
空间固定端	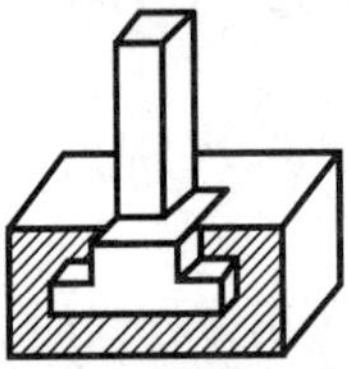	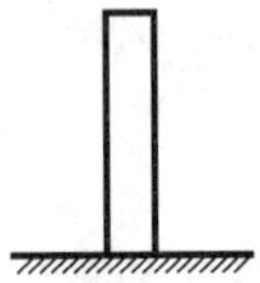	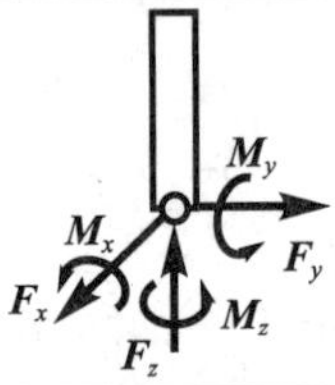

例 3.3 一三角吊架由球铰结构连接而成，如图 3-8（a）所示。悬挂物体重力为 $G=100\text{ kN}$，吊架三根杆与吊索的夹角均为 30°，与地面的夹角均为 60°，不计杆自重，△ABC 为正三角形。试求三杆受力。

解 取顶点球铰及重物为研究对象，三杆均为二力杆，画受力在原图上，如图 3-8（a）所示。O' 铰受力 G、$F_{AO'}$、$F_{BO'}$、$F_{CO'}$ 组成空间汇交力系。

选取坐标系 $Oxyz$，各力在 Oxy 平面内的投影如图 3-8（b）所示，列平衡方程如下：

$$\sum F_x = 0, \quad -F_{AO'} \cdot \cos 60° \cdot \sin 30° - F_{CO'} \cdot \cos 60° \cdot \sin 30° + F_{BO'} \cdot \cos 60° = 0$$

$$\sum F_y = 0, \quad F_{AO'} \cdot \cos 60° \cdot \cos 30° - F_{CO'} \cdot \cos 60° \cdot \cos 30° = 0$$

$$\sum F_z = 0, \quad F_{AO'} \cdot \cos 30° + F_{CO'} \cdot \cos 30° + F_{BO'} \cdot \cos 30° - G = 0$$

解得
$$F_{AO'} = F_{BO'} = F_{CO'} = \frac{G}{3\cos 30°} = \frac{100 \text{ kN}}{3\cos 30°} = 38.5 \text{ kN}$$

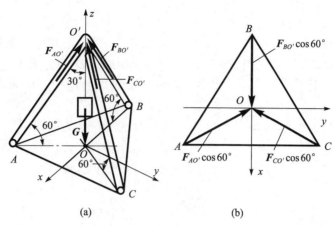

图 3-8 三角吊架

例 3.4 三轮推车如图 3-9 所示。若已知 $AF = FB = 0.5 \text{ m}$，$CF = 1.5 \text{ m}$，$EF = 0.3 \text{ m}$，$ED = 0.5 \text{ m}$，载重 $G = 1.5 \text{ kN}$。试求 A、B、C 三轮所受的压力。

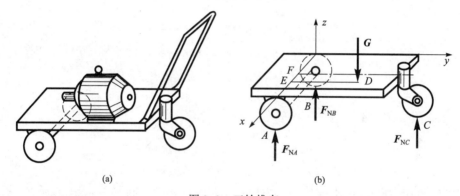

图 3-9 三轮推车

解 （1）取小车为研究对象，并作出其分离体受力图，如图 3-9（b）所示。车板受已知载荷 G 及未知的 A、B、C 三轮的约束力 F_{NA}、F_{NB}、F_{NC} 作用，这些力的作用线相互平行，构成一个空间平行力系。

（2）按力作用线的方向与几何位置，取 z 轴为纵坐标，车板为 xy 平面，B 为坐标原点，BA 为 x 轴。

（3）列平衡方程式求解。

$$\sum M_x(F) = 0, \quad F_{NC} \cdot FC - G \cdot ED = 0$$

得
$$F_{NC} = G \cdot \frac{ED}{FC} = 1.5 \text{ kN} \times \frac{0.5 \text{ m}}{1.5 \text{ m}} = 0.5 \text{ kN}$$

$$\sum M_y(F) = 0, \quad G \cdot EB - F_{NC} \cdot FB - F_{NA} \cdot AB = 0$$

得
$$F_{NA} = \frac{G \cdot EB - F_{NC} \cdot FB}{AB} = \frac{1.5 \text{ kN} \times 0.8 \text{ m} - 0.5 \text{ kN} \times 0.5 \text{ m}}{1 \text{ m}} = 0.95 \text{ kN}$$

$$\sum F_z = 0, F_{NA} + F_{NB} + F_{NC} - G = 0$$

得
$$F_{NB} = G - F_{NA} - F_{NC} = 1.5 \text{ kN} - 0.95 \text{ kN} - 0.5 \text{ kN} = 0.05 \text{ kN}$$

若重物放置过偏，致使 F_{NB} 为零或负值，则小车将绕 AC 线翻倒。

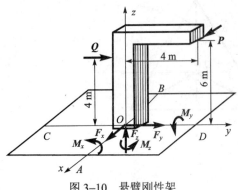

图 3-10 悬臂刚性架

例 3.5 如图 3-10 所示，悬臂刚性架上作用有分别平行于 AB、CD 的力 P 与 Q，已知 $P=5$ kN，$Q=4$ kN，若刚性架自重不计，求固定端 O 处的约束力及约束力偶。

解 取悬臂刚架为研究对象，画受力图。选取坐标系 $Oxyz$，如图 3-10 所示，据题意知，Q 在 Oxy 平面内且平行于 y 轴，P 在 Oxz 平面内且平行于 x 轴，基础对悬臂刚架的约束力为 F_x、F_y、F_z，约束力偶矩为 M_x、M_y、M_z，约束力与约束力偶均设为正向，这些力组成空间任意力系。列出如下平衡方程：

$$\sum F_x = 0, F_x + P = 0$$
$$\sum F_y = 0, F_y + Q = 0$$
$$\sum F_z = 0, F_z = 0$$
$$\sum M_x(\boldsymbol{F}) = 0, M_x - Q \cdot 4 \text{ m} = 0$$
$$\sum M_y(\boldsymbol{F}) = 0, M_y - P \cdot 6 \text{ m} = 0$$
$$\sum M_z(\boldsymbol{F}) = 0, M_z - P \cdot 4 \text{ m} = 0$$

解得

$$\begin{cases} F_x = -5 \text{ kN} \\ F_y = -4 \text{ kN} \\ F_z = 0 \end{cases} \qquad \begin{cases} M_x = 16 \text{ kN} \cdot \text{m} \\ M_y = -30 \text{ kN} \cdot \text{m} \\ M_z = 20 \text{ kN} \cdot \text{m} \end{cases}$$

正号表示约束力、约束力偶的假设方向与实际方向一致，负号表示相反。

例 3.6 一车床的主轴如图 3-11（a）所示，齿轮 C 的直径为 200 mm，卡盘 D 夹住一直径为 100 mm 的工件，A 为向心推力轴承，B 为向心轴承。切削时工件匀速转动，车刀给工件的切削力 $F_x=466$ N，$F_y=352$ N，$F_z=1\,400$ N，齿轮 C 在啮合处受力为 F，作用在齿轮的最低点（图 3-11（c））。不考虑主轴及其附件的质量与摩擦，试求力 F 的大小及 A、B 处的约束力。

解 选取主轴及工件为研究对象，画受力图（图 3-11（c））。向心轴承 B 的约束力为 F_{Bx} 和 F_{Bz}，向心推力轴承 A 处的约束力为 F_{Ax}、F_{Ay}、F_{Az}。主轴及工件共受 9 个力作用，为空间任意力系。对于空间力系的解法有两种：一是直接应用空间力系平衡方程求解；二是将空间力系转化为平面力系求解。本题分别用两种方法求解。

方法一 如图 3.11（b）、（c）所示，据式（3-7）可列出如下方程：

$$\sum F_x = 0, F_{Ax} + F_{Bx} - F_x - F\cos 20° = 0$$
$$\sum F_y = 0, F_{Ay} - F_y = 0$$
$$\sum F_z = 0, F_{Az} + F_{Bz} + F_z + F\cos 20° = 0$$

$$\sum M_x(F) = 0, F_{Bz} \cdot 0.2\,\text{m} + F_z \cdot 0.3\,\text{m} - F\cos 20° \cdot 0.05\,\text{m} = 0$$

$$\sum M_y(F) = 0, -F_z \cdot 0.05\,\text{m} + F\cos 20° \cdot 0.1\,\text{m} = 0$$

$$\sum M_z(F) = 0, -F\cos 20° \cdot 0.05\,\text{m} - F_{Bx} \cdot 0.2\,\text{m} + F_x \cdot 0.3\,\text{m} - F_y \cdot 0.05\,\text{m} = 0$$

解得

$$F_{Ax} = 730\,\text{N}, F_{Ay} = 352\,\text{N}, F_{Az} = 381\,\text{N}$$
$$F_{Bx} = 436\,\text{N}, F_{Bz} = -2\,036\,\text{N}, F = 745\,\text{N}$$

直接利用空间力系平衡方程求解时，关键在于正确地计算出力在轴上的投影和力对轴之矩。用此法时，若力较多，则容易出错，这时可采用第二种方法求解。

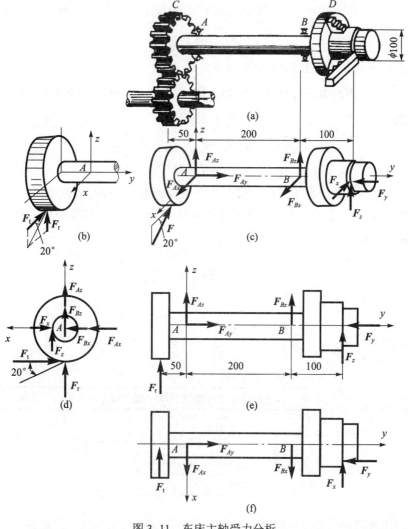

图 3-11 车床主轴受力分析

方法二 首先将图 3-11（c）中空间力系分别投影到三个坐标平面内，如图 3-11（d）、(e)、(f) 所示。然后分别写出各投影平面上的力系相应的平衡方程式，再联立解出未知量。具体步骤如下：

(1) 在 Axz 平面内，如图 3-11（d）所示。由

$$\sum M_A(\boldsymbol{F}) = 0, F_t \cdot 0.1\,\mathrm{m} - F_z \cdot 0.05\,\mathrm{m} = 0$$

将 $F_t = F\cos 20°$ 代入得 $\qquad F = 745\,\mathrm{N}$

(2) 在 Ayz 平面内，如图 3-11（e）所示。由

$$\sum M_A(\boldsymbol{F}) = 0, -F_r \cdot 0.05\,\mathrm{m} + F_{Bz} \cdot 0.2\,\mathrm{m} + F_z \cdot 0.3\,\mathrm{m} = 0$$

将 $F_r = F\sin 20°$ 代入得 $\qquad F_{Bz} = -2\,036\,\mathrm{N}$

由 $\qquad \sum F_z = 0, F_{Az} + F_{Bz} + F_z + F_r = 0$

得 $\qquad F_{Az} = 381\,\mathrm{N}$

由 $\qquad \sum F_y = 0, F_{Ay} - F_y = 0$

得 $\qquad F_{Ay} = 352\,\mathrm{N}$

(3) 在 Axy 平面内，如图 3-11（f）所示。由

$$\sum M_A(\boldsymbol{F}) = 0, -F_t \cdot 0.05\,\mathrm{m} - F_{Bx} \cdot 0.2\,\mathrm{m} + F_x \cdot 0.3\,\mathrm{m} - F_y \cdot 0.05\,\mathrm{m} = 0$$

将 $F_t = F\cos 20°$ 代入得 $\qquad F_{Bx} = 436\,\mathrm{N}$

由 $\qquad \sum F_x = 0, -F_t + F_{Ax} + F_{Bx} - F_x = 0$

得 $\qquad F_{Ax} = 730\,\mathrm{N}$

用方法二解题时，关键在于正确地将空间力系投影到 3 个坐标平面上，转化为平面力系。对比两种方法可以看出，后一种方法较易掌握，适用于受力较多的轴类零件，因此在工程中多采用此方法。

3.4 重　心

【知识预热】

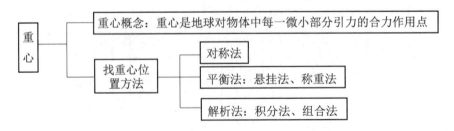

地球上的任何物体都要受到地球的引力，若把物体假想地分割成无数部分，则所有这些微小部分受到的地球引力将组成一个空间汇交力系（汇交点在地球中心）。由于物体的尺寸与地球的半径相比要小很多，因此可近似地认为这个力系是空间平行力系，此平行力系的合力 G 即物体的**重力**。通过实验可以知道，无论物体怎样放置，其重力总是通过物体内的一个确定点——平行力系的中心，这个确定的点称为物体的**重心**。

3.4.1 重心及形心的坐标公式

若将图 3-12 中的物体分成许多微小部分，每一微小部分的重力分别为 G_1, G_2, ⋯, G_n，组成空间平行力系，各部分重心坐标为 (x_1, y_1, z_1), (x_2, y_2, z_2), ⋯, (x_n, y_n, z_n)。由于物体重力 G 是各部分重力 G_1, G_2, ⋯, G_n 的合力。有

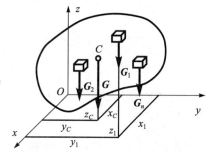

图 3-12 空间平行力系中心坐标

$$G = \sum_{i=1}^{n} G_i$$

这个平行力系合力作用点即物体的重心 C，设 C 点的位置坐标为 (x_C, y_C, z_C)。这些坐标的值可由合力矩定理求得，即由

$$M_y(\boldsymbol{G}) = \sum_{i=1}^{n} M_y(\boldsymbol{G}_i)$$

得

$$G \cdot x_C = \sum_{i=1}^{n} G_i \cdot x_i$$

$$x_C = \frac{\sum_{i=1}^{n} G_i \cdot x_i}{G} \tag{3-10a}$$

同理，有

$$y_C = \frac{\sum_{i=1}^{n} G_i \cdot y_i}{G} \tag{3-10b}$$

$$z_C = \frac{\sum_{i=1}^{n} G_i \cdot z_i}{G} \tag{3-10c}$$

式（3-10）即物体重心坐标公式。若物体为均质的，设其密度为 ρ，总体积为 V，微元的体积为 V_i，则 $G = \rho g V$, $G_i = \rho g V_i$，代入式（3-10）有

$$\left. \begin{aligned} x_C &= \frac{\sum_{i=1}^{n} V_i \cdot x_i}{V} \\ y_C &= \frac{\sum_{i=1}^{n} V_i \cdot y_i}{V} \\ z_C &= \frac{\sum_{i=1}^{n} V_i \cdot z_i}{V} \end{aligned} \right\} \tag{3-11}$$

可见均质物体的重心位置完全取决于物体的几何形状，而与物体质量无关，因此均质物体的重心也称为形心，对于均质物体来说，形心和重心是重合的。

若物体是等厚均质薄板，可消去式（3-11）中的板厚，从而有

$$\left.\begin{array}{l}x_C = \dfrac{\sum\limits_{i=1}^{n} A_i \cdot x_i}{A} \\[2ex] y_C = \dfrac{\sum\limits_{i=1}^{n} A_i \cdot y_i}{A}\end{array}\right\} \tag{3-12}$$

式（3-12）称为平面图形形心坐标公式。其中，A 和 A_i 分别为物体平面图形总面积和各微元的面积。

3.4.2 确定重心位置的方法

重心位置的确定方法有很多种，这里着重介绍以下几种。

1. 对称法

对于均质物体，如几何体上具有对称平面、对称轴及对称中心，则此物体的重心必在此对称平面、对称轴及对称中心上。

如物体具有两个对称面，则重心必在此两面的交线上。若物体具有两根对称轴，则重心必在此两轴的交点上。

因为相对于对称平面（或对称轴、对称点），物体在其两侧的微小部分总是成对且等距离地存在，因此，对于对称面（或对称轴、对称点）而言，存在一个正的微静矩就必定同时存在一个相同值的负微静矩，相加时互相抵消，物体对于对称面（或对称轴、对称点）的总静矩总是为零。所以，物体的重心就必定在对称面、对称轴及对称点上。

2. 平衡法

如物体的形状不是由基本形体组成，或过于复杂，或质量分布不匀，其重心常用平衡法来确定。

（1）悬挂法。对于形状复杂的薄平板，求形心位置时常采用此法。将板悬挂于任一点 A（图3-13），根据二力平衡公理，可知板重与绳张力必在同一直线上，故形心一定在铅垂的挂绳延长线 AB 上。重复使用上法，将板悬挂于另一点 D，平板的重心必在过 D 点的铅垂线 DE 上。显然可知，平板的重心即 AB 与 DE 的交点 C。

（2）称量法。对于形状不规则的零件、体积庞大的物体以及由许多构件组成的机械，常用此法确定其重心的位置。例如连杆，其本身具有两个相互垂直的纵向对称平面，其重心必在这两个平面的交线，即连杆的中心线 AB 上（图3-14）。其重心在 x 轴上的位置可用下面方法确定，先称出连杆重力 G，然后将其一端支承于磅秤上，另一端支于固定支点 B，使中心线 AB 处于水平位置，读出磅秤读数 F_A，并量出两支点间的水平距离 l。则由

$$\sum M_B(F) = 0$$

可得
$$F_A \cdot l - G \cdot x_C = 0$$

从而可计算出
$$x_C = \dfrac{F_A \cdot l}{G}$$

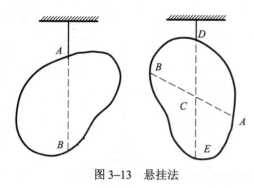
图 3-13 悬挂法

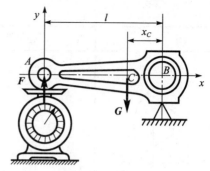
图 3-14 称量法

3. 解析法

（1）积分法。求规则形体的形心时，可将形体分割成无限多块微小形体，在此极限情况下，可将式（3-11）写成定积分形式：

$$\left. \begin{array}{l} x_C = \dfrac{\int_0^V x \mathrm{d}V}{V} \\ y_C = \dfrac{\int_0^V y \mathrm{d}V}{V} \\ z_C = \dfrac{\int_0^V z \mathrm{d}V}{V} \end{array} \right\} \quad (3\text{-}13)$$

式中，$\mathrm{d}V$ 为体元；x，y，z 为体元的位置坐标。物体的重心、面积形心坐标积分公式可同理写出。此法称为积分法，也称为无限分割法。

常用基本几何体的形心位置可在机械设计手册中查得。表 3-2 中介绍部分基本几何体的形心位置。

表 3-2 基本几何体形心位置

图形	形心位置	图形	形心位置
三角形	$y_C = \dfrac{h}{3}$ $A = \dfrac{bh}{2}$	抛物线面	$x_C = \dfrac{l}{4}$ $y_C = \dfrac{3l}{10}$ $A = \dfrac{hl}{3}$
梯形	$y_C = \dfrac{h(a+2b)}{3(a+b)}$ $A = \dfrac{h}{2}(a+b)$	球冠体	$z_C = \dfrac{h}{4} \cdot \dfrac{4R-h}{3R-h}$ $V = \dfrac{\pi}{3}h^2(3R-h)$ $h = R$ $z_C = \dfrac{3R}{8}$（半球）

续表

图 形	形心位置	图 形	形心位置
扇形	$x_C = \dfrac{2r\sin\alpha}{3\alpha}$ $A = \alpha r^2$ $\alpha = \dfrac{\pi}{2}$ (半圆) $x_C = \dfrac{4r}{3\pi}$	圆锥体	$z_C = \dfrac{h}{4}$

（2）组合法。若一个复杂形体是由几个简单基本形体组合而成，而每个基本形体的形心位置又是已知的，则可将此复杂形体分割成几个基本形体，应用式（3-11）、式（3-12）通过有限项的合成求出它的形心。

如有一个形体为一基本形体中挖去另一个基本形体的残留形状，只需将被挖形体的体积或面积看作负值，仍然可应用合成的方法求出复杂形体的形心。

这种将一个复杂形体分割为有限个基本形体的和或差，应用形心坐标公式求出复杂形体形心的方法称为组合法或有限分割法。这是工程中求物体形心位置常用的方法。

例 3.7 试确定图 3-15 所示的 110 mm×70 mm×10 mm 不等边角钢截面形心的位置（角钢的圆角可近似看成直角计算）。

解 将该图形分割成矩形 Ⅰ 和矩形 Ⅱ，选取角钢两边为 x、y 轴。

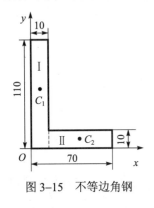

图 3-15 不等边角钢

矩形 Ⅰ 的面积

$$A_1 = 110 \text{ mm} \times 10 \text{ mm} = 1100 \text{ mm}^2$$

其重心位置

$$x_1 = 5 \text{ mm}, \ y_1 = 55 \text{ mm}$$

矩形 Ⅱ 的面积

$$A_2 = 60 \text{ mm} \times 10 \text{ mm} = 600 \text{ mm}^2$$

其重心位置

$$x_2 = 40 \text{ mm}, \ y_2 = 5 \text{ mm}$$

应用式（3-12），将各坐标值代入，可得

$$x_C = \dfrac{\sum_{i=1}^{n} A_i \cdot x_i}{A} = \dfrac{A_1 x_1 + A_2 x_2}{A_1 + A_2} = \dfrac{1100 \times 5 + 600 \times 40}{1100 + 600} = 17.4 \text{（mm）}$$

$$y_C = \dfrac{\sum_{i=1}^{n} A_i \cdot y_i}{A} = \dfrac{A_1 y_1 + A_2 y_2}{A_1 + A_2} = \dfrac{1100 \times 55 + 600 \times 5}{1100 + 600} = 37.4 \text{（mm）}$$

从型钢表中可查得此截面的形心坐标为 $x_C = 17.4 \text{ mm}$，$y_C = 37.4 \text{ mm}$，可见忽略圆角所产生的误差约为 1%。

例 3.8 试求图 3-16 所示打桩机中偏心块的形心，已知 $r_1 = 10 \text{ cm}$，$r_2 = 3 \text{ cm}$，$r_3 = 1.7 \text{ cm}$。

解 将偏心块看作由三部分组成：(1) 半径为 r_1 的半圆面积 A_1；(2) 半径为 r_2 的半圆面积 A_2；(3) 半径为 r_3 的圆面积 A_3，A_3 的面积应以负值表示。

取原点在圆心的坐标系 Oxy。因 x_1、x_2、x_3 均等于零，所以

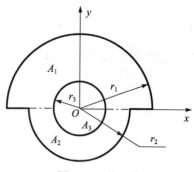

图 3-16 偏心块

$$x_C = 0$$

$$A_1 = \frac{\pi r_1^2}{2} = \frac{\pi \times (10 \text{ cm})^2}{2} = 50\pi \text{ cm}^2, \quad y_1 = \frac{4r_1}{3\pi} = \frac{4 \times 10 \text{ cm}}{\pi} = \frac{40}{3\pi} \text{ cm}$$

$$A_2 = \frac{\pi r_2^2}{2} = \frac{\pi \times (3 \text{ cm})^2}{2} = \frac{9\pi}{2} \text{ cm}^2, \quad y_2 = -\frac{4r_2}{3\pi} = -\frac{4 \times 3 \text{ cm}}{3\pi} = -\frac{4}{\pi} \text{ cm}$$

$$A_3 = -\pi r_3^2 = -\pi \times (1.7 \text{ cm})^2 = -2.89\pi \text{ cm}^2, \quad y_3 = 0$$

应用式（3-12），将各坐标值代入，可得

$$y_C = \frac{\sum_{i=1}^{n} A_i \cdot y_i}{A} = \frac{A_1 y_1 + A_2 y_2 + A_3 y_3}{A_1 + A_2 + A_3}$$

$$= \frac{50\pi \text{ cm}^2 \times \frac{40}{3\pi} \text{ cm} + \frac{9\pi}{2} \text{ cm}^2 \times \left(-\frac{4}{\pi} \text{ cm}\right) - 2.89\pi \text{ cm}^2 \times 0}{50\pi \text{ cm}^2 + \frac{9\pi}{2} \text{ cm}^2 - 2.89\pi \text{ cm}^2} = 4 \text{ cm}$$

 先导案例解决

由图 3-1 知三根杆为空间结构，求该结构三根杆受力的关键是选择合适的坐标系，利用空间力系平衡方程求解。

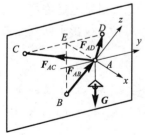

图 3-17 吊灯

（1）受力分析。取 A 点为研究对象，因杆 AB、AC、AD 均为二力杆，力的作用线沿杆的轴线，则 A 点受到 G、F_{AB}、F_{AC}、F_{AD} 四个共点力作用。这四个力构成空间汇交力系。

（2）建立空间直角坐标系。依据几何条件 $BA \perp$ 平面 ACD，故 $BA \perp AE$，$BA \perp CD$，这样选取 A 点为坐标原点，BA 为 z 轴，建立图 3-17 所示空间直角坐标系 $Axyz$，$\angle BAE = 90°$，$\angle CAE = \angle DAE = \angle ABE = \angle GAB = 30°$。

（3）利用空间汇交力系平衡方程求解。因 $\triangle ACD$ 为等边三角形，由对称性得 $F_{AC} = F_{AD}$。

由 $\sum F_z = 0$，$F_{AB} - G\cos\angle GAB = 0$

得 $F_{AB} = G\cos 30°$

由 $\sum F_x = 0$，$F_{AC}\cos\angle CAE + F_{AD}\cos\angle DAE - G\sin\angle GAB = 0$

得 $$F_{AC} = F_{AD} = (G\tan 30°)/2$$

由作用与反作用定律知，杆 AB 受压，压力为 $G\cos 30°$；杆 AC、AD 受拉，拉力为 $(G\tan 30°)/2$。

学 习 经 验

（1）空间力系分为空间汇交力系、空间平行力系和空间任意力系，学习时应与平面力系相对照来理解空间力系的概念、原理和方法，如力在空间直角坐标轴上的投影、力对轴之矩、合力投影定理及合力矩定理、平衡条件、平衡方程等。

（2）学习过程中应注意培养自己的空间想象能力，掌握将空间力系问题化为平面力系问题的方法。

（3）运用平衡方程求解空间力系平衡问题时，遵循以下步骤：
① 确定研究对象，取分离体，画受力图；
② 确定力系的类型，列出平衡方程（力求一个方程中只含一个未知量）；
③ 代入已知条件，求解未知量。

（4）求解物体重心问题时，应根据物体的形状及复杂程度来选择解决方法。

本 章 小 结

（1）力在空间直角坐标系上的投影计算与力对轴之矩的计算，是解空间力系平衡问题的两项基本运算。

力的投影计算有直接法与二次法。

直接法计算力在平面或坐标轴上的投影，方法为：用力的大小乘以力与平面或坐标轴之间夹角的余弦。

二次法是先将力向坐标平面上投影，再向坐标轴投影。其中每一次投影的作法都与直接法相同。

力对轴之矩是力使物体绕该轴转动效应的量度，力若与轴共面，则力对轴之矩为零。力若与轴空间交错，则空间力对轴之矩即力在垂直于轴的平面上的投影对轴与投影平面交点之矩。力对轴之矩的另一种计算则是将空间力沿 x、y、z 三轴方向分解得 F_x、F_y、F_z 三个分力。三个分力对轴力矩的代数和就等于力 F 对该轴的力矩。

（2）空间力系平衡问题的解法亦有两种，一种是直接利用空间力系的六个平衡方程式进行计算；另一种则是将物体连同物体上的作用力一起向坐标面作投影，将一个空间力系问题转化成三个平面力系问题来考虑，这就是空间问题的平面解法。

（3）物体的重心即地球对物体中每一微小部分引力的合力作用点，在地球表面附近，可将一般的物体中各微部的引力看作空间平行力系。

（4）应用合力矩定理，可得确定重心坐标的基本公式。

当物体形状比较规则时，这类基本形体的重心位置可在工程手册中直接查取。

当物体形状由几个基本形体所组成时，其重心位置可用有限分割法计算求出。

当物体形状复杂或体积庞大时，一般采用实验法来确定重心位置。

思 考 题

1. 若力 P 与 x 轴的夹角为 α，在什么情况下 $P_y = P \cdot \sin\alpha$，此时 P_z 为多大？
2. 若已知力 F 与 x 轴的夹角为 α、与 y 轴的夹角为 β，以及力 F 的大小，能否计算出 F 在 z 轴上的投影 F_z？
3. 根据下列已知条件，指出力 F 在空间什么平面上。
  （1） $F_x = 0$，$M_x(F) \neq 0$；
  （2） $F_x \neq 0$，$M_x(F) = 0$；
  （3） $F_x = 0$，$M_x(F) = 0$；
  （4） $M_x(F) = 0$，$M_y(F) = 0$；
  （5） $F_y = 0$，$F_z = 0$。
4. 一个空间力系问题经投影可转化为三个平面力系问题，一个平面力系问题可解三个未知条件，一个空间问题能否解九个未知条件？
5. 物体的重心是否一定在物体的内部？
6. 容器内装半杯水，如图 3-18 所示，当它倾斜时，容器及水的重心位置有无变化？
7. 用悬挂法测定平板重心，若沿 AB 线将板剪开，如图 3-19 所示，两边质量是否相等？

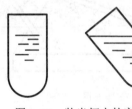

图 3-18　装半杯水的容器

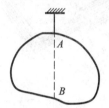

图 3-19　平板

习　题

1. 如题 1 图所示，空间三力 $F_1 = 3$ kN，$F_2 = 2$ kN，$F_3 = 1$ kN 作用在一个长方体上，长方体的边长分别为 3、4、5，试求此三力在 x、y、z 轴上的投影。

2. 题 2 图中 $F_1 = 160$ N，$F_2 = 140$ N，$F_3 = 200$ N，$F_4 = 100$ N。试计算 F_1、F_2、F_3、F_4 四力分别在 x、y、z 轴上的投影。

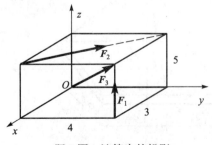

题 1 图　计算力的投影

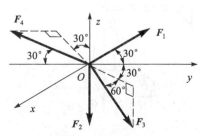

题 2 图　计算力的投影

3. 半径为 r 的斜齿轮，其上作用有力 F，如题 3 图所示。已知角 α 和角 β，求力 F 沿坐标轴的投影及力 F 对 y 轴之矩。

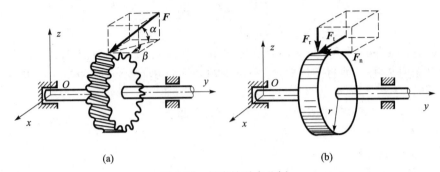

(a)   (b)

题 3 图　斜齿轮受力分析

4. 铅垂力 $F=500\,\text{N}$，作用于曲柄上，如题 4 图所示，求该力对各坐标轴之矩。

5. 如题 5 图所示空间构架由 AD、BD、CD 三杆用球铰链连接而成。如在 D 处悬挂 $G=10\,\text{kN}$ 的重物，试求 A、B、C 三个铰链的约束力（不计各杆自重）。

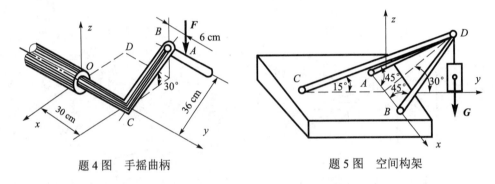

题 4 图　手摇曲柄　　　　　　题 5 图　空间构架

6. 如题 6 图所示支架由 AB、AC、AD 三杆组成，已知 $AB=AC=2\,\text{m}$，ABC 平面为水平面，AD 与垂线的夹角为 $30°$，在 A 点悬挂一重物 $G=10\,\text{kN}$。试求 AB、AC、AD 三杆所受的力。

7. 用三根钢缆起吊一块重 $G=6\,\text{kN}$ 的钢板，吊装尺寸如题 7 图所示。试求钢缆 DA、DC、DB 所受的拉力。

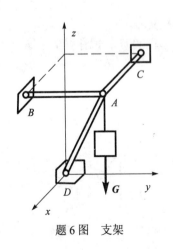 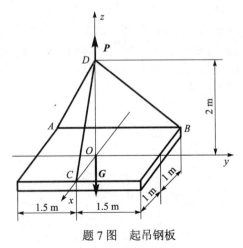

题 6 图　支架　　　　　　　　题 7 图　起吊钢板

8. 利用三脚架 ABCD 和绞车 E 提升重物，如题 8 图所示。若 $\overline{AD}=\overline{BD}=\overline{CD}$，三杆与水平面成 60°夹角，又 $\overline{AB}=\overline{BC}=\overline{CA}$，绳索 DE 与水平面成 60°角，物重 G = 30 kN。不计杆重，试求三杆所受的力。

9. 简易起重机如题 9 图所示。已知 $\overline{AD}=\overline{BD}=1\,\mathrm{m}$，$\overline{CD}=1.5\,\mathrm{m}$，$\overline{CM}=1\,\mathrm{m}$，$\overline{ME}=4\,\mathrm{m}$，$\overline{MS}=0.5\,\mathrm{m}$，机身重力 $G_1=100\,\mathrm{kN}$，起吊物体重力 $G_2=10\,\mathrm{kN}$。试求 A、B、C 三轮对地面的压力。

10. 如题 10 图所示变速箱轮轴装有两直齿圆柱齿轮，其分度圆半径 r_1=100 mm，r_2=72 mm，啮合点分别在两齿轮的最低与最高位置，两齿轮压力角 $\alpha=20°$，在齿轮 1 上的圆周力 F_{t1}=1.58 kN。试求当轴平衡时作用于齿轮 2 上的圆周力 F_{t2} 与 A、B 处轴承约束力。

11. 传动轴如题 11 图所示。胶带轮直径 D = 400 mm，胶带拉力 F_1=2 000 kN，F_2=1 000 kN，胶带拉力与水平线夹角为 15°；圆柱直齿轮的节圆直径 d = 200 mm，齿轮压力 F_n 与铅垂线成 20°角。试求轴承约束力和齿轮压力 F_n。

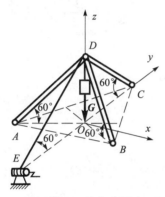

题 8 图　三脚架和绞车

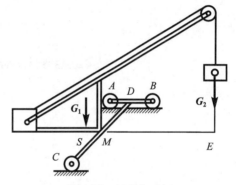

题 9 图　简易起重机

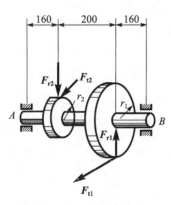

题 10 图　变速箱轮轴

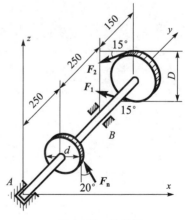

题 11 图　传动轴

12. 试求题 12 图所示平面图形的形心坐标。

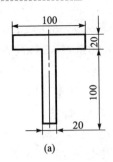 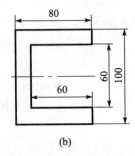 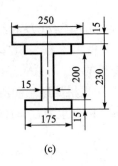

题 12 图　确定平面图形的形心

13. 如题 13 图所示平面图形中，被挖去部分的半径为 $r=50$，试求各图形的形心位置。

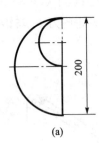 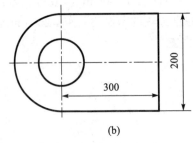 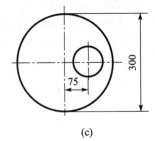

题 13 图　求平面图形的形心

第 4 章　刚体定轴转动

本章知识点

1. 刚体定轴转动方程。
2. 角速度、线速度。
3. 功率、转速与转矩间的关系。

先导案例

在汽车上坡过程中，驾驶员会采用低速挡，降低行驶速度；在车削加工中，粗车工件时，常采用大切深、低转速，这些现象中隐含着什么道理呢？通过本章的学习可以找到答案。

刚体的运动形式有很多种，在机械中常见的有平动、绕固定轴转动和平面运动。以曲柄连杆机构为例，如图 4-1 所示，当曲柄为主动件时，曲柄 OA 绕轴 O 转动，通过连杆 AB 带动滑块做往复直线运动。这种机构的构件就包含上述三种运动形式：滑块 B 做平动，曲柄 OA 绕固定轴转动，连

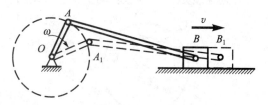

图 4-1　曲柄连杆机构

杆是在一个固定的平面内做复杂的运动，称为平面运动。由于刚体的任何复杂运动都可以分解为平动和转动，所以平动和绕定轴转动是刚体运动的基本形式。本章只研究刚体绕定轴转动。

4.1　转动方程、角速度和线速度

【知识预热】

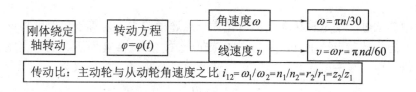

4.1.1　转动方程

在机械工程中，常见到很多刚体绕定轴转动的实例，如带轮、飞轮、齿轮和车床主轴等，

均在轴承的约束下绕一条固定的轴线转动。它们具有一个共同的特点：刚体转动时，体（或其延伸部分）有一条直线始终保持不动，其余各点都绕此直线做圆周运动。这种运动称为刚体绕固定轴转动，简称转动。固定不动的直线称为转动轴。

为了确定刚体任一瞬时在空间的位置，现设某一刚体绕固定轴 Oz 转动，如图 4-2 所示。过刚体转轴作平面Ⅰ和平面Ⅱ，平面Ⅰ与固定参考体保持不动，平面Ⅱ连接在刚体上与刚体一起绕定轴转动，两平面之间的夹角 φ 称为转角。显然刚体在空间的位置可由转角 φ 来确定，对应一个转角 φ，刚体便有一个确定的位置。刚体转动时，转角 φ 随时间而变化，是时间 t 的单值连续函数，即

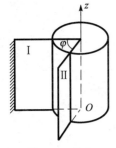

图 4-2 转角

$$\varphi = \varphi(t) \tag{4-1}$$

式（4-1）称为刚体绕定轴转动的转动方程，它反映了刚体的转动规律。

转角的单位用弧度（rad）表示，规定从转轴的正向朝负向看去，逆时针转动时，φ 角为正；顺时针转动时，φ 角为负。

4.1.2 角速度和线速度

角速度是表示刚体转动快慢和转动方向的物理量。设在瞬时 t 刚体的转角为 φ，在瞬时 t' 刚体的转角为 φ'，如图 4-3 所示，则在 $\Delta t = t' - t$ 时间内，刚体转过了 $\Delta\varphi = \varphi' - \varphi$ 角，则比值 $\dfrac{\Delta\varphi}{\Delta t}$ 的极值称为刚体在 t 瞬时的瞬时角速度，简称角速度，以 ω 表示，有

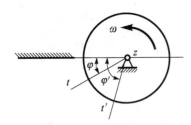

图 4-3 刚体的转动

$$\omega = \lim_{\Delta t \to 0} \frac{\Delta\varphi}{\Delta t} = \frac{d\varphi}{dt} = \varphi'(t) \tag{4-2}$$

式（4-2）表明，刚体的角速度等于转角对时间的一阶导数。角速度的正负号表示刚体的转动方向。当 $\omega > 0$ 时，$\Delta\varphi > 0$，刚体往转角的正向转动，即逆时针转动；当 $\omega < 0$ 时，$\Delta\varphi < 0$，刚体往转角的负向转动，即顺时针转动。

角速度的单位为弧度/秒（rad/s），或简写为 1/秒（1/s）。

工程上常用转速 n 表示转动的快慢，转速 n 的单位为转/分（r/min），n 与 ω 之间的关系为

$$\omega = \frac{2\pi n}{60} = \frac{\pi n}{30} \tag{4-3}$$

物理学中曾学过，绕定轴转动刚体内任意一点速度的大小，等于角速度与该点转动半径的乘积，其方向与转动半径垂直，并与刚体转向一致，如图 4-4 所示。由于速度的方向沿圆周切线，所以又称为线速度或圆周速度。线速度 v 与角速度 ω 的关系为

$$v = r\omega \tag{4-4}$$

式中，r 为转动半径。

在工程中，一般知道轮子的转速 n 和直径 d，则将式（4-3）及 $r=d/2$ 代入式（4-4）得轮缘上一点的线速度为

$$v = \frac{\pi n}{30} \times r = \frac{\pi d n}{60} \text{(m/s)} \tag{4-5}$$

式中，d 的单位为 m，n 的单位为 r/min。

由于转动刚体上各点速度的大小都与转动半径成正比，所以在转动半径上各点速度的分布规律呈如图 4-5 所示的三角形分布，即线性分布。

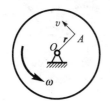 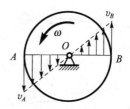

图 4-4　转动刚体上 A 点的速度　　图 4-5　转动刚体上各点的速度分布

例 4.1　用圆盘铣刀铣削工件，设铣刀直径 d=120 mm，机床主轴转速 n=80 r/min，试求切削速度。如果要保持这一切削速度，而选用直径 d=190 mm 的铣刀，试选用机床主轴转速。

解　根据式（4-5）可求得铣削速度

$$v = \frac{\pi d n}{60} = \frac{3.14 \times 120 \times 10^{-3} \times 80}{60} = 0.5 \text{（m/s）}$$

如果保持这一线速度，而换一直径 d=190 mm 的铣刀，则机床主轴转速应选择

$$n = \frac{60v}{\pi d} = \frac{60 \times 0.5}{3.14 \times 190 \times 10^{-3}} = 50 \text{（r/min）}$$

例 4.2　皮带轮 B 由皮带轮 A 带动，其半径分别为 r_1=0.25 m，r_2=0.75 m，假设两带轮与皮带间不发生相对滑动，如图 4-6 所示。当带轮 A 转速 n_1=300 r/min 时，试求带轮 B 的转速 n_2 的大小和方向。

解　根据题意，两带轮通过皮带传递动力，因传动带上各点速度大小相等，即 $v_1 = v_2$，得 $r_1\omega_1 = r_2\omega_2$，由此可得两轮角速度大小之比（通常称为传动比，用符号 i_{12} 表示）为

$$i_{12} = \frac{\omega_1}{\omega_2} = \frac{r_2}{r_1}$$

又

$$\frac{\omega_1}{\omega_2} = \frac{2\pi n_1}{2\pi n_2} = \frac{n_1}{n_2}$$

得

$$i_{12} = \frac{\omega_1}{\omega_2} = \frac{n_1}{n_2} = \frac{r_2}{r_1}$$

所以

$$n_2 = \frac{r_1}{r_2} \times n_1 = \frac{0.25}{0.75} \times 300 = 100 \text{（r/min）}$$

由图 4-6 可见，两轮的转动方向相同。

由此题可以看出，一对带轮的传动比等于从动轮半径（或直径）与主动轮半径（或直径）的比，即半径较大的轮子其转速（或角速度）较小，这种现象经常可以看到。

上面的分析方法同样适用于齿轮、摩擦轮、链轮的传动。

图 4-7 所示为一对齿轮传动。因在同一时间间隔内两个齿轮通过啮合点处的齿数相等，设主动齿轮有 z_1 个齿，转速为 n_1，从动齿轮有 z_2 个齿，转速为 n_2，则

$$n_1 z_1 = n_2 z_2$$

所以

$$i_{12} = \frac{n_1}{n_2} = \frac{z_2}{z_1}$$

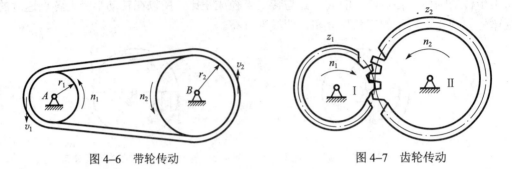

图 4–6　带轮传动

图 4–7　齿轮传动

即两齿轮啮合传动时，转速与齿数成反比。对于外啮合齿轮，两齿轮的转向是相反的。

4.2　功率、转速与转矩间的关系

【知识预热】

功率 P —— $P=Fv=F\omega r=M\omega$

⇓

P、n、M 三者间关系 —— M=9 550P/n（P的单位为kW；n的单位为r/min；M的单位为N・m）

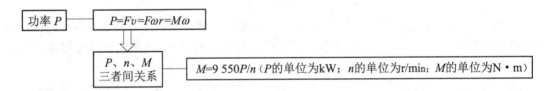

4.2.1　功率

力在单位时间内所做的功称为功率，用符号 P 表示。由物理学可知，不变力的功率等于力 $\boldsymbol{F}$ 在其作用点速度 $\boldsymbol{v}$ 的乘积（设力 $\boldsymbol{F}$ 与速度方向一致），即

$$P = Fv$$

图 4–8　转盘

对于转动的刚体，如在其上某点 A 作用一个切向力 $\boldsymbol{F}$，则 A 点的线速度 $v=r\omega$，如图 4–8 所示，则

$$P = Fv = Fr\omega = M\omega \tag{4–6}$$

式中，$M=Fr$，为力 $\boldsymbol{F}$ 对刚体转轴 O 点之矩，即转矩的功率等于力对转轴之矩与刚体的角速度的乘积。

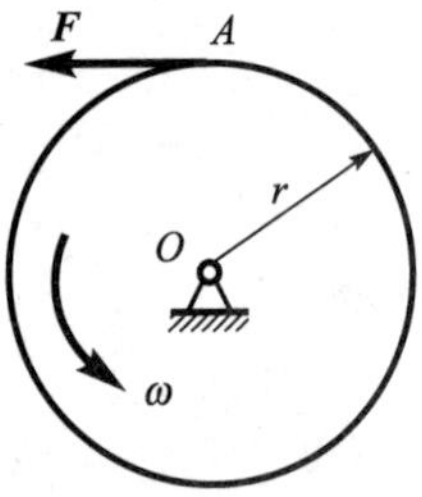

功率的单位为瓦特，代号为 W，1 W=1 J/s=1 N・m/s。工程中常用 kW（千瓦）作功率的单位，1 kW=1 000 W。

4.2.2　功率、转矩和转速之间的关系

在机械传动中，常要根据给定的功率和转速来计算转矩的大小。将式（4–3）代入式（4–6），

则可导出转动物体的功率 P（kW）、转速 n（r/min）与转矩 M（N·m）之间的关系为

$$P = M\omega = \frac{M\pi n}{30 \times 1\,000} = \frac{Mn}{9\,550} \quad (4\text{-}7)$$

则有

$$M = 9\,550 \times \frac{P}{n} \quad (4\text{-}8)$$

式中，P 的单位为 kW，M 的单位为 N·m，n 的单位为 r/min。

例 4.3　一台 10 kW 的电动机，转速 $n=1\,500$ r/min，求它在额定功率时输出的转矩。

解　将功率 P 和转速 n 的数据代入式（4-8），得

$$M = 9\,550 \times \frac{P}{n} = 9\,550 \times \frac{10}{1\,500} = 63.67\ (\text{N·m})$$

例 4.4　车床切削工件的切削力 $F=2\,000$ N，工件的转速 $n=150$ r/min，工件的直径 $d=100$ mm，如图 4-9 所示。求此时主轴所需的功率。

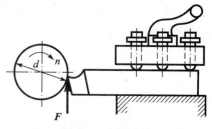

图 4-9　车削工件

解　切削力 F 的方向如图 4-9 所示，切削力 F 对主轴中心的转矩为

$$M = F \times \frac{d}{2} = 2\,000 \times \frac{110 \times 10^{-3}}{2} = 110\ (\text{N·m})$$

将 M 和 n 代入式（4-7）得

$$P = \frac{Mn}{9\,550} = \frac{1\,000 \times 150}{9\,550} = 1.57\ (\text{kW})$$

 先导案例解决

由式（4-7）、式（4-8）可以看出，当功率 P 一定时，F 与 v 成反比，或 M 与 ω 成反比。汽车上坡时需要较大的驱动力矩 M 或较大的牵引力，驾驶员采用低速挡，使汽车的速度减小，以便在一定功率的情况下产生较大的牵引力。粗车外圆时，为了提高效率，一般采用较大的切削深度，切削阻力随之增大，通过调低转速、降低切削速度，可在电动机功率一定时获得较大的切削动力。

学 习 经 验

（1）结合图形直观理解一些原理、规律，如通过图 4-5 可理解转动刚体上各点速度的大小与转动半径成正比的规律。

（2）对一些常用的公式在运用中理解并记忆。

（3）结合工作实际可加深功率 P、转速 n（速度 v）、转矩 M（力 F）三者之间关系的理解。

本 章 小 结

（1）刚体运动时，体内有一条直线始终保持不动，其余各点都绕此直线做圆周运动，这

种运动称为刚体的定轴转动。

(2) 刚体转动的快慢用角速度或转速表示，二者的关系是 $\omega = \dfrac{2\pi n}{60} = \dfrac{\pi n}{30}$ （rad/s）。

(3) 转动刚体上任意一点速度等于该刚体角速度与该点转动半径的乘积（$v = r\omega$），速度方向沿圆周切线方向。刚体绕定轴转动时，刚体上各点速度与该点的转动半径成正比。轮缘上的一点线速度 $v = \dfrac{\pi d n}{60}$ （m/s）。

(4) 刚体转动时，表示转矩、功率、转速三者之间关系的公式很重要，在机械传动中经常用到，即 $M = 9\,550 \times \dfrac{P}{n}$。

思 考 题

1. 什么叫刚体的定轴转动？
2. 转动刚体上任一点的线速度与它的转速有何关系？各点速度按怎样的规律分布？试作图说明。
3. 什么叫传动比？带传动和齿轮传动的传动比如何计算？
4. 定轴转动刚体上受到力矩的作用，如何通过力矩和转速计算功率？
5. 在车床上车削工件时，为什么大直径的工件宜选用低转速，而小直径的工件常选用高转速？

习 题

1. 在车床上车削工件的直径 $d=200$ mm，主轴转速 $n=100$ r/min。求工件表面上任一点的线速度是多大？
2. 已知带轮轮缘上 A 点的速度为 0.5 m/s，B 点与 A 点的径向距离为 0.2 m，B 点速度为 0.1 m/s。试计算带轮的直径 d 及角速度 ω。
3. 车削一直径 $d=50$ mm 的工件，根据刀具寿命选用最佳切削速度 $v=0.864$ m/s，则应选用的主轴转速是多少？
4. 要使车床主轴旋转的转矩 $M=500$ N·m，转速 $n=350$ r/min。试问电动机的功率是多少？
5. 如题 5 图所示，在直径 $d=500$ mm 的绞车鼓轮上绕有一绳索，绳端悬挂一重力 $G=15$ kN 的重物。如果鼓轮输入的功率 $P=3$ kW，试求鼓轮的转速和它提起重物的速度。（假设重物匀速提升）
6. 用车刀切削一直径 $d=150$ mm 的零件外圆，主轴转矩 $M=600$ N·m。问当切削速度 $v=1.25$ m/s 时，车床的切削力多大？切削功率为多大？

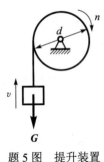

题 5 图　提升装置

第二篇 材料力学

材料力学的任务

各种机械和工程结构都是由一些构件组成的。当构件工作时,都要承受力的作用。为确保构件能安全、可靠地工作,它必须满足以下要求:

(1)具有足够的强度以保证构件在外力作用下不发生破坏。例如,吊车的钢丝绳在吊重物时不能被拉断,齿轮传动中齿轮的轮齿在传递载荷时不允许被折断。构件抵抗破坏的能力称为构件的强度。

(2)具有足够的刚度以保证构件在外力作用下不产生影响其正常工作的变形。例如车床的主轴,若其变形过大,则会影响主轴齿轮的正确啮合,引起振动和噪声,影响传动的精确性和加工精度,加剧齿轮和轴承的磨损。构件抵抗变形的能力称为构件的刚度。

(3)具有足够的稳定性以保证构件在外力作用下维持原有平衡的能力。对于一些细长和薄壁类构件,在轴向压力的作用下,会出现失去原有平衡状态而导致丧失工作能力,这种现象称为构件丧失了稳定。如液压缸中的长活塞杆,若其丧失了稳定性,就会突然显著弯曲或折断。受压的构件具有一定的维持原有形态平衡的能力,这种能力称为稳定性。

综上所述,强度、刚度和稳定性是保证构件正常工作的基本要求。在构件设计中,除了上述要求外,还需要满足经济要求,提高材料使用的性价比。构件的安全与经济这两个方面是互相矛盾的,材料力学为这一矛盾的解决提供了理论基础。

由于构件的强度、刚度和稳定性与构件的材料力学性能有关,而材料的力学性能必须通过实验来测定;很多复杂的工程实际问题,目前有的尚无法通过理论分析来解决,必须依赖于实验来解决。因此,实验研究是材料力学研究中的一个重要方面。

由上可见,材料力学的任务是:在保证构件有足够的强度、刚度、稳定性及经济性的前提下,为构件选择合适的材料,确定合理的截面形状和尺寸,提供必要的计算方法和实验技术。

变形固体及变形假设

在理论力学中,研究构件的受力情况和平衡,把所讨论的物体都看成是"刚体"。实际上,绝对不变形的物体即所谓的刚体在自然界中是不存在的。物体在外力的作用下都会发生几何尺寸和形状的变化,即变形。在材料力学中,要研究强度、刚度等问题,物体的变形是不可忽略的。另外,构件都是由一些固体材料制成的。所以,通常把构成构件的材料都看成是"变形固体"。

变形固体的变形可分为两类。其一是当物体受外力作用时发生变形,而当外力撤除后变形随之消失，这种变形称为弹性变形；其二是当物体受外力作用时发生变形，而当外力撤除后变形不能消失，还残留在物体内，这种变形称为塑性变形，也称为残余变形。材料力学研究的变形主要是弹性变形，"刚体"这一理想的概念在材料力学中不再适用。

制造构件所用的材料是多种多样的，它们的具体组成和微观结构则更是非常复杂。为了便于进行强度、刚度和稳定性分析，必须抓住与研究问题相关的主要因素，因此对变形固体作出以下基本假设：

（1）连续性假设：即认为组成物体的物质毫无间隙地充满物体的几何空间。

（2）均匀性假设：即认为物体各部分的力学性能是完全相同的。

（3）各向同性假设：即认为物体沿各个方向的力学性能是相同的。

事实上，物质并不完全均匀连续，各方向的性质也不可能完全相同。但是，采用上面假设所得到的理论基本上是符合工程实际的。还必须指出，材料力学只限于分析构件的小变形。所谓小变形，是指构件的变形量远小于其原始尺寸的变形。因此，在分析构件上力的平衡关系时，变形的影响可忽略不计，仍按物体原来的尺寸来计算。

杆件变形的基本形式

在机械或工程结构中，构件的形式很多，但最常见的形式是杆件。所谓杆件，是指纵向（长度方向）尺寸远大于横向（垂直于长度方向）尺寸的构件。如果杆件的轴线（各横截面的形心的连线）是直线，且各截面都相等，这种杆件称为等截面直杆，简称为等直杆，是材料力学的主要研究对象。

杆件受力后，所发生的变形是多种多样的，其基本形式有轴向拉伸与压缩、剪切、扭转和弯曲四种，如图Ⅱ-1所示。其他复杂的变形形式，均可看成是上述两种或两种以上基本变形形式的组合，称为组合变形。

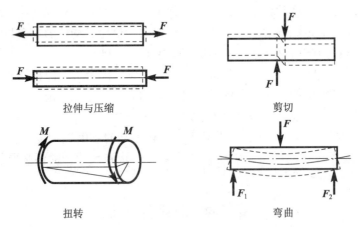

图Ⅱ-1　杆件的基本变形

以后各章中，将分别对四种基本变形的强度、刚度问题进行研究，然后再进一步研究组合变形问题。

第 5 章 轴向拉伸与压缩

本章知识点

1. 轴向拉伸与压缩时的受力特点及变形特点。
2. 轴向拉伸与压缩的内力——轴力、轴力图及应力概念。
3. 轴向拉伸与压缩的变形和胡克定律。
4. 常见材料轴向拉压时的力学性能。
5. 轴向拉压杆的强度条件及使用。
6. 拉压杆的超静定问题求解方法。

先导案例

某冷锻机为曲柄滑块机构,如图 5-1 所示。锻压工作时,当连杆接近水平时锻压力 F 达到最大值,为保证冷锻机正常工作,该怎样设计连杆横截面尺寸?

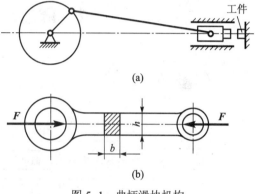

图 5-1　曲柄滑块机构

5.1　轴向拉伸与压缩的概念

【知识预热】

在工程实际中,许多构件承受拉力和压力的作用。如图 5-2 所示的简易支架中,若忽略杆的自重,则 AB、BC 两杆均为二力杆,AB 杆在通过轴线的拉力作用下沿杆轴线发生拉伸变形,而 BC 杆则在通过轴线的压力作用下沿杆轴线发生压缩变形。这类杆件的受力特点是杆件承受外力的作用线与杆件轴线重合,变形特点是:杆件沿轴线方向伸长或缩短,如图 5-3 所示。这种变形形式称为轴向拉伸或压缩,简称拉伸或压缩。这类杆件称为拉杆或压杆。内燃机中的连杆、压缩机中的活塞杆等均属于此类。

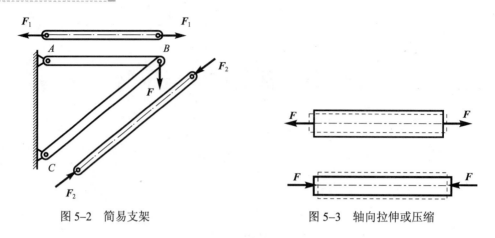

图 5-2 简易支架

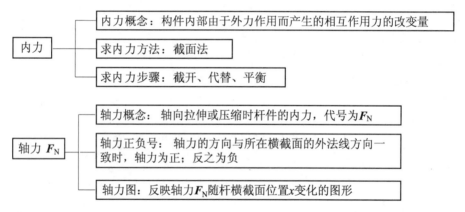

图 5-3 轴向拉伸或压缩

5.2 截面法、轴力与轴力图

【知识预热】

- 内力
  - 内力概念：构件内部由于外力作用而产生的相互作用力的改变量
  - 求内力方法：截面法
  - 求内力步骤：截开、代替、平衡

- 轴力 F_N
  - 轴力概念：轴向拉伸或压缩时杆件的内力，代号为 F_N
  - 轴力正负号：轴力的方向与所在横截面的外法线方向一致时，轴力为正；反之为负
  - 轴力图：反映轴力 F_N 随杆横截面位置 x 变化的图形

5.2.1 内力的概念

物体是由无数颗粒组成的，在未受外力作用时，各颗粒间就存在相互作用的力，以维持它们之间的联系及物体原来的形状。当构件受到外力（如载荷、约束力等）作用而变形时，各颗粒之间的相对位置将发生改变，与此同时颗粒间的作用力也要发生变化。这种构件内部由于外力作用而产生的相互作用力的改变量称为内力。内力是因外力而产生的，当外力解除时，内力也随之消失。例如用手拉弹簧，弹簧受外力作用而伸长时，在其内部产生抵抗力，它阻止外力使弹簧继续伸长，这种抵抗力就是内力。内力的大小及其在构件内部的分布规律随外部载荷的改变而变化，并与构件的强度、刚度和稳定性等问题密切相关。若内力的大小超过一定的限度，则构件将不能正常工作。因此，为了保证构件在外力作用下安全工作，就必须研究构件的内力。

5.2.2 截面法、轴力与轴力图

确定在外力作用下构件所产生的内力的大小和方向，通常采用截面法。

设直杆两端作用一对轴向拉力 F，如图 5-4（a）所示，为了求杆件任一横截面 1—1 上的内力，可假想地用与杆件轴线垂直的平面在 1—1 截面处将杆件截开；取左段为研究对象，用分布内力的合力 F_N 来代替右段对左段的作用（图 5-4（b）），由于直杆原来处于平衡状态，故切开后各部分仍应维持平衡，则由平衡方程 $\sum F_x = 0$，可得 $F_N = F$。

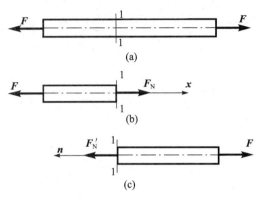

图 5-4 拉杆内力分析

综上所述，取杆件的一部分为研究对象，利用静力平衡方程求内力的方法称为截面法。用截面法求内力可按以下三个步骤进行：

（1）截开。在需求内力的截面处，用一假想平面将构件分成两部分。

（2）代替。取其中一部分为研究对象，弃去另一部分，并以内力代替弃去部分对留下部分的作用，画出其受力图。

（3）平衡。列出研究对象的静力平衡方程，确定未知内力的大小和方向。

截面法是材料力学中求内力的基本方法，以后将经常用到。

由于外力 F 的作用线沿着杆的轴线，内力 F_N 的作用线也必通过杆的轴线，故把轴向拉伸或压缩时杆件的内力称为轴力。

轴力的正负由杆件的变形确定。为保证无论取左段还是右段作研究对象，所求得的同一个横截面上轴力的正负号相同，对轴力的正负号规定如下：轴力的方向与所在横截面的外法线方向一致时，轴力为正；反之为负。由此可知，当杆件受拉时轴力为正，杆件受压时轴力为负。采用这一符号规定，若取右段为研究对象（图 5-4（c）），所求得的 F'_N 的大小和正负号与上述结果相同。

在轴力方向未知时，轴力一般按正向假设。若最后求得的轴力为正值，则表示实际轴力的方向与假设方向一致，轴力为拉力；若最后求得的轴力为负值，则表示实际轴力的方向与假设方向相反，轴力为压力。

实际问题中，杆件所受外力可能很复杂，这时直杆各横截面上的轴力将不相同，F_N 将是横截面位置坐标 x 的函数。即

$$F_N = F_N(x)$$

用平行于杆件轴线的 x 坐标表示各横截面的位置，以垂直于杆轴线的 F_N 坐标表示对应横截面

上的轴力,这样画出的函数图形称为轴力图。

例 5.1 试画出如图 5-5（a）所示直杆的轴力图。已知：$F_1=30$ kN，$F_2=15$ kN，$F_3=55$ kN，$F_4=20$ kN。

解 （1）计算 A 端约束力 F_A。画杆 AE 的受力图（图 5-5（b）），由整个杆的平衡方程 $\sum F_x = 0$ 得

$$-F_1 + F_2 - F_3 + F_4 + F_A = 0$$
$$F_A = F_1 - F_2 + F_3 - F_4 = (30-15+55-20) \text{ kN} = 50 \text{ kN}$$

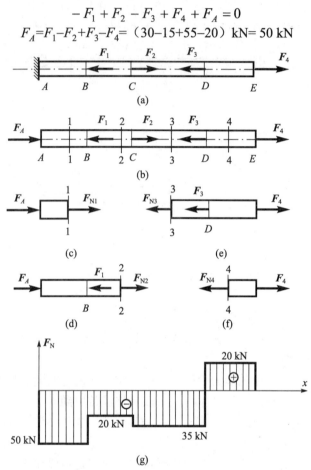

图 5-5 复杂受力直杆的轴力图

（2）分段计算轴力。由于横截面 B、C 和 D 上作用有外力,故将杆分成四段。用截面法截取如图 5-5（c）、（d）、（e）、（f）所示的研究对象后,得

$$F_{N1} = -F_A = -50 \text{ kN}$$
$$F_{N2} = -F_A + F_1 = (-50+30) \text{ kN} = -20 \text{ kN}$$
$$F_{N3} = -F_3 + F_4 = (-55+20) \text{ kN} = -35 \text{ kN}$$
$$F_{N4} = F_4 = 20 \text{ kN}$$

式中,F_{N1}、F_{N2} 和 F_{N3} 为负值,说明实际情况与图中所设的 F_{N1}、F_{N2} 和 F_{N3} 的方向相反,应为压力。

（3）画轴力图。根据所求得的轴力值,画出轴力图,如图 5-5（g）所示。可见,$F_{Nmax} = 50$ kN,发生在 AB 段。

5.3 拉压时横截面上的正应力

【知识预热】

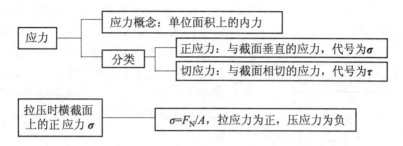

5.3.1 应力的概念

用截面法求出拉、压杆横截面上的内力，仅仅是求出了杆件受力的大小，并不能判断杆在某一点受力的强弱程度。例如，用同一材料制成粗细不等的两根直杆，在相同的拉力作用下，虽然两杆的轴力相同，但随着拉力的增大，横截面小的杆件必然先被拉断。这说明杆件的强度不仅与轴力的大小有关，还与横截面面积的大小有关。因此，工程上常用单位面积上内力的大小来衡量构件受力的强弱程度。构件在外力作用下，某点处单位面积上的内力称为应力。

在图 5-6（a）所示的杆件截面 m—m 上，任一点 K 处围取小面积 ΔA，设在微面积 ΔA 上分布内力的合力为 ΔF，一般情况下 ΔF 与截面不垂直，则 ΔF 与 ΔA 的比值称为微面积的平均应力，用 p_m 表示，即

$$p_m = \frac{\Delta F}{\Delta A}$$

一般情况下，内力在截面上的分布并非均匀，为了更精确地描述内力的分布情况，令微面积 ΔA 趋近于零，由此所得平均应力 p_m 的极限值，用 p 表示，即

$$p = \lim_{\Delta A \to 0} \frac{\Delta F}{\Delta A} = \frac{dF}{dA}$$

则 p 称为 K 点处的全应力，它是一个矢量。通常将其分解为与截面垂直的分量 σ 和与截面相切的分量 τ。σ 称为正应力，τ 称为切应力（图 5-6（b））。

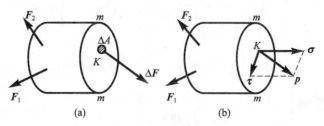

图 5-6 截面应力

应力的单位为 Pa，1 Pa=1 N/m²。另外在工程实践中，还常采用 MPa 和 GPa 作为应力单位，单位之间的换算关系为 1 MPa=10^6 Pa，1 GPa=10^9 Pa。

5.3.2 横截面上的正应力

为了确定横截面上的应力，必须研究横截面上轴力的分布规律。为此对杆进行拉伸或压缩实验，观察其变形。

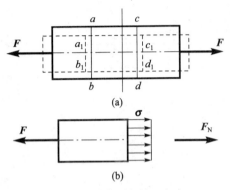

图 5-7 横截面上的正应力

取一等截面直杆，在杆上画两条与杆轴线垂直的横向线 ab 与 cd（图 5-7（a）中的实线），然后沿杆的轴线作用拉力 F，使杆件产生拉伸变形。在此期间可以观察到：横向线 ab 和 cd 在杆件变形过程中始终为直线，只是从起始位置平移到 a_1b_1 和 c_1d_1 的位置（图 5-7（a）中的虚线），仍垂直于杆轴线。

根据对上述现象的分析，可作如下假设：受拉伸的杆件变形前为平面的横截面，变形后仍为平面，仅沿轴线产生了相对平移，仍与杆的轴线垂直，这个假设称为平面假设。设想杆件是由无数条纵向纤维所组成，根据平面假设，在任意两个横截面之间的各条纤维的伸长相同，即变形相同。由材料的均匀性、连续性假设可以推断出内力在横截面上的分布是均匀的，即横截面上各点处的应力大小相等,其方向与横截面上轴力 F_N 一致,垂直于横截面,故为正应力,如图 5-7（b）所示。其计算公式为

$$\sigma = \frac{F_N}{A} \tag{5-1}$$

式中，A 为杆横截面面积。正应力的正负号与轴力的正负号一致，即拉应力为正，压应力为负。

例 5.2 截面为圆的阶梯形圆杆如图 5-8 所示，已知轴向载荷 $F=40$ kN，$d_1=40$ mm，$d_2=20$ mm。试计算圆杆各段横截面上的正应力。

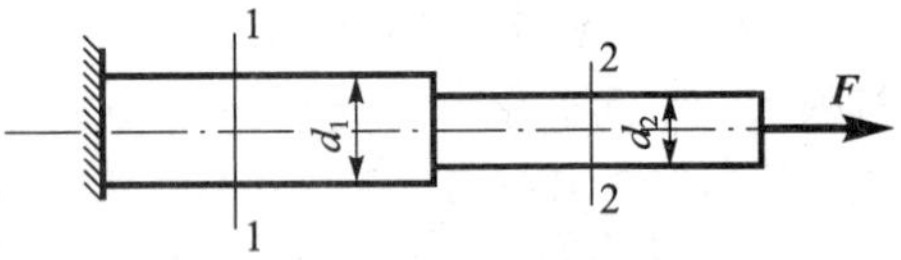

解 （1）计算轴力。用截面法求得杆中截面 1—1、2—2 上的轴力为

$$F_{N1} = F_{N2} = F = 40 \text{ kN}$$

图 5-8 阶梯形圆杆

（2）求横截面面积。

$$A_1 = \frac{\pi d_1^2}{4} = \frac{\pi \times 40^2}{4} = 1256 \text{ (mm}^2\text{)}$$

$$A_2 = \frac{\pi d_2^2}{4} = \frac{\pi \times 20^2}{4} = 314 \text{ (mm}^2\text{)}$$

（3）计算各横截面上的应力。

$$\sigma_1 = \frac{F_{N1}}{A_1} = \frac{40 \times 10^3}{1256 \times 10^{-6}} = 31.8 \text{ (MPa)}$$

$$\sigma_2 = \frac{F_{N2}}{A_2} = \frac{40 \times 10^3}{314 \times 10^{-6}} = 127.4 \text{ （MPa）}$$

通过计算可知，杆件细的一段截面上应力较大。在杆件材料相同的情况下，通常把最大应力所在的截面叫作危险截面。

5.4 轴向拉压杆的变形和胡克定律

【知识预热】

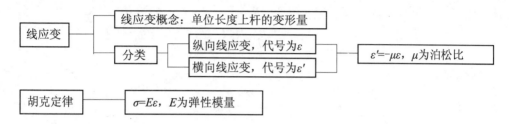

5.4.1 纵向线应变和横向线应变

拉压杆的实验表明，当杆受到轴向力作用时，其纵向尺寸和横向尺寸都要发生变化。拉伸时，杆沿轴向伸长，而横向缩小（图5-9（a））；压缩时，杆沿轴向缩短，而横向增大（图5-9（b））。下面以杆件受拉为例讨论杆件的变形情况。

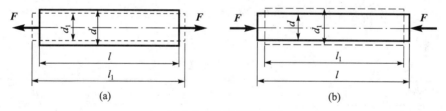

图 5-9　拉压杆的变形

设原长为 l、直径为 d 的圆截面直杆，承受轴向拉力 F 后，变形为图5-9（a）虚线所示的形状。杆件的纵向长度由 l 变为 l_1，横向尺寸由 d 变为 d_1，则杆的纵向绝对变形为

$$\Delta l = l_1 - l$$

横向绝对变形为

$$\Delta d = d_1 - d$$

为了消除杆件原尺寸对变形大小的影响，用单位长度内杆的变形量即线应变来衡量杆件的变形程度。与上述两种绝对变形相对应的纵向线应变为

$$\varepsilon = \frac{\Delta l}{l} \tag{5-2}$$

横向线应变为

$$\varepsilon' = \frac{\Delta d}{d} \tag{5-3}$$

线应变表示的是杆件的相对变形，它是一个量纲为 1 的量。线应变 ε、ε' 的正负号分别与 Δl、Δd 的正负号一致。当应力不超过某一限度时，横向线应变 ε' 和纵向线应变 ε 之间存在正比关系，且符号相反。即

$$\varepsilon' = -\mu\varepsilon \tag{5-4}$$

式中，比例常数 μ 称为材料的横向变形系数，或称泊松比。

5.4.2 胡克定律

轴向拉伸和压缩实验表明，当杆内的轴力 F_N 不超过某一限度时，杆的绝对变形 Δl 与轴力及杆长成正比，与杆的横截面面积成反比，即

$$\Delta l \propto \frac{F_N l}{A}$$

引进比例常数 $1/E$，得

$$\Delta l = \frac{F_N l}{EA} \tag{5-5}$$

式中，常数 E 称为弹性模量。材料的 E 值越大，变形就越小，故它是衡量材料抵抗弹性变形能力的一个指标。弹性模量 E 具有和应力相同的单位，常用 GPa 表示。

由式（5-5）可以看出，对于长度相等、受力相同的杆，EA 值越大，杆件变形越困难；EA 越小，杆件变形越容易。它反映了杆件抵抗拉伸（压缩）变形的能力，故 EA 称为杆的抗拉（压）刚度。

弹性模量 E 和泊松比 μ 都是表征材料弹性的常数，可由实验测定。几种常用材料的 E 和 μ 值如表 5-1 所示。

表 5-1 常用材料的 E 和 μ 值

材料名称	E/GPa	μ
碳钢	196～216	0.24～0.28
合金钢	186～206	0.25～0.30
灰铸铁	78.5～157.0	0.23～0.27
铜及铜合金	72.6～128.0	0.31～0.42
铝合金	70	0.33

将 $\dfrac{F_N}{A} = \sigma$，$\dfrac{\Delta l}{l} = \varepsilon$ 代入式（5-5），则得胡克定律的另一表达式

$$\sigma = E\varepsilon \tag{5-6}$$

式（5-6）表明，当杆横截面上的正应力不超过某一限度时，应力与应变成正比。式（5-6）是材料力学中一个非常重要的关系式，应用此关系式可以从已知的应力求变形，也可以通过对变形的测定来求应力。

例 5.3 连接螺栓的内径 d_1=10.1 mm,被连接部分的总长度 l=60 mm(图 5-10(a))。拧紧后产生的绝对变形 Δl=0.042 mm。螺栓的弹性模量 E=200 GPa,泊松比 μ=0.3。试计算螺栓横截面的应力及其横向变形。

解 (1)画螺栓的计算简图。

当螺栓的螺纹部分较长时,可将其简化为直径为 d_1 的等直杆(图 5-10(b))。

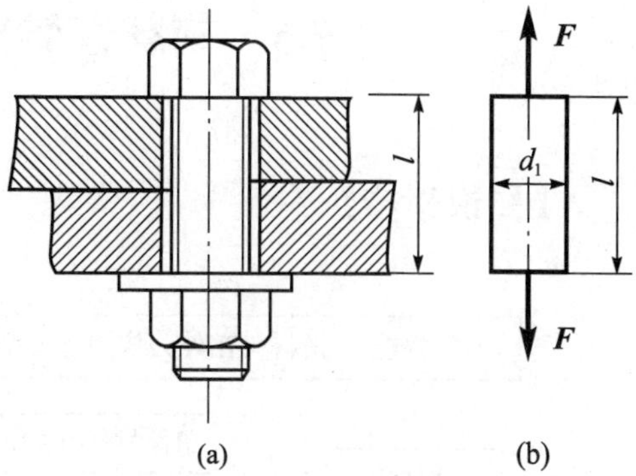

(2)计算纵向线应变。

$$\varepsilon = \frac{\Delta l}{l} = \frac{0.042}{60} = 7 \times 10^{-4}$$

(3)计算横截面的应力。

由式(5-6)得

$$\sigma = E\varepsilon = 200 \times 10^9 \times 7 \times 10^{-4} \text{ Pa}$$
$$= 140 \times 10^6 \text{ Pa} = 140 \text{ MPa}$$

(4)计算横向变形。

由式(5-4)得,横向线应变

$$\varepsilon_1 = -\mu\varepsilon = -0.3 \times 7 \times 10^{-4} = -2.1 \times 10^{-4}$$

螺栓的横向变形为

$$\Delta d = \varepsilon_1 d_1 = -2.1 \times 10^{-4} \times 10.1 \text{ mm} = -0.002\ 1 \text{ mm}$$

即螺栓直径缩小 0.002 1 mm。

图 5-10 连接螺栓

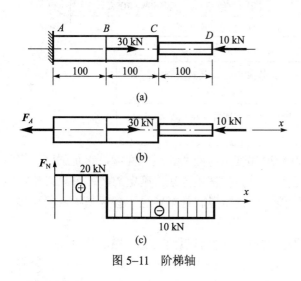

图 5-11 阶梯轴

例 5.4 图 5-11(a)所示阶梯轴,已知横截面面积 $A_{AB}=A_{BC}=500 \text{ mm}^2$,$A_{CD}=200 \text{ mm}^2$,弹性模量 E=200 GPa。试求杆的总伸长。

解 (1)画杆的受力图(图 5-11(b))。由整个杆的平衡求出约束力 F_A:

$$\sum F_x = -F_A + 30 - 10 = 0$$

得

$$F_A = 20 \text{ kN}$$

(2)求各段杆截面上的轴力。

AB 段: $F_{NAB} = F_A = 20 \text{ kN}$

BC 段和 CD 段:

$$F_{NBC} = F_{NCD} = -10 \text{ kN}$$

(3)画出杆的轴力图(图 5-11(c))。

(4)计算杆的总伸长。杆的总伸长等于各段杆变形的代数和,即

$$\Delta l = \Delta l_{AB} + \Delta l_{BC} + \Delta l_{CD} = \frac{F_{NAB}l_{AB}}{EA_{AB}} + \frac{F_{NBC}l_{BC}}{EA_{BC}} + \frac{F_{NCD}l_{CD}}{EA_{CD}}$$

将有关数据代入,并考虑它们的单位和正负,即得

$$\Delta l = \frac{1}{200\times10^9}\left(\frac{20\times10^3\times100\times10^{-3}}{500\times10^{-6}} - \frac{10\times10^3\times100\times10^{-3}}{500\times10^{-6}} - \frac{10\times10^3\times100\times10^{-3}}{200\times10^{-6}}\right)$$
$$= -1.5\times10^{-5}\,\text{m} = -0.015\,\text{mm}$$

5.5 材料在轴向拉压时的力学性能

【知识预热】

	拉伸阶段	特征或现象	性能指标	Q235 钢
低碳钢拉伸时的力学性能	弹性阶段	服从胡克定律	弹性极限 σ_p	σ_p=190~200 MPa
	屈服阶段	晶格滑移，塑性变形	屈服极限 σ_s	σ_s=235 MPa
	强化阶段	材料强度提高，强化	强度极限 σ_b	σ_b=375~460 MPa
	缩颈阶段	缩颈、断裂	伸长率 δ	δ=21%~26%
			断面收缩率 ψ	ψ=60%~70%
低碳钢压缩时的 σ_p、σ_s、E 与其受拉伸时相同，但无强度极限 σ_b				

铸铁拉伸时无屈服现象和"缩颈"现象，变形很小时就突然断裂，只有强度极限 σ_b

铸铁压缩时无屈服现象，破坏时沿与轴线成45°方向裂开，抗压强度是其抗拉强度的4~5倍

材料的力学性能是指材料在外力作用下其强度和变形方面所表现的性能，它是强度计算和选用材料的重要依据。材料的力学性能一般是通过各种试验方法来确定的。本节只讨论在常温和静载条件下材料在轴向拉压时的力学性能。所谓常温就是指室温，静载是指平稳缓慢加载至一定值后不再变化的载荷。

材料的种类有很多，常用的材料可分为塑性材料和脆性材料两大类。在试验时通常用低碳钢代表塑性材料，用铸铁代表脆性材料。轴向拉伸试验是研究材料力学性能最常用、最基本的试验。为便于比较试验结果，需按照国家标准（GB 6397—1986）加工成标准试样。常用的圆截面拉伸标准试样如图 5–12 所示，试样中间等直杆部分为试验段，其长度 l 称为标距；试样较粗的两端是装夹部分；标距 l 与直径 d 之比常取 $l/d=10$。其他截面形状的标准试样可参阅有关

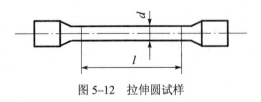

图 5–12 拉伸圆试样

国家标准。

拉伸试验在万能试验机上进行。试验时将试样装在夹头中，然后开动机器加载。试样受到由零逐渐增加的拉力 F 的作用，同时发生伸长变形，直至试样断裂为止。试验机上一般附有自动绘图装置，在试验过程中能自动绘出载荷 F 和相应的伸长变形 Δl 的关系曲线，此曲线称为拉伸图或 F–Δl 曲线（图 5–13）。

5.5.1 低碳钢拉伸时的力学性能

低碳钢（一般是指含碳量低于 0.26%的碳素结构钢）是机械制造和一般工程中使用很广的塑性材料，它在拉伸试验中所表现的力学性能比较全面，具有代表性。下面以 Q235 钢为例，来讨论低碳钢的力学性能。

图 5–13 所示为 Q235 钢的拉伸图。因拉伸图的形状与试样的尺寸有关，为了消除试样横截面尺寸和长度的影响，将载荷 F 除以试样原来的横截面面积 A，得到应力 σ；将变形 Δl 除以试样原长 l，得到应变 ε，这样得到的曲线称为应力–应变曲线（σ–ε 曲线）。σ–ε 曲线的形状（图 5–14）与 F–Δl 曲线相似。

由图 5–14 可知，整个拉伸过程大致可分为四个阶段，现分别说明如下。

1. 弹性阶段

从图 5–14 中可以看出，Oa 段呈直线，表明在这一段内应力 σ 与应变 ε 成正比，材料服从胡克定律（$\sigma=E\varepsilon$）。a 点是应力与应变成正比的最高点，与 a 点相对应的应力称为比例极限，以 σ_p 表示。Q235 钢的比例极限 σ_p=190～200 MPa。直线 Oa 的斜率为

$$\tan\alpha = \frac{\sigma}{\varepsilon} = E \tag{5–7}$$

式（5–7）可以确定材料的弹性模量 E 值。

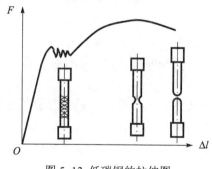

图 5–13 低碳钢的拉伸图

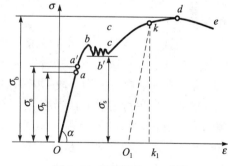

图 5–14 低碳钢的 σ–ε 曲线

超过比例极限 σ_p 后，从 a 点到 a' 点，σ 与 ε 之间的关系不再是直线（即 σ 与 ε 不再保持正比关系），但当解除拉力以后，变形也随之消失，属于弹性变形阶段。a' 点所对应的应力是材料只出现弹性变形的极限值，称为弹性极限，以 σ_e 表示。实际上在 σ–ε 图中 a 和 a' 两点非常接近，所以工程上对弹性极限和比例极限并不作严格区分。

2. 屈服阶段

当应力超过弹性极限后，σ–ε 曲线上出现一段沿水平线上下波动的锯齿形线段 bc。说明这时应力虽有波动，但几乎未增大，而变形却迅速增长，材料暂时失去了对变形的抵抗能力。

这种应力几乎不变，应变却不断增加，从而产生明显的塑性变形的现象称为屈服现象。材料出现屈服现象的过程称为屈服阶段。相对于 b 点的应力值称为上屈服点；在应力波动中，应力下降到最低值（对应于曲线中 b' 点）称为下屈服点。一般规定下屈服点作为材料的屈服点。与屈服点对应的应力值称为屈服极限，用 σ_s 表示。Q235 钢的屈服极限 σ_s=235 MPa。

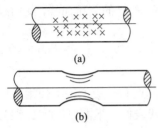

图 5-15　滑移线和缩颈现象

当材料屈服时，如果试件经过抛光，这时可在试件的光滑表面上看到许多与试件轴线成 45°倾角的条纹，如图 5-15（a）所示。这是由于试件内晶格发生滑移而形成的，故通常称为滑移线。晶格之间的相对滑移是产生塑性变形的根本原因。

机械零件和工程结构一般不允许发生塑性变形，所以，屈服极限 σ_s 是衡量塑性材料强度的重要指标。

3. 强化阶段

经过屈服阶段之后，从 c 点开始曲线又逐渐上升，材料又恢复了抵抗变形的能力，这是材料产生变形硬化的缘故。图形为向上凸起的曲线 cd，这表明若要试件继续变形，必须增加外力，这种现象称为材料的强化。强化阶段中的最高点 d 所对应的应力，是试件断裂前能承受的最大应力值，称为强度极限，以 σ_b 表示。杆件受拉时称抗拉强度极限，受压时称抗压强度极限。Q235 钢的强度极限 σ_b=375～460 MPa。强度极限 σ_b 是衡量材料强度的另一重要指标。

在强化阶段内，任选一点 k（图 5-14），若此时缓慢卸载，σ-ε 曲线将沿着与 Oa' 近似平行的直线回到 O_1 点。O_1k_1 是消失了的弹性变形，而 OO_1 是残留下来的塑性变形。若卸载后接着重新加载，σ-ε 曲线将沿着 O_1kde 变化。比较 $Oabcde$ 和 O_1kde，说明重新加载时，材料的比例极限和屈服极限都将提高，但断裂后的塑性变形减小。这种现象称为冷作硬化。工程上常常利用这个性质，如冷拉钢筋、冷拔钢丝等，都可以提高材料在弹性阶段的承载能力。

4. 缩颈阶段

当应力达到强度极限时，在试样较薄弱的横截面处发生急剧的局部收缩，出现"缩颈"现象（图 5-15（b））。从试验机上则看到试样所受拉力逐渐降低，最终试件被拉断。这一阶段为缩颈阶段，在 σ-ε 曲线上为一段下降的曲线 de。

由上述的试验现象可以看到，当应力达到屈服点 σ_s 时，材料会产生显著的塑性变形；当应力达到强度极限 σ_b 时，材料会由于局部变形而导致断裂，这都是工程实际中应当避免的。因此，屈服极限 σ_s 和强度极限 σ_b 是反映材料强度的两个性能指标，也是拉伸试验中需要测定的重要数据。

试件断裂后，弹性变形消失，只剩下残余变形。工程中常用试样的残留塑性变形来表示材料的塑性性能。常用的塑性指标有两个：伸长率 δ 和断面收缩率 ψ，分别为

$$\delta = \frac{l_1 - l}{l} \times 100\% \tag{5-8}$$

$$\psi = \frac{A - A_1}{A} \times 100\% \tag{5-9}$$

式中，l 为原始标距，l_1 为试件拉断后的标距；A 为试样的原始横截面面积，A_1 为试件断口处的最小面积，如图 5-16 所示。

工程中通常将伸长率 $\delta \geqslant 5\%$ 的材料称为塑性材料，如低合金钢、碳素钢和青铜等。将 $\delta < 5\%$ 的材料称为脆性材料，如铸铁、混凝土和石料等。显然，材料的塑性越好，其 δ 和 ψ 值也越大。因此，伸长率 δ 和断面收缩率 ψ 是衡量材料塑性的两个重要指标。低碳钢的伸长率 $\delta = 20\% \sim 30\%$，断面收缩率 $\psi = 60\% \sim 70\%$，故低碳钢是很好的塑性材料。

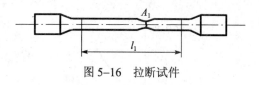

图 5-16　拉断试件

5.5.2　低碳钢压缩时的力学性能

金属材料的压缩试件常做成短圆柱体，一般做成高是直径的 1.5～3.0 倍，以免试件在压缩过程中丧失稳定性。压缩试验在万能材料试验机上进行。试验时也可画出 $\sigma\text{-}\varepsilon$ 曲线，如图 5-17 中的实线部分所示。为了便于比较材料在拉伸和压缩时的力学性质，在图 5-17 中还以虚线画出了低碳钢在拉伸时的 $\sigma\text{-}\varepsilon$ 曲线。比较图 5-17 中低碳钢在拉伸和压缩时的 $\sigma\text{-}\varepsilon$ 曲线可以看出，比例极限 σ_p、屈服极限 σ_s 和弹性模量 E 在拉伸和压缩时是相同的，但在屈服点以后，试件产生显著塑性变形，越压越扁，压力增加，其截面面积不断增大，试件抗压能力也继续提高，曲线急剧上升，一直压到很薄也不发生破坏，不存在强度极限。由于机械中的构件都不允许发生塑性变形，因此对于低碳钢可不作压缩试验，其压缩时的力学性能可直接引用拉伸试验的结果。

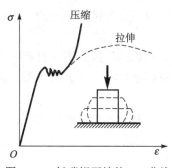

图 5-17　低碳钢压缩的 $\sigma\text{-}\varepsilon$ 曲线

5.5.3　铸铁拉伸时的力学性能

灰铸铁是工程上广泛应用的脆性材料，它在拉伸时的 $\sigma\text{-}\varepsilon$ 曲线是一段微弯的曲线（图 5-18），没有明显的直线部分。这表明应力与应变的关系不符合胡克定律，但在应力较小时，可以近似以直线（图中的虚线）代替曲线。也就是说，在较小应力时仍近似符合胡克定律，从而可以确定弹性模量 E 值。

由图 5-18 还可以看出，灰铸铁拉伸时无屈服现象和"缩颈"现象，当变形很小时就突然断裂，所以强度极限 σ_b 是衡量脆性材料的唯一指标，由于铸铁等脆性材料抗拉强度很低，因此不宜作为承拉零件的材料。

5.5.4　铸铁压缩时的力学性能

图 5-19 所示为灰铸铁压缩时的 $\sigma\text{-}\varepsilon$ 曲线。可以看出，铸铁被压缩时，其 $\sigma\text{-}\varepsilon$ 曲线无明显的直线部分，因此只能认为近似符合胡克定律。此外，也不存在屈服点。铸铁抗压强度远高于其被拉伸时的抗拉强度，有时可高达 4～5 倍，其破坏断面与轴线大致成 45°倾斜角。其他脆性材料，如混凝土和石料等，抗压强度均远高于抗拉强度。

脆性材料价格低廉，抗压能力强，宜作承受压力构件的材料。特别是铸铁坚硬耐磨，有良好的吸振能力，且易于浇铸成形状复杂的零件，因此铸铁常用于机械底座、机床床身及导轨、夹具体、轴承座等受压零件。

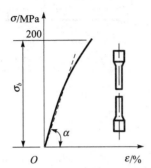

图 5-18 灰铸铁拉伸时的 σ-ε 曲线

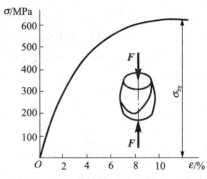

图 5-19 灰铸铁压缩时的 σ-ε 曲线

综上所述，塑性材料和脆性材料的力学性能的主要区别是：

（1）塑性材料断裂前有显著的塑性变形，还有明显的屈服现象，而脆性材料在变形很小时突然断裂，无屈服现象。

（2）塑性材料拉伸和压缩时的比例极限、屈服点和弹性模量均相同，因为塑性材料一般不允许达到屈服点，所以它抵抗拉伸和压缩的能力相同。脆性材料抵抗拉伸的能力远低于抵抗压缩的能力。

应该指出，习惯上所指的塑性材料或脆性材料是根据在常温、静载下由拉伸试验所得的伸长率的大小来区分的。实际上，材料的塑性和脆性并不是固定不变的，它们会因制造方法、热处理工艺、变形速度和温度等条件而变化。

表 5-2 列出了几种常用金属材料的主要力学性能，供比较和查阅。

表 5-2 常用金属材料在拉伸和压缩时的力学性能

材料名称	牌号	屈服点 σ_s/ MPa	强度极限 σ_b/ MPa	伸长率 δ/ %	应用举例
普通碳素结构钢	Q235 Q275	235 275	375～460 490～610	21～26 15～20	金属结构件、一般坚固件
优质碳素结构钢	35 45	314 353	529 598	20 17	轴、齿轮等强度要求较高的零件
低合金结构钢	16Mn 15MnV	343 412	510 549	19～21 17～19	起重设备、船体结构、容器、车架
合金结构钢	40Cr 30CrMnSiA	784 833	980 1078	9～15 10～16	连杆、重要的齿轮和轴、重载零件
球墨铸铁	QT450-10 QT600-3	323 412	450 600	10 3	曲轴、齿轮、凸轮、活塞
灰铸铁	HT150 HT200	—	100～280（拉） 650（压） 160～320（拉） 750（压）	0.2～0.7	机壳、底座、夹具体、飞轮

续表

材料名称	牌号	屈服点 σ_s/MPa	强度极限 σ_b/MPa	伸长率 δ/%	应用举例
铝合金	LY11 LD9	108～236 274	206～412 412	19 7	航空结构件、铆钉、内燃机活塞、机匣
铜合金	QSn4-4-4 QAl9-4	295 196	305 490～590	29	滑动轴承、轴套、减摩零件、电气设备零件

5.6 轴向拉压杆的强度计算

【知识预热】

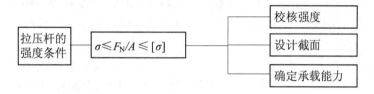

5.6.1 极限应力、许用应力和安全系数

由试验和工程实践可知，当构件的应力达到材料的屈服点或抗拉强度时，将产生较大的塑性变形或断裂，为使构件能正常工作，设定一种极限应力，用 σ^0 表示。对于塑性材料，常取 $\sigma^0=\sigma_s$；对于脆性材料，常取 $\sigma^0=\sigma_b$。

考虑到载荷估计的准确程度、应力计算方法的精确程度、材料的均匀程度以及构件的重要性等因素，为了保证构件安全可靠地工作，应使它的工作应力小于材料的极限应力，使构件留有适当的强度储备。一般把极限应力除以大于1的系数 n 作为设计时应力的最大允许值，称为许用应力，用 $[\sigma]$ 表示，即

$$[\sigma]=\frac{\sigma^0}{n} \tag{5-10}$$

式中，n 称为安全系数。

正确地选取安全系数，关系到构件的安全与经济这一对矛盾的问题。过大的安全系数会浪费材料，太小的安全系数则又可能使构件不能安全工作。各种不同工作条件下构件安全系数 n 的选取可从有关工程手册中查到。一般对于塑性材料，取 $n=1.3\sim2.0$；对于脆性材料，取 $n=2.0\sim3.5$。

5.6.2 拉（压）杆的强度条件

为了保证拉（压）杆安全正常地工作，必须使杆内的最大工作应力不超过材料的拉伸或压缩许用应力，即

$$\sigma_{max} = \frac{F_N}{A} \leqslant [\sigma] \qquad (5\text{-}11)$$

式中，F_N 和 A 分别为危险截面上的轴力与其横截面面积。该式称为拉（压）杆的强度条件。

根据强度条件，可解决下列三种强度计算问题：

（1）校核强度。若已知杆件的尺寸、所受载荷和材料的许用应力，即可用式（5-11）验算杆件是否满足强度条件。

（2）设计截面。若已知杆件所承受的载荷及材料的许用应力，由强度条件可确定杆件的安全横截面面积 A，即

$$A \geqslant \frac{F_N}{[\sigma]}$$

（3）确定承载能力。若已知杆件的横截面尺寸及材料的许用应力，可由强度条件确定杆件所能承受的最大轴力，即

$$F_{Nmax} \leqslant A[\sigma]$$

然后由轴力 F_{Nmax} 确定结构的许用载荷。

例 5.5 一钢木结构如图 5-20（a）所示。1 杆为木杆，其横截面面积 $A_1=100\ cm^2$；2 杆为钢杆，其横截面面积 $A_2=6\ cm^2$。已知木材的许用应力 $[\sigma_1]=7\ MPa$，钢的许用应力 $[\sigma_2]=160\ MPa$。

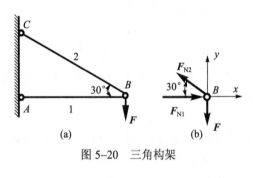

图 5-20 三角构架

求：（1）若 $F=45\ kN$，结构是否安全？
（2）若不安全，则许可载荷 $[F]$ 为多大？
（3）若 $F=45\ kN$，试确定 1 杆和 2 杆的横截面面积 A_1、A_2。

解 （1）当 $F=45\ kN$ 时，判断结构安全性。

① 计算两杆轴力。如图 5-20（b）所示，节点 B 的平衡方程为

$$F_{N1} - F_{N2}\cos 30° = 0$$
$$F_{N2}\sin 30° - F = 0$$

可解出

$$F_{N1} = \sqrt{3}F = 77.9\ kN（压力）$$
$$F_{N2} = 2F = 90\ kN$$

② 校核各杆的强度。

$$\sigma_1 = \frac{N_1}{A_1} = 7.8\ MPa > [\sigma_1], \quad \sigma_2 = \frac{N_2}{A_2} = 150\ MPa < [\sigma_2]$$

因为 $\sigma_1 > [\sigma_1]$，故结构不安全。

（2）确定许可载荷 $[F]$。

① 计算轴力：$F_{N1} = \sqrt{3}F$，$F_{N2} = 2F$。

② 求最大许可载荷。

由强度条件 $\sigma_1 = \frac{F_{N1}}{A_1} \leqslant [\sigma_1]$ 可得木杆的许可轴力，$F_{N1} \leqslant A_1[\sigma_1]$，即

$$\sqrt{3}F_1 \leqslant A_1[\sigma_1]$$

故保证木杆强度所得的许可载荷

$$F_1 \leqslant \frac{\sqrt{3}}{3}A_1[\sigma_1] = 40.8 \text{ kN}$$

同理，由强度条件 $\sigma_2 = \dfrac{F_{N2}}{A_2} \leqslant [\sigma_2]$ 可得钢杆的许可轴力，$F_{N2} \leqslant A_2[\sigma_2]$，即

$$2F_2 \leqslant A_2[\sigma_2]$$

故保证钢杆强度所得的许可载荷

$$F_2 \leqslant \frac{1}{2}A_2[\sigma_2] = 48 \text{ kN}$$

所以结构的许可载荷选择较小的一个，即 $[F]=40.8$ kN。

（3）当 $F=45$ kN 时，由强度条件得

木杆横截面面积：

$$A_1 \geqslant \frac{F_{N1}}{[\sigma_1]} = \frac{77.9 \times 10^3}{7 \times 10^6} = 1.113 \times 10^{-2} \text{ （m}^2\text{）}$$

钢杆横截面面积：

$$A_2 \geqslant \frac{F_{N2}}{[\sigma_2]} = \frac{90 \times 10^3}{160 \times 10^6} = 5.63 \times 10^{-4} \text{ （m}^2\text{）}$$

5.7 拉压超静定问题

【知识预热】

5.7.1 超静定概念及其解法

前面所讨论的问题，其支座约束力和内力均可由静力平衡方程求得，这类问题称为静定问题（图 5—21（a））。有时为了提高杆的强度和刚度，可在中间增加一根杆 3（图 5—21（b）），这时未知内力有三个，而节点 A 的平衡方程只有两个，因而不能解出，即仅仅根据平衡方程尚不能确定全部未知力，这类问题称为超静定问题。未知力个数与独立平衡方程数目之差称为超静定的次数。图 5—21（b）所示为一次超静定问题。

解超静定问题时，除列出静力平衡方程外，关键在于建立足够数目的补充方程，从而联立求得全部未知力。这些补充方程，可由结构变形的几何条件以及变形和内力间的物理规律来建立。下面举例说明。

例 5.6 试求图 5—21（b）中各杆的轴力。已知杆 1 和杆 2 的材料与横截面均相同，其抗拉刚度为 E_1A_1，杆 3 的抗拉刚度为 E_3A_3，夹角为 α，悬挂重力为 G。

解 （1）列平衡方程。在重为 G 作用下，三杆两端皆铰接且伸长，故可设三杆均受拉伸，

节点 A 的受力图如图 5–21（c）所示。平衡方程则有

$$F_{N1}\sin\alpha - F_{N2}\sin\alpha = 0$$

$$F_{N3} + F_{N1}\cos\alpha + F_{N2}\cos\alpha - G = 0$$

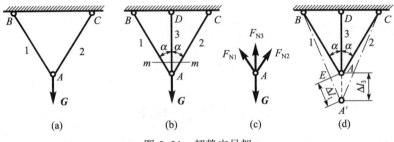

图 5–21 超静定吊架

（2）变形的几何关系。由图 5–21（d）看到，由于结构左右对称，杆 1、2 的抗拉刚度相同，所以节点 A 只能垂直下移。设变形后各杆汇交于 A' 点，则 $AA' = \Delta l_3$；由 A 点作 $A'B$ 的垂线 AE，则有 $EA' = \Delta l_1$。在小变形条件下，$\angle BA'A \approx \alpha$，于是变形的几何关系为

$$\Delta l_1 = \Delta l_2 = \Delta l_3 \cos\alpha$$

（3）物理关系。由胡克定律，应用

$$\Delta l_1 = \frac{F_{N1}l_1}{E_1A_1}, \quad \Delta l_3 = \frac{F_{N3}l_3}{E_3A_3}$$

（4）补充方程。将物理关系式代入几何方程，得到解该超静定问题的补充方程

$$\frac{F_{N1}l_1}{E_1A_1} = \frac{F_{N3}l_3}{E_3A_3}\cos\alpha = \frac{F_{N3}l_1\cos\alpha}{E_3A_3}\cos\alpha$$

即

$$F_{N1} = \frac{F_{N3}E_1A_1}{E_3A_3}\cos^2\alpha$$

（5）求解各杆轴力。联立求解补充方程和两个平衡方程，可得

$$F_{N1} = F_{N2} = \frac{G\cos^2\alpha}{\dfrac{E_3A_3}{E_1A_1} + 2\cos^3\alpha}$$

$$F_{N3} = \frac{G}{1 + 2\dfrac{E_1A_1}{E_3A_3}\cos^3\alpha}$$

由上述答案可见，杆的轴力与各杆间的刚度比有关。一般说来，增大某杆的抗拉（压）刚度 EA，则该杆的轴力亦相应增大。这是超静定问题的一个重要特点，而静定结构的内力与其刚度无关。

5.7.2 装配应力

所有构件在制造中都会有一些误差，这种误差在静定结构中不会引起任何内力，而在超静定结构中则有不同的特点。例如，图 5–22 所示的三杆桁架结构，若杆 3 制造时短了 δ，为

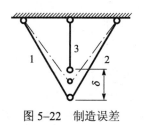

图 5-22 制造误差

了能将三根杆装配在一起，则必须将杆 3 拉长，杆 1、2 压短，这种强行装配会在杆 3 中产生拉应力，而在杆 1、2 中产生压应力。如误差 δ 较大，这种应力会达到很大的数值。这种由于装配而引起杆内产生的应力，称为装配应力。装配应力是在载荷作用前结构中就已经具有的应力，因而是一种初应力。在工程中，对于装配应力的存在，有时是不利的，应予以避免；但有时我们也有意识地利用它，例如机械制造中的紧密配合和土木结构中的预应力钢筋混凝土，等等。

5.7.3 温度应力

在工程实际中，杆件遇到温度变化，其尺寸将有微小的变化。在静定结构中，由于杆件能自由变形，不会在杆内产生应力。但在超静定结构中，由于杆件受到相互制约而不能自由变形，这将使其内部产生应力。这种因温度变化而引起的杆内应力称为温度应力。温度应力也是一种初应力。对于两端固定的杆件，当温度升高 ΔT（℃）时，在杆内引起的温度应力为

$$\sigma = E\alpha_l \Delta T \qquad (5-12)$$

式中，E 为材料的弹性模量，而 α_l 则为材料的线膨胀系数。在工程上常采取一些措施来降低或消除温度应力，如蒸汽管道中的伸缩节，铁道两段钢轨间预先留有适当空隙，钢桥桁架一端采用活动铰链支座等，都是为了减少或预防产生温度应力而常采用的方法。

先导案例解决

冷锻机的曲柄滑块机构中，假定连杆横截面为矩形，长与宽之比 $h/b=1.4$，选用材料为 Q235 钢，如图 5-23 所示。设冷锻机在锻压工作过程中，当连杆接近水平时，锻压力 F 达到最大值 $F=3\,780$ kN，为保证冷锻机安全可靠正常工作，需要利用拉压杆的强度条件来确定连杆横截面尺寸。步骤如下：

（1）确定材料 Q235 钢的许用应力 $[\sigma]$。查表 5-2 得 $\sigma^0 = \sigma_s = 235$ MPa

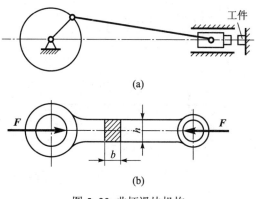

图 5-23 曲柄滑块机构

根据连杆受力为动载荷的特点，选取安全系数 $n=2.5$，则

$$[\sigma] = \sigma^0/n = 235 \text{ MPa}/2.5 = 94 \text{ MPa}$$

（2）计算轴力。由于锻压时连杆位于水平位置，其轴力为

$$F_N = F = 3\,780 \text{ kN}$$

（3）计算横截面面积 A。由拉压强度条件得

$$A \geq \frac{F_N}{[\sigma]} = \frac{3\,780 \times 10^3 \text{ N}}{94 \text{ MPa}} = 40\,213 \text{ mm}^2$$

（4）确定连杆横截面尺寸 h 和 b。以 $h/b=1.4$ 代入

$$A = h \times b = 1.4b^2 \geq 40\,213$$

解之,得 $b \geqslant 169.5$ mm, $h \geqslant 237.3$ mm。具体设计时将其数值规整为 $b=170$ mm, $h=240$ mm。

学 习 经 验

本章内容是学习以后各章的基础,理解和熟练掌握这些内容将有助于今后的学习。

(1) 在用截面法求轴向拉压杆的内力——轴力时,均假定轴力方向为正向,求轴力过程可归纳为三步骤:截开,代替,平衡。若求得的轴力结果为正,表示轴力实际方向与假定方向一致;为负则表示轴力实际方向与假定方向相反。

(2) 应用胡克定律 $\sigma = E\varepsilon$ 时,应注意成立条件,它只适用于应力在比例极限范围内的材料。

(3) 在学习材料的力学性能时,应结合低碳钢拉伸时的 $\sigma - \varepsilon$ 曲线来理解四个特征点:比例极限 σ_p、弹性极限 σ_e、屈服极限 σ_s、强度极限 σ_b。采用比较的方法分析塑性材料与脆性材料力学性能的区别。

(4) 运用拉压杆强度条件可以解决工程中的三类强度计算问题:强度校核;选择截面尺寸;确定许可载荷。解题时先判断题目属于以上三类问题中的哪一类问题,再运用强度条件求解。

(5) 材料力学分析问题的思路可大致归纳如图 5-24 所示。

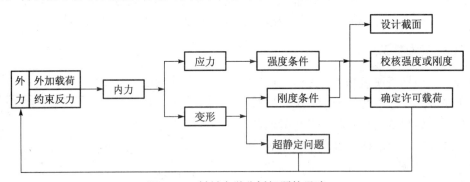

图 5-24 材料力学分析问题的思路

本 章 小 结

(1) 本章研究了轴向拉(压)杆的内力和应力的计算。应用截面法可求轴向拉(压)杆的内力——轴力 F_N。轴向拉(压)杆横截面上只有正应力,且认为是均匀分布的,其计算公式为

$$\sigma = \frac{F_N}{A}$$

(2) 胡克定律建立了应力与应变之间的关系,其表达式为

$$\Delta l = \frac{F_N l}{EA}, \qquad \sigma = E\varepsilon$$

它们的适用范围是应力在比例极限范围内, EA 为杆的抗拉(压)刚度。

(3) 重点介绍了以低碳钢为代表的塑性材料的拉伸应力-应变曲线。低碳钢在整个拉伸

过程中，经历了弹性、屈服、强化和缩颈四个阶段，并存在四个特征点，其相应的应力依次为比例极限、弹性极限、屈服极限和强度极限，由此可以测得材料的强度指标（σ_s、σ_b）、刚度指标（E）和塑性指标（δ、ψ）。

（4）拉压杆的强度条件为

$$\sigma = \frac{F_N}{A} \leq [\sigma]$$

式中，$[\sigma]$为材料的许用应力，是保证构件正常工作材料允许承担的最大应力值。

$$[\sigma] = \frac{\sigma^0}{n}$$

式中，σ^0为极限应力，对于塑性材料，常取$\sigma^0 = \sigma_s$；对于脆性材料，常取$\sigma^0 = \sigma_b$。n为安全系数，$n>1$，其值的选择与载荷的特点、工程对象的重要性、材料性质等因素有关。

（5）超静定问题的解题关键是根据变形协调条件，得到变形几何关系式，然后由变形与内力的物理关系建立补充方程，从而使问题得到解答。

思 考 题

1. 试判别图 5-25 所示的构件中哪些属于轴向拉伸或轴向压缩变形。

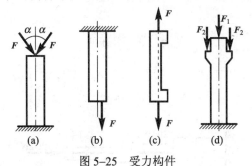

图 5-25 受力构件

2. 什么是内力？什么是截面法？如何用截面法求内力？
3. 什么是应力？轴向拉压的杆件，横截面上应力是如何分布的？应力的数值如何计算？
4. 两根拉杆轴力相等，横截面面积相等，但截面形状不同，杆件的材料不同，它们的应力是否相等？它们的许用应力是否相等？
5. 写出胡克定律的两种表达式，解释每个代号的含义，并说明其适用范围。
6. 拉伸试验中的 F-Δl 曲线和 σ-ε 曲线，它们表示什么意思？它们是怎样得来的？
7. Q235 钢从开始拉伸到断裂的整个过程中，发生哪些现象？σ-ε 曲线上有哪几个阶段？有哪些特性点？
8. 塑性材料和脆性材料的力学性能有哪些主要区别？在图 5-26 所示结构中，若杆 1 选用低碳钢，杆 2 选用铸铁，你认为合理吗？为什么？
9. 指出下列概念的区别与联系：
（1）内力与应力；（2）变形与应变；（3）弹性变形与塑性变形；（4）极限应力与许用应力。
10. 三根杆的尺寸相同，材料不同，它们的 σ-ε 曲线如图 5-27 所示。试说明哪种材料的强度高,哪种材料的塑性好,在弹性限度内哪种材料的弹性模量大。

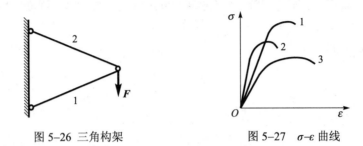

图 5-26 三角构架　　　　　图 5-27 σ-ε 曲线

习　　题

1. 试求题 1 图所示的拉伸或压缩杆指定横截面上的轴力并作轴力图。已知:F_1=30 kN,F_2=40 kN,F_3=20 kN。

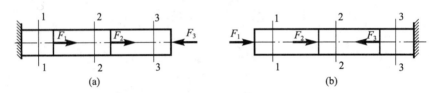

题 1 图　拉压杆

2. 题 2 图所示杆的横截面面积 A_1=400 mm^2,A_2=300 mm^2,A_3=200 mm^2,求各横截面上的应力。

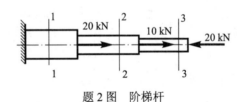

题 2 图　阶梯杆

3. 一中段开槽的直杆,承受轴向载荷 F=20 kN 的作用,如题 3 图所示。已知 h=25 mm,h_1=10 mm,b=20 mm。试求杆内的最大应力。

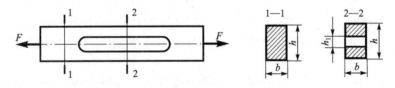

题 3 图　开槽直杆

4. 题 4 图所示钢制阶梯形直杆,各段横截面面积分别为 A_1=A_3=300 mm^2,A_2=200 mm^2,E=210 GPa。试计算杆的总变形。

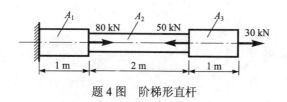

题 4 图　阶梯形直杆

5. 柴油机上的气缸螺杆尺寸如题 5 图所示，已知：螺杆承受拧紧力 $F=390$ kN，材料的弹性模量 $E=210$ GPa。试求螺杆的伸长量（两端螺纹部分不考虑）。

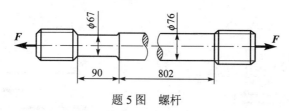

题 5 图　螺杆

6. 长 $l=3.5$ mm，直径 $d=32$ mm 的圆截面钢杆，在试验机上受到 $F=135$ kN 的拉力。量得 50 mm 长度内的伸长量为 0.04 mm，直径缩减 0.006 2 mm。试求弹性模量 E 和泊松比 μ。

7. 一根灰铸铁圆管受压。已知材料的许用应力为 $[\sigma]=200$ MPa，轴向拉力 $F=1\,000$ kN，管子的外径 $D=130$ mm，内径 $d=100$ mm。试校核其强度。

8. 如题 8 图所示 AC 和 BC 两杆铰接于 C，并悬挂重物 G。已知杆 BC 的许用应力 $[\sigma_1]=160$ MPa，杆 AC 的许用应力 $[\sigma_2]=100$ MPa，两杆横截面面积 A 均为 2 cm^2。求悬挂重物的最大重力。

9. 三脚架结构如题 9 图所示。已知杆 AB 为钢杆，其横截面面积 $A_1=600$ mm^2，许用应力 $[\sigma_1]=140$ MPa；杆 BC 为木杆，横截面面积 $A_2=30\times10^2$ mm^2，许用应力 $[\sigma_2]=3.5$ MPa。试求许用载荷 $[F]$。

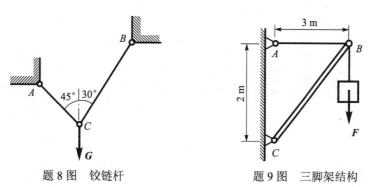

题 8 图　铰链杆　　　　题 9 图　三脚架结构

10. 题 10 图所示钢拉杆受力 $F=40$ kN，若拉杆的许用应力 $[\sigma]=100$ MPa，横截面为矩形，且 $b=2a$。试确定截面尺寸 a 和 b。

11. 两根截面相同的钢杆上悬挂一根刚性横梁 AB，在刚性梁上加力 F，如题 11 图所示。问若要使 AB 梁保持水平，所加力的作用点位置应在何处（不考虑梁自重）？

12. 等直杆 AB 两端固定，在 C 截面处作用一力 F，如题 12 图所示。求杆 AB 两端所受的约束力。

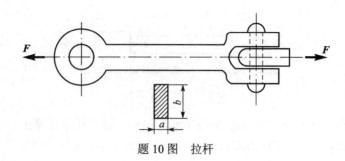

题 10 图 拉杆

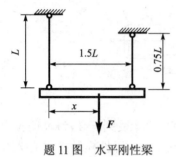

题 11 图 水平刚性梁

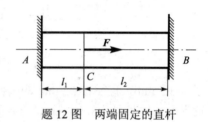

题 12 图 两端固定的直杆

第 6 章　剪切与挤压

 本章知识点

1. 剪切与挤压的受力特点和变形特点。
2. 剪切与挤压的强度条件及实用计算。
3. 剪切胡克定律与切应力互等定理。

 先导案例

在齿轮传动中，齿轮与轴用平键连接来传递转矩，平键的规格可根据轴的尺寸等有关参数选取。那么，所选择的平键规格是否合适？应从哪些方面来校核平键的强度呢？

6.1　剪切与挤压概念

 【知识预热】

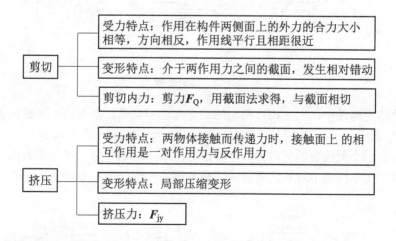

6.1.1　剪切的概念

剪切变形是工程实际中常见的一种基本变形，螺栓连接（图 6-1）、键连接（图 6-2）、铆钉连接（图 6-3）等，都是剪切变形的工程实例。

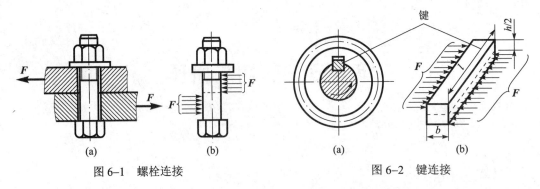

图 6-1 螺栓连接　　　　　　　　　图 6-2 键连接

下面以铆钉连接（图 6-3（a））为例进行分析。钢板受外力 F 作用后又将力传递到铆钉上，而使铆钉的右上侧面和左下侧面受力（图 6-3（b））。这时，铆钉的上、下两半部分将沿着 m—n 截面发生相对错动（图 6-3（c））。当外力足够大时，将会使铆钉剪断。由铆钉受剪的实例分析可以看出剪切变形的受力特点是：作用在构件两侧面上的外力的合力大小相等，方向相反，作用线平行且相距很近。其变形特点是：介于两作用力之间的截面发生相对错动。这种变形称为剪切变形。

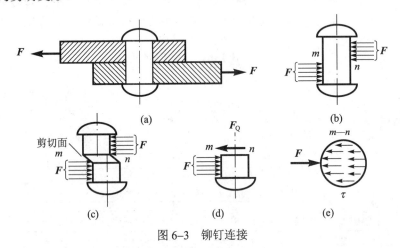

图 6-3 铆钉连接

在承受剪切的构件中，发生相对错动的截面称为剪切面。剪切面上与截面相切的内力称为剪力，用 F_Q 表示（图 6-3（d）），其大小可用截面法通过列平衡方程求出。

构件中只有一个剪切面的剪切称为单剪，如图 6-3 中的铆钉。构件中有两个剪切面的剪切则称为双剪，拖车挂钩中螺栓所受的剪切是双剪的实例，如图 6-4 所示。

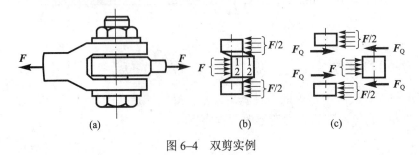

图 6-4 双剪实例

6.1.2 挤压的概念

构件在受剪切时，伴随着挤压现象。当两物体接触而传递力时，接触面上也受到较大的压力作用，从而产生局部压缩变形，这种现象称为挤压。图 6–5 所示为螺栓连接的挤压情况，图 6–5（b）所示为螺栓与孔壁的挤压情况。当挤压力过大时，相互接触面处将产生局部显著的塑性变形

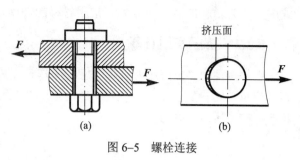

图 6–5 螺栓连接

而使构件损坏。构件局部受压的接触面称为挤压面。挤压面上的压力称为挤压力，用 F_{jy} 表示。

必须注意，挤压与压缩是截然不同的两个概念，前者是产生在两个物体的表面，而后者则是产生于一个物体上。

6.2 剪切和挤压实用计算

【知识预热】

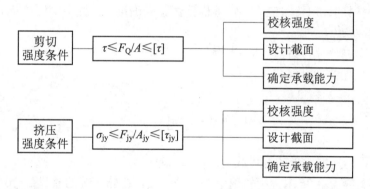

6.2.1 剪切实用计算

由于连接件发生剪切而使剪切面上产生了切应力 τ，切应力在剪切面上的分布情况一般比较复杂，工程中为便于计算，通常认为切应力在剪切面上是均匀分布的，如图 6–3（e）所示。由此得切应力 τ 的计算公式为

$$\tau = \frac{F_Q}{A} \tag{6-1}$$

式中，F_Q 为剪切面上的剪力，A 为剪切面面积。

为保证连接件工作时安全可靠，要求切应力不超过材料的许用切应力，由此得剪切的强度条件为

$$\tau = \frac{F_Q}{A} \leqslant [\tau] \tag{6-2}$$

式中，$[\tau]$为材料的许用切应力。常用材料的许用切应力可从有关手册中查得。

6.2.2 挤压实用计算

在挤压面上，由挤压力引起的应力叫作挤压应力，以σ_{jy}表示。挤压应力在挤压面上的分布规律也是比较复杂的，工程上同样是采用"实用计算"，认为挤压应力在挤压面上是均匀分布的，故挤压应力为

$$\sigma_{jy} = \frac{F_{jy}}{A_{jy}} \tag{6-3}$$

式中，F_{jy}为挤压面上的挤压力；A_{jy}为挤压面面积。

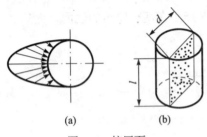

图 6-6 挤压面

当挤压面为平面时，挤压面面积即实际接触面面积；当挤压面为圆柱面时，挤压面面积等于半圆柱面的正投影面积，如图 6-6 所示，$A_{jy}=dl$。

为了保证构件具有足够的挤压强度而正常工作，必须满足工作挤压应力不超过许用挤压应力的条件。即挤压的强度条件为

$$\sigma_{jy} = \frac{F_{jy}}{A_{jy}} \leqslant [\sigma_{jy}] \tag{6-4}$$

式中，$[\sigma_{jy}]$为材料的许用挤压应力，它可根据试验来确定。工程中常用材料的许用挤压应力可从有关手册中查得。

例 6.1 两块钢板用螺栓连接（图 6-1），已知螺栓杆部直径 $d=16\,\text{mm}$，许用切应力$[\tau]=60\,\text{MPa}$。求螺栓的许可载荷。

解 根据式（6-2），可得

$$F_Q \leqslant A[\tau] = \frac{\pi d^2}{4}[\tau] = \frac{3.14 \times (16 \times 10^{-3}\,\text{mm})^2}{4} \times 60 \times 10^6\,\text{MPa} = 12\,000\,\text{N} = 12\,\text{kN}$$

由于$F=F_Q$，故螺栓所能承受的许可载荷$[F] \leqslant 12\,\text{kN}$。

例 6.2 图 6-7（a）所示为齿轮用平键与轴连接。已知：轴的直径 $d=70\,\text{mm}$，键的尺寸为$b \times h \times l = 20\,\text{mm} \times 12\,\text{mm} \times 100\,\text{mm}$，传递的转矩$M=2\,\text{kN·m}$，键的许用切应力$[\tau]=60\,\text{MPa}$，许用挤压应力$[\sigma_{jy}]=100\,\text{MPa}$。试校核键的强度。

解（1）画受力图，计算键上的作用力 F。

由 $M = \dfrac{Fd}{2}$ 得，

$$F = \frac{2M}{d} = \frac{2 \times 2 \times 10^3}{70 \times 10^{-3}} = 57.1\,(\text{kN})$$

（2）校核剪切强度。因为剪力 $F_Q = F$，剪切面积 $A = bl$，所以

$$\tau = \frac{F_Q}{A} = \frac{F}{bl} = \frac{57.1 \times 10^3}{20 \times 100 \times 10^{-6}} = 28.6\,(\text{MPa}) < [\tau]$$

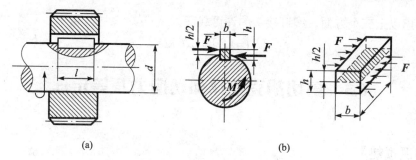

图 6–7 齿轮与轴的键连接

（3）校核挤压强度。因为挤压力 $F_{jy}=F$，挤压面积 $A_{jy}=\dfrac{lh}{2}$，所以

$$\sigma_{jy}=\dfrac{F_{jy}}{A_{jy}}=\dfrac{2F}{lh}=\dfrac{2\times 57.1\times 10^3}{12\times 100\times 10^{-6}}=95.17(\text{MPa})<[\sigma_{jy}]$$

因键同时满足剪切和挤压强度条件，所以能安全工作。

例 6.3 图 6–8 所示为铆接接头，板厚 $t=2$ mm，板宽 $b=15$ mm，铆钉直径 $d=4$ mm，许用切应力 $[\tau]=100$ MPa，许用挤压应力 $[\sigma_{jy}]=300$ MPa，板的许用拉应力 $[\sigma]=300$ MPa。试计算相应的许可载荷。

解 （1）考虑铆钉的剪切强度。由于剪切面上的 $F_Q=F$，剪切面积 $A=\dfrac{\pi d^2}{4}$，根据式（6–2）得

$$\dfrac{4F}{\pi d^2}\leqslant [\tau]$$

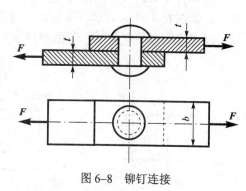

图 6–8 铆钉连接

所以，满足剪切强度的许可载荷为

$$[F_1]\leqslant \dfrac{\pi d^2}{4}[\tau]=\dfrac{3.14\times (4\times 10^{-3})^2}{4}\times 100\times 10^6=1\,260(\text{N})=1.26(\text{kN})$$

（2）考虑挤压强度。由于铆钉与孔壁的挤压力为 $F_{jy}=F$，则由式（6–4）得

$$\dfrac{F}{dt}\leqslant [\sigma_{jy}]$$

所以，考虑挤压强度的许可载荷为

$$[F_2]=dt[\sigma_{jy}]=4\times 2\times 10^{-6}\times 300\times 10^6=2.4(\text{kN})$$

（3）考虑板的抗拉强度。由于板的轴力 $F_N=F$，因而最大拉应力发生在板的圆孔处截面上。根据拉伸强度条件得

$$\dfrac{F}{(b-d)t}\leqslant [\sigma]$$

所以，考虑板的拉伸强度的许可载荷为

$$[F_3]=(b-d)t[\sigma]=(15-4)\times 2\times 10^{-6}\times 160\times 10^6=3.52(\text{kN})$$

综合考虑以上三个方面，铆钉接头的许可载荷为
$$[F] = [F_1] = 1.26 \text{ kN}$$

6.3 剪切胡克定律和切应力互等定理

【知识预热】

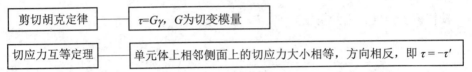

在构件受剪部件中的某点 K 取一微小的正六面体——单元体，如图 6-9（a）所示，将它放大，如图 6-9（b）所示。在与剪力相应的切应力作用下，单元体的右面相对于左面发生错动，使原来的直角改变了一个微小角度 γ，这就是切应变。

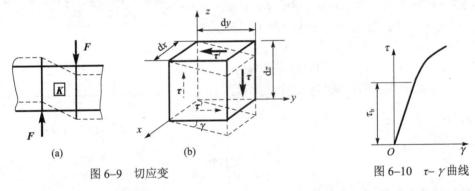

图 6-9 切应变   图 6-10 τ-γ 曲线

实验表明，当切应力不超过材料的比例极限 τ_b 时，切应力 τ 与切应变 γ 成正比（图 6-10）。这就是材料的剪切胡克定律

$$\tau = G\gamma \tag{6-5}$$

式中，比例常数 G 称为材料的切变模量，与材料有关，是表示材料抵抗剪切变形能力的物理量，它的单位与应力的单位相同，常用 GPa，其数值可由实验测得。一般钢材的 G 值约为 80 GPa，铸铁约为 45 GPa。

由于所研究的受剪构件是平衡的，因而从受剪构件中取出的 K 点（即单元体）也应该是平衡的。根据剪切概念可知，单元体右侧面和左侧面上的切应力是相等的，因而都用 τ 来表示。这两个面上的切应力的合力形成了一个力偶，故上、下两侧面上必定存在方向相反的切应力 τ'（图 6-9（b））并形成又一力偶，使正六面体维持平衡。由 $\sum M = 0$ 得

$$(\tau \mathrm{d}y \cdot \mathrm{d}z) \cdot \mathrm{d}x = (\tau' \mathrm{d}y \cdot \mathrm{d}x) \cdot \mathrm{d}z$$

得
$$\tau = \tau' \tag{6-6}$$

为了明确切应力的作用方向，对其作如下符号规定：使单元体产生顺时针方向转动趋势的切应力为正，反之为负，则式（6-6）应改写为

$$\tau = -\tau' \qquad (6\text{--}7)$$

式（6-7）表明，单元体互相垂直的两个平面上的切应力必定是同时成对存在，且大小相等，方向都垂直指向或背离两个平面的交线。这一关系称为切应力互等定理。

在上述单元体的上、下、左、右四个侧面上，只有切应力而无正应力，这种情况称为纯剪切。应当注意，对于本章中的铆钉、键、销等连接件，其剪切面上的变形比较复杂，除剪切变形外还伴随着其他形式的变形，因此这些连接件实际上不可能发生纯剪切。

 先导案例解决

通过本章学习可知，在齿轮传动中，用于传递转矩的平键，在规格尺寸选好后，还应从剪切和挤压两方面来检验平键的可靠性，本案例的解决方法可参考例 6.2。

学 习 经 验

（1）连接件往往既受剪切又受挤压，它们除受剪切破坏外，还可能受挤压而破坏，因此，这类构件通常要同时进行两种强度计算。

（2）剪切应力 τ 和挤压应力 σ_{jy} 均为平均应力，进行剪切和挤压强度计算的关键是正确判断剪切面和挤压面，并计算出它们的面积。

本 章 小 结

（1）当构件受到等值、反向、作用线不重合但相距很近的二力作用时，构件上二力之间会发生剪切变形。机械工程中的连接件，往往同时受到剪切和挤压作用，挤压与压缩不同，它只是局部产生不均匀的压缩变形。

（2）工程实际中采用实用计算的方法来建立剪切和挤压的强度条件，它们分别是

$$\tau = \frac{F_Q}{A} \leqslant [\tau]$$

$$\sigma_{jy} = \frac{F_{jy}}{A_{jy}} \leqslant [\sigma_{jy}]$$

（3）剪切胡克定律：当切应力不超过材料的剪切比例极限时，切应力 τ 与切应变 γ 成正比，即 $\tau = G\gamma$（G 为切变模量）。

（4）切应力互等定理：单元体互相垂直的两个平面上的切应力必定是同时成对存在，且大小相等，方向都垂直指向或背离两个平面的交线，即 $\tau = -\tau'$。

思 考 题

1. 什么是单剪切？什么是双剪切？试画图说明。
2. 剪切和挤压的实用计算采用了什么假设？为什么？
3. 挤压应力与一般压应力有何区别？
4. 试计算图 6-11 所示两物体连接的剪切面面积和挤压面面积。

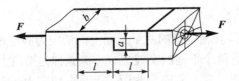

图 6–11 计算剪切面面积和挤压面面积

习　题

1. 试校核题 1 图所示连接销钉的剪切强度。已知：$F=100$ kN，销钉直径 $d=30$ mm，材料许用切应力 $[\tau]=60$ MPa。若强度不够，应至少改用多大直径的销钉？

2. 如题 2 图所示，冲床的最大冲力 $F=400$ kN，冲头材料的许用应力 $[\sigma]=440$ MPa，被冲钢板的剪切强度极限 $\tau_b=360$ MPa。求在最大冲力作用下所能冲剪的圆孔最小直径 d 和钢板的最大厚度 t。

3. 题 3 图所示螺栓受拉力 F 作用，已知材料的许用切应力 $[\tau]$ 和许用拉应力 $[\sigma]$ 的关系为 $[\tau]=0.6[\sigma]$，试求螺栓直径 d 与螺栓头高度 h 的合理比例。

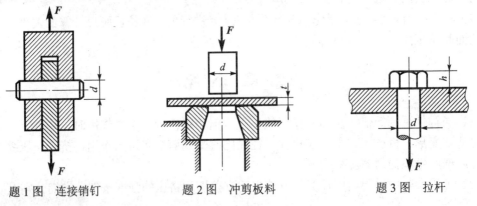

题 1 图　连接销钉　　　　题 2 图　冲剪板料　　　　题 3 图　拉杆

4. 在题 4 图所示的铆钉连接中，已知：$F=20$ kN，$t_1=8$ mm，$t_2=10$ mm，$[\tau]=60$ MPa，$[\sigma_{jy}]=125$ MPa。试确定铆钉的直径。

5. 题 5 图所示为齿轮和轴用平键连接，已知：传递转矩 $M=3$ kN·m，键的尺寸 $b=24$ mm，$h=14$ mm，轴的直径 $d=25$ mm。键的许用切应力 $[\tau]=40$ MPa，许用挤压应力 $[\sigma_{jy}]=90$ MPa。试计算键所需的长度 l。

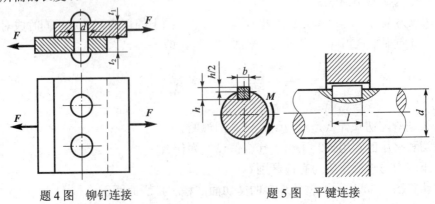

题 4 图　铆钉连接　　　　　　题 5 图　平键连接

第7章 圆轴扭转

 本章知识点

1. 圆轴扭转的受力特点及变形特点。
2. 外力偶矩的计算。
3. 扭矩的计算及扭矩图的绘制。
4. 圆轴扭转时横截面上的切应力分布规律及计算。
5. 圆截面的极惯性矩和抗扭截面模量的计算。
6. 圆轴扭转时的变形计算。
7. 圆轴扭转时的强度条件和刚度条件。

 先导案例

考虑到节约材料、减轻自重等因素，车床主轴、汽车传动轴、石油钻杆等轴类零件常采用空心轴，这其中蕴含什么道理？

7.1 扭转的概念和外力偶矩的计算

【知识预热】

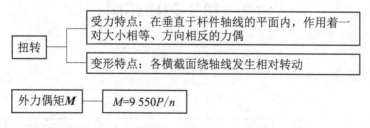

7.1.1 扭转的概念

机械中的轴类零件往往承受扭转作用。如汽车传动轴（图7-1（a）），左端受发动机的主动力偶作用，右端受传动齿轮的阻抗力偶作用，于是轴就产生了扭转变形。图7-1（b）所示为汽车传动轴的计算简图。此外，带传动轴、齿轮传动轴及丝锥、钻头、螺钉旋具等，工作时均受到扭转作用。

从以上实例可以看出，杆件产生扭转变形的受力特点是：在垂直于杆件轴线的平面内，作用着一对大小相等、方向相反的力偶（图7–1（b））。杆件的变形特点是：各横截面绕轴线发生相对转动（图7–2）。杆件的这种变形称为扭转变形。

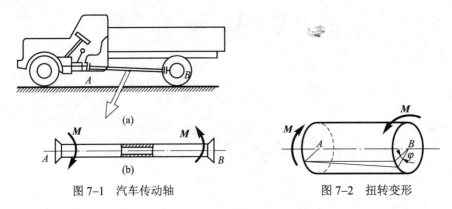

图7–1 汽车传动轴　　　　　图7–2 扭转变形

工程中把以扭转变形为主要变形的杆件称为轴，工程中大多数轴在传动中除有扭转变形外，还伴随有其他形式的变形。本章只研究等截面圆轴的扭转问题。

7.1.2 外力偶矩的计算

为了求出圆轴扭转时截面上的内力，必须先计算出轴上的外力偶矩。在工程计算中，作用在轴上的外力偶矩的大小往往不是直接给出的，通常是给出轴所传递的功率和轴的转速。第4章已述功率、转速和力偶矩之间存在如下关系：

$$M = 9550 \frac{P}{n} \tag{7-1}$$

式中，M 为外力偶矩，单位是牛·米（N·m）；P 为轴传递的功率，单位是千瓦（kW）；n 为轴的转速，单位是转/分（r/min）。

应当注意，在确定外力偶矩 M 的转向时，凡输入功率的主动外力偶矩的转向与轴的转向一致，凡输出功率的从动力偶矩的转向与轴的转向相反。

7.2 扭矩和扭矩图

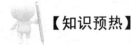【知识预热】

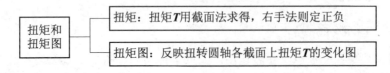

7.2.1 扭矩

圆轴在外力偶矩作用下发生扭转变形时，其横截面上将产生内力。求内力的方法仍用截面法。以图7–3（a）所示受扭转圆轴为例，假想地将圆轴沿任一横截面1—1切开，并取左段作为研究对象（图 7-3（b））。由于整个轴是平衡的，所以左段也处于平衡状态。轴上已知的外力偶矩为 M，因为力偶只能用力偶来平衡，显然截面 1—1 上分布的内力必构成力偶，内力偶矩以符号 T 表示，方向如图 7-3 所示，其大小可由左段的平衡条件 $\sum M_x = 0$ 求得。

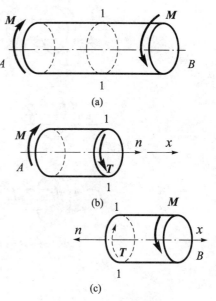

由　　　　　$T - M = 0$
得　　　　　$T = M$

由此可见，杆件扭转时，其横截面上的内力是一个在截面平面内的力偶，其力偶矩 T 称为截面 1—1 上的扭矩。

扭矩的单位与外力偶矩的单位相同，常用的单位为牛·米（N·m）及千牛·米（kN·m）。

如取截面的右侧为研究对象（图 7-3（c）），也可得到同样的结果。取截面左侧与取截面右侧为研究对象所求得的扭矩，应数值相等而转向相反，因为它们是作用与反作用的关系。为了使从两段杆上求得的同一截面

图 7-3 扭转内力分析

上的扭矩的符号相同，扭矩的正负号用右手螺旋法则判定：将扭矩看作矢量，右手的四指弯曲方向表示扭矩的转向，大拇指表示扭矩矢量的指向。若扭矩矢量的方向离开截面，则扭矩为正（图 7-4（a）、（b））；反之，若扭矩矢量的方向指向截面，则扭矩为负（图 7-4（c）、（d））。这样，同一截面左右两侧的扭转不但数值相等，而且符号相同。

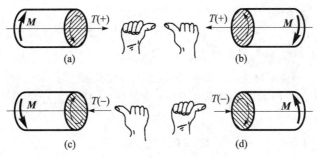

图 7-4 扭矩正负号的规定

7.2.2 扭矩图

通常，扭转圆轴各截面上的扭矩是不同的，扭矩 T 是截面位置 x 的函数。即

$$T = T(x)$$

以与轴线平行的 x 轴表示横截面的位置，以垂直于 x 轴的 T 轴表示扭矩，则由函数 $T = T(x)$ 绘制的曲线称为扭矩图。

例 7.1　图 7-5（a）所示为一齿轮轴。已知：轴的转速 $n = 300$ r/min，主动齿轮 A 输入功率 $P_A = 50$ kW，从动齿轮 B 和 C 输出功率分别为 $P_B = 30$ kW，$P_C = 20$ kW。试计算 1—1、2—2 截面上的扭矩，并画出主轴 ABC 的扭矩图。

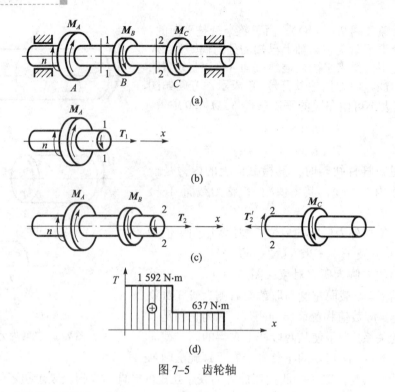

图 7-5 齿轮轴

解 （1）计算外力偶矩。由式（7-1）得

$$M_A = 9550\frac{P_A}{n} = 9550 \times \frac{50}{300} = 1592 \text{（N·m）}$$

主动力偶矩 M_A 的方向与轴的转向一致。同理可得

$$M_B = 955 \text{ N·m}, \quad M_C = 637 \text{ N·m}$$

从动力偶矩 M_B 和 M_C 的方向与轴的转向相反。

（2）计算扭矩。将轴分为 AB、BC 两段，逐段计算扭矩。

对 AB 段，设轮 A 和轮 B 之间的截面 1—1 上的扭矩 T_1 为正号（图 7-5（b）），则根据平衡条件有

$$\sum M_x = 0, \quad T_1 - M_A = 0$$

得

$$T_1 = M_A = 1592 \text{（N·m）}$$

对 BC 段，设轮 B 和轮 C 之间的截面 2—2 上的扭矩 T_2 为正号（图 7-5（c）），则根据平衡条件有

$$\sum M_x = 0, \quad T_2 + M_B - M_A = 0$$

得

$$T_2 = M_A - M_B = 1592 - 955 = 637 \text{（N·m）}$$

（3）画扭矩图。根据以上计算结果，按比例画出扭矩图（图 7-5（d））。由图可以看出，在集中力偶作用处，扭矩值发生突变，其突变值等于该集中外力偶矩的大小。最大扭矩发生在 AB 段内，其值为 $T_{\max} = 1592$ N·m。

从本例中可以归纳出截面法求扭矩的方法：

（1）假设某截面上的扭矩均为正号，则该截面上的扭矩等于截面一侧（左或右）轴上的所有外力偶矩的代数和。

（2）计算扭矩时，外力偶矩正负号的规定是：使右手拇指与截面外法线方向一致，若外力偶矩的转向与其他四指的转向相同，则取负号；反之取正号。这样，正的外力偶矩产生正的扭矩，负的外力偶矩产生负扭矩。当外力偶矩的代数和为正时，截面上的扭矩为正；反之为负。

应用上述方法直接求某截面上的扭矩非常简便。现仍以图7–5（a）为例，将各截面的扭矩计算如下：

$T_1 = M_A = 1\,592\text{ N}\cdot\text{m}$（考虑截面左侧）

$T_1' = M_B + M_C = 955 + 637 = 1\,592$（N·m）（考虑截面右侧）

$T_2 = M_A - M_B = 1\,592 - 955 = 637$（N·m）（考虑截面左侧）

$T_2' = M_C = 637\text{ N}\cdot\text{m}$（考虑截面右侧）

7.3 圆轴扭转时的应力与强度条件

【知识预热】

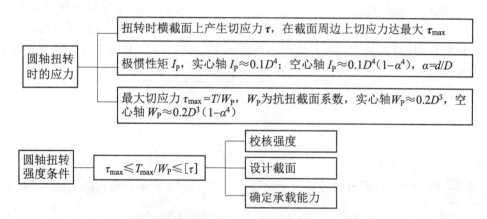

7.3.1 圆轴扭转时横截面上的应力

为了求得圆轴扭转时横截面上的应力，必须了解应力在截面上的分布规律。为此，首先进行扭转变形的实验观察，作为分析问题的依据。取图7–6（a）所示圆轴，实验前，先在它的表面上划若干垂直于轴线的圆周线和平行于轴线的纵向线。实验时，在圆轴两端加力偶矩为 M 的外力偶，圆轴即发生扭转变形（图7–6（b））。在变形微小的情况下，可以观察到如下现象：

（1）两条纵向线倾斜了相同的角度，原来轴表面上的小方格变成了歪斜的平行四边形。

（2）轴的直径、两圆周线的形状和它们之间的距离均保持不变。

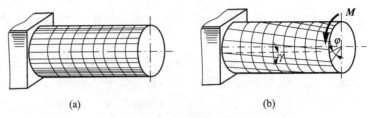

图 7-6 圆轴扭转

根据观察到的这些现象，我们推断，圆轴扭转前的各个横截面在扭转后仍为互相平行的平面，只是相对地转过了一个角度。这就是扭转时的平面假设。

根据平面假设，可得两点结论：

（1）圆轴横截面变形前为平面，变形后仍为平面，其大小和形状不变，由此导出横截面上沿半径方向无切应力；又由于相邻截面的间距不变，所以横截面上没有正应力。

（2）由于相邻截面相对地转过了一个角度，即横截面间发生了旋转式的相对错动，纵向线倾斜了同一角度 γ，出现了切应变，故横截面上必然有垂直半径方向的切应力存在。

为了求得切应力在横截面上的分布规律，我们从轴中取出微段 $\mathrm{d}x$ 来研究（图 7-7）。

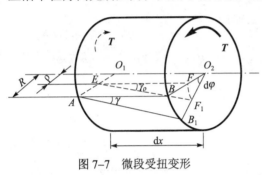

图 7-7 微段受扭变形

圆轴扭转后，微段的右截面相对于左截面转过一个微小角度 $\mathrm{d}\varphi$，半径 O_2B 转到 O_2B_1，半径为 ρ 的内层圆柱上的纵线 EF 倾斜到 EF_1，倾斜角 γ_ρ 为，此倾斜角 γ_ρ 即切应变。在弹性范围内剪应变 γ_ρ 是很小的，由图 7-7 中的几何关系有

$$\tan\gamma_\rho = \frac{FF_1}{EF} = \frac{\rho\mathrm{d}\varphi}{\mathrm{d}x} = \rho\frac{\mathrm{d}\varphi}{\mathrm{d}x} = \gamma_\rho$$

即

$$\gamma_\rho = \rho\frac{\mathrm{d}\varphi}{\mathrm{d}x} \tag{7-2}$$

由于 $\dfrac{\mathrm{d}\varphi}{\mathrm{d}x}$ 对同一横截面上的各点为一常数，故式（7-2）表明：横截面上任一点的切应变 γ_ρ 与该点到圆心的距离 ρ 成正比。这就是圆轴扭转时的变形规律。

根据剪切胡克定律，横截面上距圆心为 ρ 处的切应力 τ_ρ 与该处的剪应变 γ_ρ 成正比，即

$$\tau_\rho = G\gamma_\rho$$

将式（7-2）代入上式，得

$$\tau_\rho = G\rho\frac{\mathrm{d}\varphi}{\mathrm{d}x} \tag{7-3}$$

式（7-3）说明：横截面上任一点处的切应力的大小，与该点到圆心的距离 ρ 成正比。也就是说，在截面的圆心处切应力为零，在周边上切应力最大。显然，在所有与圆心等距离的点处，切应力均相等。实心圆轴和空心圆轴横截面上的切应力分布规律如图 7-8 所示，切应力的方向与半径垂直。

式（7-3）虽然表明了切应力的分布规律，但其中 $\dfrac{\mathrm{d}\varphi}{\mathrm{d}x}$ 尚未知，所以必须利用静力平衡条件建立应力与内力的关系，才能求出切应力。

在横截面上离圆心为 ρ 的点处，取微面积 $\mathrm{d}A$（图7-9）。微面积上的内力系的合力是 $\tau_\rho \mathrm{d}A$，它对圆心的力矩等于 $\tau_\rho \mathrm{d}A \cdot \rho$，整个截面上这些力矩的总和等于横截面上的扭矩 T，即

$$T = \int_A \rho \tau_\rho \mathrm{d}A$$

式中，A 为整个横截面的面积。将式（7-3）代入上式，得

$$T = \int_A \rho \left(G\rho \dfrac{\mathrm{d}\varphi}{\mathrm{d}x} \right) \mathrm{d}A$$

$$= \int_A G\rho^2 \dfrac{\mathrm{d}\varphi}{\mathrm{d}x} \mathrm{d}A$$

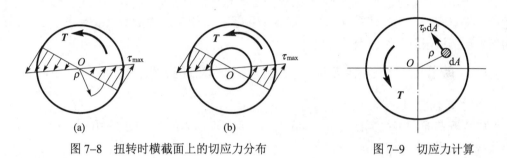

图7-8 扭转时横截面上的切应力分布　　　图7-9 切应力计算

因 G、$\dfrac{\mathrm{d}\varphi}{\mathrm{d}x}$ 均为常量，故上式可写成

$$T = G\dfrac{\mathrm{d}\varphi}{\mathrm{d}x} \int_A \rho^2 \mathrm{d}A \tag{7-4}$$

式中，积分 $\int_A \rho^2 \mathrm{d}A$ 与横截面的几何形状、尺寸有关，它表示截面的一种几何性质，称为横截面的极惯性矩，用 I_P 表示，即

$$I_\mathrm{P} = \int_A \rho^2 \mathrm{d}A$$

其量纲是长度的四次方，单位为 mm^4 或 m^4。于是，式（7-4）可写成

$$T = GI_\mathrm{P} \dfrac{\mathrm{d}\varphi}{\mathrm{d}x}$$

或

$$\dfrac{\mathrm{d}\varphi}{\mathrm{d}x} = \dfrac{T}{GI_\mathrm{P}} \tag{7-5}$$

将式（7-5）代入式（7-3），即得横截面上距圆心为 ρ 处的切应力计算公式

$$\tau_\rho = \dfrac{T}{I_\mathrm{P}} \rho \tag{7-6}$$

对于确定的轴，T、I_P 都是定值。因而最大切应力必在截面周边各点上，即 $\rho = R$ 时 $\tau_\rho = \tau_{max}$，故

$$\tau_{max} = \frac{TR}{I_P}$$

若令

$$W_P = \frac{I_P}{R} \tag{7-7}$$

则式（7-6）可写成如下形式：

$$\tau_{max} = \frac{T}{W_P} \tag{7-8}$$

W_P 称为抗扭截面系数，其单位为 mm^3 或 m^3。

必须指出，由实验证明，平面假设只对圆截面直杆才是正确的，所以式（7-6）和式（7-8）只适用于等直圆杆。另外，在导出公式时，应用了剪切胡克定律，所以只有在 τ_{max} 不超过材料的剪切比例极限时，上述公式才适用。

7.3.2 圆截面极惯性矩 I_P 及抗扭截面系数 W_P 的计算

1. 实心圆截面

对实心圆截面，可取半径为 ρ，宽度为 $d\rho$ 的圆环形微面积（图 7-10），$dA = 2\pi\rho d\rho$，则实心圆截面的极惯性矩 I_P 为

$$I_P = \int_A \rho^2 dA = \int_0^{D/2} 2\pi\rho^3 d\rho \frac{\pi D^4}{32} \approx 0.1 D^4$$

实心圆截面的抗扭截面系数 W_P 为

$$W_P = \frac{I_P}{D/2} = \frac{\pi D^3}{16} \approx 0.2 D^3$$

2. 空心圆截面

对空心圆截面（图 7-11），其极惯性矩 I_P 可以采用和实心圆截面相同的方法求出：

$$I_P = \frac{\pi}{32}(D^4 - d^4)$$

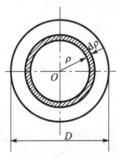

图 7-10　求圆形截面的极惯性矩

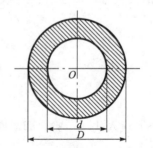

图 7-11　求环形截面的极惯性矩

如令 $d/D = \alpha$，则上式可写成

$$I_P = \frac{\pi D^4}{32}(1-\alpha^4) \approx 0.1D^4(1-\alpha^4)$$

环形截面的抗扭截面系数 W_P 为

$$W_P = \frac{I_P}{D/2} = \frac{\pi D^3}{16}(1-\alpha^4) \approx 0.2D^3(1-\alpha^4)$$

例 7.2 一轴 AB 传递的功率 P=7.5 kW，转速 n=360 r/min。轴的 AC 段为实心圆截面，CB 段为空心圆截面，如图 7-12 所示。已知 D=30 mm，d=20 mm。试计算 AC 段横截面边缘处的切应力以及 CB 段横截面上外边缘和内边缘上的切应力。

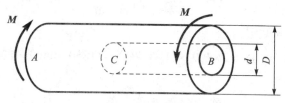

图 7-12 传动轴

解（1）计算扭矩。由式（7-1）可求得轴上的外力偶矩为

$$M = 9550\frac{P}{n} = 9550 \times \frac{7.5}{360} = 199(\text{N} \cdot \text{m})$$

由计算扭矩的规律可知 AC 段和 CB 段的扭矩均为

$$T = M = 199 \text{ N} \cdot \text{m}$$

（2）计算极惯性矩。

AC 段：$I_{P1} = \dfrac{\pi D^4}{32} = \dfrac{3.14 \times (30 \times 10^{-8})^4}{32} = 7.95 \times 10^{-8} \, (\text{m}^4)$

BC 段：$I_{P2} = \dfrac{\pi}{32}(D^4 - d^4) = \dfrac{3.14}{32}[(30 \times 10^{-3})^4 - (20 \times 10^{-3})^4] = 6.38 \times 10^{-8} \, (\text{m}^4)$

（3）计算切应力。AC 段轴横截面边缘处的切应力为

$$\tau_{\max} = \frac{T}{I_{P1}} \cdot \frac{D}{2} = \frac{199}{7.95 \times 10^{-8}} \times \frac{30 \times 10^{-3}}{2} = 37.5 \, (\text{MPa})$$

CB 段轴横截面内、外边缘处的切应力分别为

$$\tau_{内} = \frac{T}{I_{P2}} \cdot \frac{d}{2} = \frac{199}{6.38 \times 10^{-8}} \times \frac{20 \times 10^{-3}}{2} = 31.2 \times 10^6 \, (\text{N/m}^2) = 31.2 \, (\text{MPa})$$

$$\tau_{外} = \frac{T}{I_{P2}} \cdot \frac{D}{2} = \frac{199}{6.38 \times 10^{-8}} \times \frac{30 \times 10^{-3}}{2} = 46.8 \times 10^6 \, (\text{N/m}^2) = 46.8 \, (\text{MPa})$$

7.3.3 圆轴扭转时的强度条件

为保证圆轴正常工作，应使危险截面上最大工作切应力 $\tau_{\max}$ 不超过材料的许用切应力。由此得出圆轴扭转的强度条件为

$$\tau_{\max} = \frac{T_{\max}}{W_P} \leqslant [\tau] \tag{7-9}$$

扭转强度条件也可用来解决强度校核、选择截面尺寸及确定许可载荷等三类计算问题。

例7.3 图7-1所示汽车传动轴 AB 由无缝钢管制成,已知传递的最大转矩 M=2.5 kN·m,外径 D=100 mm,内径 d=94 mm,材料的许用应力 $[\tau]$=60 MPa。

(1)试校核该轴的强度;
(2)若改用相同材料的实心轴,并和原传动轴强度相同,试计算其直径 D_1;
(3)试计算空心轴和实心轴所用材料的质量之比。

解 (1)校核轴的强度。

① 计算扭矩 T。
$$T=M=2.5 \text{ kN·m}$$

② 计算抗扭截面系数 W_P。
$$W_P \approx 0.2D^3(1-\alpha^4) = 0.2 \times 100^3 \times (1-0.94^4) = 43\,850 \text{ (mm}^3\text{)} = 4\,385 \times 10^{-5} \text{ (m}^3\text{)}$$

③ 计算最大切应力。
$$\tau_{max} = \frac{T}{W_P} = \frac{2.5 \times 10^3}{4.385 \times 10^{-5}} = 57 \text{ (MPa)} < [\tau]$$

故传动轴 AB 的强度足够。

(2)改为实心轴,当材料相同和扭矩相等时,要使它们的强度相同,即使抗扭截面系数 W_P 相等,即 $0.2D_1^3$=43 850 mm³,故实心轴的直径为

$$D_1 = \sqrt[3]{\frac{43\,850}{0.2}} = 60 \text{ (mm)}$$

(3)当两者的材料相同及长度相等时,空心轴与实心轴所用材料的质量比即它们的横截面面积之比,即

$$\frac{A_{空}}{A_{实}} = \frac{\frac{\pi}{4}(D^2-d^2)}{\frac{\pi}{4}D_1^2} = \frac{100^2-94^2}{60^2} = 0.323 = 32.3\%$$

即空心轴的质量仅为实心轴的32.3%。

由此可见,在条件相同的情况下,采用空心轴可以节省大量材料,减轻自重,提高承载能力。因此在机床、汽车、飞机中的轴类零件大多采用空心轴。

7.4 圆轴扭转时的变形及刚度条件

【知识预热】

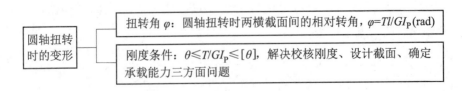

7.4.1 圆轴扭转时的变形

如前所述，轴的扭转变形用横截面间绕轴线的相对转角，即扭转角 φ 来表示。

由式（7-5）可知，相距 $\mathrm{d}x$ 的两截面间的扭转角为

$$\mathrm{d}\varphi = \frac{T}{GI_\mathrm{P}}\mathrm{d}x$$

所以，对于相距 l 的两横截面间的扭转角，则为

$$\varphi = \int_l d\varphi = \int_l \frac{T}{GI_\mathrm{P}}\mathrm{d}x = \frac{Tl}{GI_\mathrm{P}} \tag{7-10}$$

式（7-10）就是等直圆轴相对转角的计算公式。相对转角 φ 的单位是弧度（rad），其转向则与扭矩的转向相同，所以扭转角的正负符号随扭矩的正负符号而定。对于阶梯状圆轴以及扭矩分段变化的等截面圆轴，需分段计算相对转角，然后求代数和。

由式（7-10）可以看出，在 T 和 l 一定的情况下，GI_P 越大，则扭转角 φ 越小，说明圆轴的刚度越大。故称 GI_P 为截面的抗扭刚度，它反映了材料和横截面的几何因素对扭转变形的抵抗能力。

7.4.2 圆轴扭转时的刚度条件

圆轴扭转时，不仅要满足强度条件，还应有足够的刚度，否则将会影响机械的传动性能和加工所要求的精度。工程上通常是限制单位长度上的转角 θ，使它不超过规定的许可转角 $[\theta]$。

$$\theta = \frac{\varphi}{l} = \frac{T}{GI_\mathrm{P}} \tag{7-11}$$

于是，建立圆轴扭转的刚度条件为

$$\theta = \frac{T}{GI_\mathrm{P}} \leqslant [\theta] \tag{7-12}$$

式中，θ 的单位为 rad/m。

工程实际中，许用转角 $[\theta]$ 的单位为度/米（(°)/m），考虑单位的换算，则得

$$\theta = \frac{T}{GI_\mathrm{P}} \times \frac{180}{\pi} \leqslant [\theta] \tag{7-13}$$

单位长度的许可转角 $[\theta]$ 的数值，根据对机器的精度要求、工作条件等来确定，可查阅有关工程手册。

例 7.4 阶梯轴如图 7-13（a）所示，已知：M_1=5 kN·m，M_2=3.2 kN·m，M_3=1.8 kN·m；AB 段：l_{AB}=200 mm，d_{AB}=80 mm；BC 段：l_{BC}=250 mm，d_{BC}=50 mm；G=80 GPa，$[\theta]$=1.5°/m。

（1）求 C 截面相对于 A 截面的扭转角 φ_{CA}。

（2）校核该轴的刚度。

解（1）画扭矩图。按计算扭矩的规律算得各段的扭矩为

AB 段：
$$T_{AB}=M_2=3.2 \text{ kN·m}$$

BC 段：

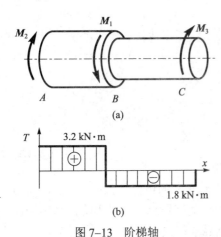

图 7-13 阶梯轴

$T_{BC}=-M_3=-1.8\ \text{kN}\cdot\text{m}$

根据上述结果即可画出扭矩图，如图 7-13（b）所示。

（2）求 C 截面相对于 A 截面的扭转角 φ_{CA}。

因为 $\varphi_{BA}=\dfrac{T_{AB}l_{AB}}{GI_{PAB}}=\dfrac{3.2\times10^3\times200\times10^{-3}}{80\times10^9\times0.1\times(80\times10^{-3})^4}$

$=1.95\times10^{-3}\ (\text{rad})$

$\varphi_{CB}=\dfrac{T_{BC}l_{BC}}{GI_{PBC}}=\dfrac{-1.8\times10^3\times250\times10^{-3}}{80\times10^9\times0.1\times(50\times10^{-3})^4}$

$=-9\times10^{-3}\ (\text{rad})$

所以 $\varphi_{CA}=\varphi_{BA}+\varphi_{CB}=1.95\times10^{-3}-9\times10^{-3}$

$=-7.05\times10^{-3}\ (\text{rad})=-0.404°$

（3）校核轴的刚度。

$\theta_{BA}=\dfrac{\varphi_{BA}}{l_{BA}}\times\dfrac{180}{\pi}=\dfrac{1.95\times10^{-3}\times180}{0.2\times\pi}=0.56°/\text{m}<[\theta]$

$\theta_{CB}=\dfrac{|\varphi_{CB}|}{l_{CB}}\times\dfrac{180}{\pi}=\dfrac{9\times10^{-3}\times180}{0.25\times\pi}=2.06°/\text{m}>[\theta]$

所以该轴的刚度不够。

例 7.5 等截面传动轴如图 7-14（a）所示。已知 $M_1=4.5\ \text{kN}\cdot\text{m}$，$M_2=9\ \text{kN}\cdot\text{m}$，$M_3=3\ \text{kN}\cdot\text{m}$，$M_4=1.5\ \text{kN}\cdot\text{m}$，材料的切变模量 $G=80\ \text{GPa}$，许用切应力 $[\tau]=80\ \text{MPa}$，许用转角 $[\theta]=0.3°/\text{m}$，试设计轴的直径。

解 （1）画扭矩图。

计算各截面扭矩得：$T_{AB}=M_1=4.5\ \text{kN}\cdot\text{m}$，$T_{BC}=M_1-M_2=-4.5\ \text{kN}\cdot\text{m}$，$T_{CD}=-1.5\ \text{kN}\cdot\text{m}$，扭矩图如图 7-14（b）所示。由扭矩图可知，$T_{\max}=4.5\ \text{kN}\cdot\text{m}$，发生在 AB 段和 BC 段。

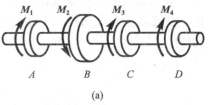

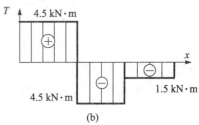

图 7-14 四轮传动轴

（2）按强度条件设计轴的直径。由剪切强度条件

$\tau_{\max}=\dfrac{T}{W_P}\leqslant[\tau]$ 及 $W_P=0.2d^3$ 得

$d\geqslant\sqrt[3]{\dfrac{T_{\max}}{0.2[\tau]}}=\sqrt[3]{\dfrac{4.5\times10^3}{0.2\times80\times10^6}}=0.066\ (\text{m})=66\ (\text{mm})$

（3）按刚度条件设计轴的直径。由刚度条件 $\theta=\dfrac{T}{GI_P}\times\dfrac{180}{\pi}\leqslant[\theta]$ 及 $I_P=0.1d^4$ 得

$d\geqslant\sqrt[4]{\dfrac{180T}{0.1\pi G[\theta]}}=\sqrt[4]{\dfrac{180\times4.5\times10^3}{0.1\times3.14\times80\times10^9\times0.3}}=0.102\ (\text{m})=102\ (\text{mm})$

经上述强度计算和刚度计算结果可知，该轴的直径应由刚度条件确定，现选用 $d=105\ \text{mm}$。

先导案例解决

因为圆轴扭转时切应力沿半径呈线性分布（图 7-8），圆心附近处应力较小，材料未能充分发挥作用。改为空心轴相当于把轴心处的材料移向边缘，从而提高了轴的强度。例 7.3 计算结果也说明，采用空心轴既可以节省材料、减轻自重，又可以保证轴的强度要求。

学 习 经 验

（1）采用式（7-1）计算外力偶矩时，注意对应的单位：外力偶矩 M（N·m）；轴传递的功率 P（kW）；轴的转速 n（r/min）。

（2）例 7.1 后的求扭矩的归纳小结，是通过直接观察的方法来列出某截面上的扭矩计算式，对提高运算速度、减少出错机会都有很大的帮助，需通过训练加以理解和掌握。

（3）结合图形直观理解圆截面和圆环截面上的切应力分布规律，并注意两者之间的区别。

（4）结合推导过程来理解圆截面极惯性矩 I_P 及抗扭截面系数 W_P 的意义，并掌握其计算公式。

（5）对本章中的一些重要公式，如功率与外力偶矩换算公式、强度条件、刚度条件等应在运用的基础上加深理解和记忆。

本 章 小 结

（1）圆轴扭转时，轴上所受的载荷是作用面垂直于轴线的力偶。用截面法和平衡条件可以求出内力——扭矩 T。扭转圆轴横截面上只有切应力，其方向垂直于半径；其大小与到截面圆心的距离成正比，在圆心处为零，边缘处最大，呈线性分布。最大切应力计算公式为

$$\tau_{max} = \frac{T_{max}}{W_P}$$

（2）W_P 是圆轴横截面的抗扭截面系数，它是度量轴抵抗扭转破坏能力的一个几何量。

对实心圆截面：

$$W_P = \frac{\pi D^3}{16} \approx 0.2 D^3$$

对空心圆截面：

$$W_P = \frac{\pi D^3}{16}(1-\alpha^4) \approx 0.2 D^3 (1-\alpha^4)$$

（3）圆轴扭转强度条件是

$$\tau_{max} = \frac{T_{max}}{W_P} \leqslant [\tau]$$

利用强度条件可以解决强度校核、确定截面尺寸和许用载荷等三类强度计算问题。

（4）等截面圆轴扭转时的变形计算公式为 $\varphi = \dfrac{Tl}{GI_P}$

等截面圆轴扭转的刚度条件是 $\theta = \dfrac{T_{max}}{GI_P} \times \dfrac{180}{\pi} \leqslant [\theta]$

（5）运用强度条件和刚度条件解决实际问题的步骤：
① 计算轴上外力偶矩；
② 计算内力（扭矩），并画出扭矩图；
③ 分析危险截面，即根据各段的扭矩与抗扭截面系数，找出最大切应力所在截面；
④ 计算危险截面的强度，必要时还应进行刚度计算。

思 考 题

1. 什么情况下圆轴发生扭转变形？扭转变形的特点是什么？
2. 试指出图 7-15 所示各轴哪些产生扭转变形。

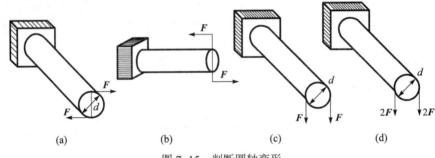

图 7-15 判断圆轴变形

3. 什么是扭矩？怎样计算截面上的扭矩？什么是扭矩图？扭矩图能说明哪些问题？
4. 圆轴扭转时，横截面上产生什么应力？它们是如何分布的？试画出应力分布图。
5. 写出圆轴扭转时横截面上最大切应力的计算公式。横截面上有无正应力？为什么？
6. 直径和长度相同而材料不同的两根实心轴，在相同扭矩作用下，它们的抗扭截面系数是否相同？最大切应力是否相同？扭转角是否相同？为什么？

习 题

1. 如题 1 图所示，圆轴上作用有四个外力偶，其力偶矩分别为 $M_1 = 1\,000$ N·m，$M_2 = 600$ N·m，$M_3 = 200$ N·m，$M_4 = 200$ N·m。
（1）作出该轴的扭矩图；
（2）若 M_1 与 M_2 的作用位置互换，扭矩图有何变化？

2. 题 2 图中传动轴的转速 $n = 1\,500$ r/min，主动轮输入功率 $P_1 = 40$ kW，从动轮输出功率 $P_2 = 25$ kW，$P_3 = 15$ kW。
（1）试求轴上各段的扭矩，并绘出扭矩图；
（2）从强度观点看，三个轮子如何布置比较合理？试求这种方案的 T_{max}。

3. 圆轴的直径 $d = 50$ mm，转速 $n = 120$ r/min。若该轴横截面上的最大切应力 $\tau_{max} = 60$ MPa，问圆轴传递的功率有多大？

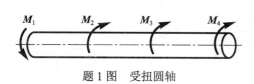
题 1 图　受扭圆轴

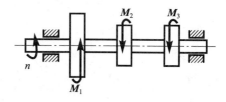
题 2 图　传动轴

4. 在保证相同的外力偶矩作用产生相等的最大切应力的前提下，用内、外径之比 $d/D=0.75$ 的空心轴代替实心轴，问能省多少材料？

5. 某快艇推进器的外径 $D=74$ mm，内径 $d=68$ mm，材料的许用切应力 $[\tau]=40$ MPa，传递的转矩 $M=500$ N·m。试校核此轴的强度。

6. 直径 $d=50$ mm 的实心圆轴，已知 $G=80$ GPa，承受力偶矩 $M=200$ N·m 而扭转，轴两端面间的扭转角为 $0.6°$，求此轴的长度。

7. 阶梯轴 AB 如题 7 图所示，已知 $d_1=70$ mm，$d_2=40$ mm，$M_A=1500$ N·m，$M_B=600$ N·m，$M_C=900$ N·m，$G=80$ GPa，$[\tau]=60$ MPa，$[\theta]=0.25°$/m。试校核轴的强度和刚度。

8. 一钢轴的转速 $n=240$ r/min，传递功率 $P=4.5$ kW。已知 $[\tau]=40$ MPa，$[\theta]=1°$/m，$G=80$ GPa，试按强度条件和刚度条件设计轴的直径。

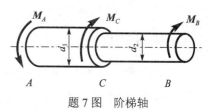
题 7 图　阶梯轴

第8章　平面弯曲内力

 本章知识点

1. 平面弯曲的概念。
2. 梁的内力——剪力和弯矩的求法。
3. 剪力方程与剪力图，弯矩方程与弯矩图。
4. 弯矩、剪力和载荷集度间的关系。

 先导案例

弯曲梁是工程中重要的变形构件。由于梁弯曲变形引起的强度失效及刚度失效都将造成工程中的重大事故，因此分析梁的弯曲变形及承载能力是非常必要和重要的。图 8-1 所示的桁车大梁在载荷和自重的作用下发生弯曲，那么，当电动葫芦移动到梁的中点处时，其内力值为多大呢？

8.1　平 面 弯 曲

 【知识预热】

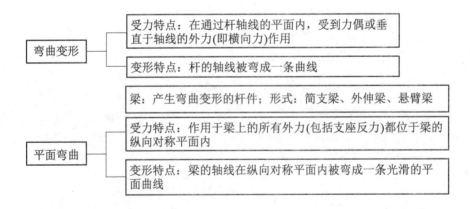

8.1.1　平面弯曲的概念

弯曲是工程实际中较常见的一种基本变形。例如图 8-1 桁车大梁 AB，在载荷 F 和自重 q 的作用下将变弯。又如图 8-2 所示的车刀，在切削力 F_c 的作用下也会变弯。这些构件的共同受力特点是：在通过杆轴线的平面内，受到力偶或垂直于轴线的外力（即横向力）作用。其变形特点是：杆的轴线被弯成一条曲线。这种变形称为弯曲变形。在外力作用下弯曲变形或以弯曲变形为主的杆件，习惯上称为梁。

工程上使用的直梁的横截面一般都有一个或几个对称轴（见图 8-1、图 8-2 横截面中的 y 轴和 z 轴）。由横截面的对称轴 y 轴与梁的轴线 x 组成的平面称为纵向对称平面。当作用于梁上的所有外力（包括支座反力）都位于梁的纵向对称平面内时，梁的轴线在纵向对称平面内被弯成一条光滑的平面曲线，这种弯曲变形称为平面弯曲（图 8-3）。

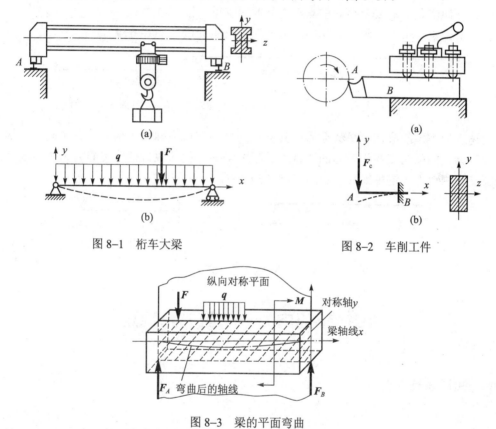

图 8-1 桁车大梁　　　　图 8-2 车削工件

图 8-3 梁的平面弯曲

8.1.2 梁的计算简图及分类

工程上梁的截面形状、载荷及支承情况一般都比较复杂，为了便于分析和计算，必须对梁进行简化，包括梁本身的简化、载荷的简化以及支座的简化等。

1. 梁本身的简化

不管直梁的截面形状多么复杂，都简化为一直杆，通常用梁的轴线来表示（图 8-1（b）和图 8-2（b））。

2. 载荷的简化

作用于梁上的外力，包括载荷和支座反力，可以简化为集中力、分布载荷和集中力偶三种形式。当载荷的作用范围较小时，简化为集中力；若载荷连续作用于梁上，则简化为分布载荷。沿梁轴线单位长度上所受的力即载荷集度，以 q（N/m）表示。集中力偶可理解为力偶的两力分布在很短的一段梁上。

3. 支座的简化

根据支座对梁约束的不同特点，支座可简化为静力学中的三种形式：活动铰链支座、固定铰链支座和固定端支座。

4. 梁的基本形式

根据支承情况，可将梁简化为三种形式：

（1）简支梁。一端是活动铰链支座，另一端为固定铰链支座的梁（图 8-4）。

（2）外伸梁。一端或两端伸出支座之外的简支梁（图 8-5）。

（3）悬臂梁。一端为固定端支座，另一端为自由的梁（图 8-6）。

图 8-4　简支梁　　　　图 8-5　外伸梁　　　　图 8-6　悬臂梁

上述三种类型的梁在承受载荷后，其支座约束力均可由静力平衡方程完全确定，这些梁称为静定梁。如梁的支座约束力的数目大于静力平衡方程的数目，应用静力平衡方程无法确定全部支座约束力，这种梁称为超静定梁（图 8-7）。

(a)　　　　　　　　　　　　　(b)

图 8-7　超静定梁

8.2　梁的内力——剪力与弯矩

【知识预热】

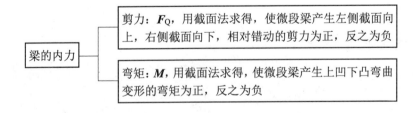

8.2.1　截面法求内力——剪力与弯矩

平面弯曲梁横截面上的内力分析是对梁进行强度和刚度计算的基础，为了求出梁横截面上的内力，仍然要采用截面法。

如图 8-8（a）所示简支梁受集中力 F_1、F_2、F_3 作用，为了求出距 A 端 x 处的横截面 1—1 上的内力，首先按梁的静力平衡条件，求出梁在载荷作用下的支座反力 F_A 和 F_B，然后沿截面 1—1 假想地把梁截开,把梁分成左、右两段,并以左段(也可取右段)部分为研究对象(图 8-8(b))。由平衡条件可知,在横截面 1—1 上必定有维持左段梁平衡的横向力 F_Q 以及力偶 M。按平衡条件,有

$$\sum F_y = 0, \quad F_A - F_Q - F_1 = 0$$

得

$$F_Q = F_A - F_1$$

以截面形心 C_1 为矩心,再由

$$\sum M_{C_1} = 0, \quad -F_A x + F_1(x-a) + M = 0$$

得

$$M = F_A x - F_1(x-a)$$

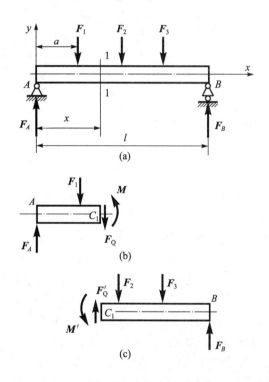

图 8-8 梁的剪力和弯矩

可见梁弯曲时,横截面上一般存在两个内力元素,其中 F_Q 是横截面上切向分布内力分量的合力,称为横截面 1—1 上的剪力;M 是横截面上法向分布内力分量的合力偶矩,称为横截面 1—1 上的弯矩。

根据作用和反作用定律,可知右段截面上同时存在与 F_Q 和 M 等值反向的 F'_Q 和 M'(图 8-8(c))。

8.2.2 剪力和弯矩的符号规定

为使取左段和取右段得到的剪力和弯矩符号一致,对剪力和弯矩的符号作如下规定:使微段梁产生左侧截面向上、右侧截面向下相对错动的剪力为正(图 8-9(a)),反之为负(图 8-9(b));使微段梁产生上凹下凸弯曲变形的弯矩为正(图 8-10(a)),反之为负(图 8-10(b))。

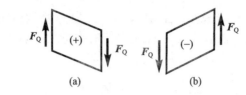

图 8-9　剪力的符号规定

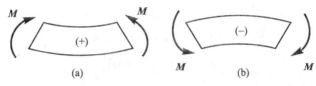

图 8-10　弯矩的符号规定

总结上例中对剪力和弯矩的计算，可以得出：横截面上的剪力在数值上等于该截面左段（或右段）梁上所有外力的代数和，即

$$F_Q = \sum F \tag{8-1}$$

横截面上的弯矩在数值上等于该截面左段（或右段）梁上所有外力对该截面形心 C 的力矩的代数和，即

$$M = \sum M_C \tag{8-2}$$

结合上述剪力和弯矩的符号规定，在应用式（8-1）和式（8-2）计算某截面上的剪力 F_Q 和弯矩 M 时，外力和外力矩正、负号的确定应遵循下述规则：

（1）计算剪力时，截面左侧向上的外力或截面右侧向下的外力取正号，反之取负号。

（2）计算弯矩时，截面左侧梁上的外力（或外力偶）对截面形心的力矩为顺时针转向，或截面右侧梁上的外力（或外力偶）对截面形心的力矩为逆时针转向时取正号，反之取负号。

上述结论可归纳为一个简单的口诀"计算剪力——外力左上右下为正；计算弯矩——外力矩左顺右逆为正"。这样，在计算梁某截面上的剪力和弯矩时，可不必再画分离体受力图、列平衡方程，而直接根据该截面左段或右段上的外力情况按式（8-1）和式（8-2）进行计算。

例 8.1　在图 8-11 中，简支梁受集中力 $F_1 = 1$ kN，$F_2 = 5$ kN 和集中力偶 $M = 4$ kN·m 的作用。试求 1—1 和 2—2 截面上的剪力和弯矩。

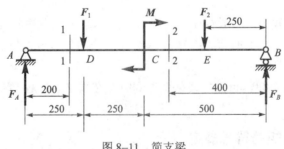

图 8-11　简支梁

解　（1）求支座约束力。设 F_A、F_B 方向向上，由平衡方程 $\sum M_B = 0$，得

$$F_1 \times 750 - F_A \times 1\,000 + F_2 \times 250 - M = 0$$

求得

$$F_A = -2 \text{ kN}$$

由 $\sum F_y = 0$，得 $F_A - F_1 - F_2 + F_B = 0$，求得

$$F_B = 8 \text{ kN}$$

（2）求指定截面上的剪力和弯矩。取 1—1 截面的左段梁为研究对象（假想用纸片将梁 1—1 截面右侧盖上），得

$$F_{Q1} = F_A = -2 \text{ kN}$$
$$M_1 = F_A \times 0.2 = -0.4 \text{ kN} \cdot \text{m}$$

取 2—2 截面的左段梁为研究对象（假想用纸片将梁 2—2 截面右侧盖上），得

$$F_{Q2} = F_A - F_1 = -3 \text{ kN}$$
$$M_2 = F_A \times 0.6 - F_1 \times 0.35 + M = -2 \times 0.6 - 1 \times 0.35 + 4 = 2.45 \text{ (kN} \cdot \text{m)}$$

若由截面右侧外力计算（假想用纸片将截面左段盖上），计算结果完全相同，不妨验算一下。

8.3 剪力图与弯矩图

【知识预热】

8.3.1 剪力方程和弯矩方程

从上节讨论可以看出，在一般情况下，梁横截面上的剪力和弯矩是随截面位置而发生变化的。如果把梁轴线作为 x 轴，横截面的位置可用 x 来表示，则梁内各横截面上的剪力和弯矩都可以表示为 x 的函数，即

$$\begin{cases} F_Q = F_Q(x) \\ M = M(x) \end{cases}$$

上述两式即梁的剪力方程和弯矩方程。在列剪力方程和弯矩方程时，应根据梁上载荷的分布情况分段进行，集中力（包括支座反力）、集中力偶的作用点和分布载荷的起止点均为分段点。

8.3.2 剪力图与弯矩图

为了明显地看出梁的各横截面上剪力和弯矩沿梁轴线的分布情况，通常按 $F_Q = F_Q(x)$ 和 $M = M(x)$ 绘出函数图形，这种图形分别称为剪力图与弯矩图。

利用剪力图和弯矩图很容易确定梁的最大剪力和最大弯矩，找出梁危险截面的位置。所以，正确绘制剪力图和弯矩图是梁的强度和刚度计算的基础。

下面举例说明如何列剪力方程和弯矩方程以及绘制剪力图和弯矩图的方法。

例 8.2 一简支梁 AB 在 C 处受集中力 F 作用（图 8-12（a）），试作此梁的剪力图和弯矩图。

解 （1）求支座约束力。由静力平衡方程求得

$$F_A = \frac{Fb}{l}, \quad F_B = \frac{Fa}{l}$$

（2）列剪力方程和弯矩方程。由于 C 点受集中力 F 作用，引起 AC、CB 两段的剪力方程和弯矩方程各不相同，故应分段列方程。建立如图 8-12（a）所示坐标系。

对 AC 段，取 x_1 截面的左段梁为研究对象，可得

$$F_Q(x_1) = F_A = \frac{Fb}{l} \qquad (0 < x_1 < a) \tag{a}$$

$$M(x_1) = F_A \cdot x_1 = \frac{Fb}{l}x \qquad (0 \leqslant x_1 \leqslant a) \tag{b}$$

对 CB 段，取 x_2 截面的左段梁为研究对象，可得

$$F_Q(x_2) = F_A - F = -\frac{Fa}{l} \qquad (a < x_2 < l) \tag{c}$$

$$M(x_2) = F_A \cdot x_2 - F(x_2 - a) = \frac{Fa}{l}(l - x) \qquad (a \leqslant x_2 \leqslant l) \tag{d}$$

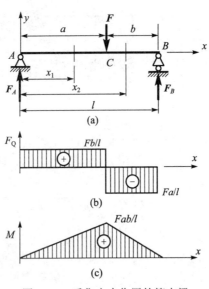

图 8-12 受集中力作用的简支梁

（3）绘制剪力图和弯矩图。根据式（a）、式（c）作剪力图，如图 8-12（b）所示；根据式（b）、式（d）作弯矩图，如图 8-12（c）所示。

可以看出，横截面 C 的弯矩最大，其值为

$$M_{\max} = \frac{Fab}{l}$$

如果 $a > b$，则 CB 段的剪力绝对值最大，其值为

$$|F_Q|_{\max} = \frac{Fa}{l}$$

从剪力图和弯矩图中可以看出，在集中力作用处，其左、右两侧横截面上的弯矩相同，而剪力发生突变，突变值等于该集中力的大小。

例 8.3 一简支梁 AB 在 C 处受集中力偶 M 作用（图 8–13（a）），试作此梁的剪力图和弯矩图。

解 （1）求支座约束力。由静力平衡方程求得 $F_A = \dfrac{M}{l}$，$F_B = \dfrac{M}{l}$（方向如图 8–13（a）所示）。

（2）列剪力方程和弯矩方程。由于 C 点受集中力偶 M 作用，引起 AC、CB 两段的剪力方程和弯矩方程各不相同，故应分段列方程。建立如图 8–13（a）所示坐标系。

对 AC 段，取 x_1 截面的左段梁为研究对象，可得

$$F_Q(x_1) = -F_A = -\frac{M}{l} \qquad (0 < x_1 \leqslant a) \tag{a}$$

$$M(x_1) = -F_A \cdot x_1 = -\frac{M}{l} x_1 \qquad (0 \leqslant x_1 < a) \tag{b}$$

对 CB 段，取 x_2 截面的左段梁为研究对象，可得

$$F_Q(x_2) = -F_A = -\frac{M}{l} \qquad (a \leqslant x_2 < l) \tag{c}$$

$$M(x_2) = -F_A \cdot x_2 + M = -\frac{M}{l} x_2 + M \qquad (a < x_2 \leqslant l) \tag{d}$$

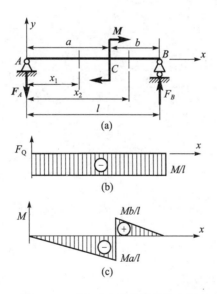

图 8–13 受集中力偶作用的简支梁

（3）绘制剪力图和弯矩图。根据式（a）、式（c）作剪力图，如图 8–13（b）所示；根据式（b）、式（d）作弯矩图，如图 8–13（c）所示。

从剪力图和弯矩图中可以看出,在集中力偶作用处,其左、右两侧横截面上的剪力相同,而弯矩发生突变,突变值等于该集中力偶的大小。

例 8.4 一简支梁 AB 受均布载荷 q 作用(图 8–14(a)),试作此梁的剪力图和弯矩图。

解 (1)求支座约束力。由静力平衡方程求得

$$F_A = F_B = \frac{ql}{2}$$

(2)列剪力方程和弯矩方程。取如图 8–14(a)所示的坐标系,利用截面法,假想在距 A 端 x 处将梁截开,并以左段为研究对象(图 8–14(b))。在左段梁上,分布载荷的合力为 qx,作用在该段的中点。根据平衡条件,得

$$F_Q(x) = F_A - qx = \frac{ql}{2} - qx \quad (0<x<l) \tag{a}$$

$$M(x) = F_A \cdot x - \frac{q}{2}x^2 = \frac{ql}{2}x - \frac{q}{2}x^2 \quad (0 \leqslant x \leqslant l) \tag{b}$$

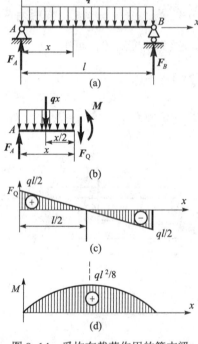

图 8–14 受均布载荷作用的简支梁

(3)绘制剪力图和弯矩图。由式(a)知 F_Q 是 x 的线性函数,当 $x=0$ 时,$F_Q = \dfrac{ql}{2}$;当 $x=l$ 时,$F_Q = -\dfrac{ql}{2}$。所以梁的剪力图如图 8–14(c)所示。

由式(b)可知,M 是 x 的二次函数,其图像为开口向下的二次抛物线。为了求得抛物线的极值点的位置,令 $\dfrac{dM}{dx} = \dfrac{ql}{2} - qx = 0$,得 $x=0.5l$。可见在剪力图上 $F_Q=0$ 的横截面上弯矩取

得极值。由三点 $x=0$, $x=0.5l$ 和 $x=l$ 的弯矩值 $M(0)=0$, $M\left(\dfrac{l}{2}\right)=\dfrac{ql^2}{8}$ 和 $M(l)=0$ 即可绘出弯矩图，如图 8-14（d）所示。

从剪力图和弯矩图中可以看出 $F_{Qmax}=\dfrac{ql}{2}$, $M_{max}=\dfrac{ql^2}{8}$。

8.4 弯矩、剪力和载荷集度

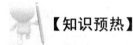

【知识预热】

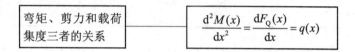

8.4.1 弯矩、剪力和载荷集度间的关系

在上节例 8.4 中，梁的剪力方程和弯矩方程分别为

$$F_Q(x)=\dfrac{ql}{2}-qx$$

$$M(x)=\dfrac{ql}{2}x-\dfrac{q}{2}x^2$$

若将弯矩方程和剪力方程分别对 x 求导，则可分别得剪力方程和载荷集度（设 q 向上为正）

$$\left.\begin{array}{l}\dfrac{dM(x)}{dx}=\dfrac{ql}{2}-qx=F_Q(x)\\[6pt]\dfrac{dF_Q(x)}{dx}=-q\end{array}\right\} \qquad (8-3)$$

由式（8-3）不难看出

$$\dfrac{d^2M(x)}{dx^2}=\dfrac{dF_Q(x)}{dx}=q(x) \qquad (8-4)$$

式（8-4）表明了同一截面处 $M(x)$、$F_Q(x)$、$q(x)$ 三者之间的关系。

8.4.2 利用 $M(x)$、$F_Q(x)$、$q(x)$ 三者之间的关系绘剪力图和弯矩图

掌握了弯矩、剪力和载荷集度间的关系，有助于正确、简捷地绘制剪力图和弯矩图。同时也可检查已绘制好的剪力图和弯矩图，判断其正误。

从式（8-3）和集中力、集中力偶作用处内力图的变化规律，可以将剪力图、弯矩图和梁上载荷三者之间的一些常见的规律小结如表 8-1 所示。

表 8–1　F_Q、M 图特征表

载荷类型	无载荷段 $q(x)=0$	均布载荷段 $q(x)=C$		集中力		集中力偶	
		$q<0$	$q>0$	↓F / C	C / ↑F	←M / C	M→ / C
F_Q 图	水平线 →	倾斜线 ↘	倾斜线 ↗	产生突变		无影响	
M 图	$F_Q>0$ 倾斜线 ↗	$F_Q=0$ 水平线 →	$F_Q<0$ 倾斜线 ↘	二次抛物线，$F_Q=0$ 处有极值		在 C 处有折角	产生突变

利用表 8–1 指出的规律以及通过求出梁上某些特殊截面的内力值，可以不必再列出剪力方程和弯矩方程而直接绘制剪力图和弯矩图。下面举例说明。

例 8.5　外伸梁 AB 的受力情况如图 8–15（a）所示，试作梁的剪力图和弯矩图。

解　（1）求支座约束力。以梁 AB 为研究对象并列平衡方程：

$$\sum M_A(F)=0，F\times 2-M-8q\times 4+8F_B=0$$

代入已知数据，解得

$$F_B=14\text{ kN}$$

由

$$\sum F_y=0，F_A+F_B-F-8q=0$$

得

$$F_A=F+8q-F_B=10+8\times 4-14=28\text{（kN）}$$

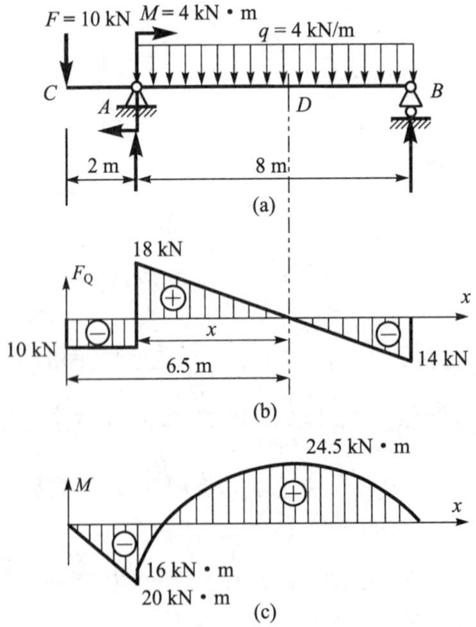

图 8–15　外伸梁

（2）画梁的剪力图和弯矩图。

① 分段。根据受载情况将梁分为 CA、AB 两端。

② 标值。计算各段梁的起点和终点的剪力值和弯矩值，列表如下：

分段	CA		AB	
横截面	C_+	A_-	A_+	B_-
F_Q 值/kN	−10	−10	18	−14
M 值/(kN·m)	0	−20	−16	0

截面 C_+ 代表离截面 C 无限近并位于其右侧的横截面，截面 A_- 代表离截面 A 无限近并位于其左侧的横截面，其余类同。

③ 判断各段剪力图和弯矩图的形状特征，并列表如下：

分段	CA	AB
载荷	$q=0$	$q<0$
F_Q 图	水平直线	右下倾斜直线
M 图	右下倾斜直线	⌢

④ 连线。由上述两表知梁各段的剪力数值和剪力图特征，画出 F_Q 图（图 8-15（b））。

由图 8-15（b）可见，在 AB 段的横截面 D 处，F_Q 为零，故 M 图在 D 处有极值，设 AD=x，由图 8-15（b）可得

$$x:(8-x) = 18:14$$
$$x = 4.5 \text{ m}$$

则截面 D 处的弯矩值为

$$M_D = -10\times(2+4.5)+4+28\times4.5-4\times4.5\times4.5/2=24.5 \text{ (kN·m)}$$

根据梁各段的弯矩图形状特征表，弯矩图在 CA 段内为右下倾斜的直线，AB 段内为上凸的抛物线，结合表中的数据可绘出 M 图（图 8-15（c））。

先导案例解决

为讨论方便，假设图 8-1 所示的桁车大梁，移动到梁中点处的起吊重物和电动葫芦自重简化为集中力 F，梁的自重视为均布载荷 q，梁的跨度为 l，则桁车大梁可简化为图 8-16（a）所示的简支梁。桁车大梁的各截面上剪力和弯矩可分别看成由集中力 F 和均布载荷 q 作用的叠加。

根据例 8.2 知，当集中力 F 作用在梁的中点 C 时有 $a=b=l/2$，则

$$F_{QC^-} = -F_{QC^+} = F/2 \text{（极小值）}$$
$$M_{CF} = Fl/4 \text{（极大值）}$$

根据例 8.4 知，在均布载荷 q 作用下，在梁的中点 C 处有

$$F_{QC}=0$$
$$M_{Cq}=ql^2/8 \text{（极大值）}$$

由此可得，C 截面上的剪力取得最小值 $F_{Qmin}=F_{QC^-}=-F_{QC^+}=F/2$，如图 8-16（b）所示；又因 F 和 q 同向，大梁中点截面 C 处弯矩为最大值 $M_{Cmax}=M_{CF}+M_{Cq}=Fl/4+ql^2/8$，如图 8-16（c）所示。

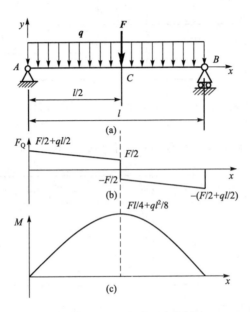

图 8-16　桁车大梁内力图

学 习 经 验

画剪力图和弯矩图既是重点又是难点。学习时可分两步走：
（1）应首先掌握利用剪力、弯矩方程画 Q、M 图这一最基本方法。
（2）归纳 Q、M 的计算方法和画 Q、M 规律，能够不列 Q、M 方程直接画出剪力图和弯矩图。

本 章 小 结

（1）直梁的纵向对称平面内受到外力（或力偶）作用时，梁的轴线由直线变成一条平面曲线，这种变形称为平面弯曲。
（2）平面弯曲梁的横截面上有两个内力——剪力和弯矩。其正负号按变形规定，如图 8-9 和图 8-10 所示。
计算梁横截面上的剪力和弯矩可按口诀"计算剪力——外力左上右下为正；计算弯矩——外力矩左顺右逆为正"，依据所求截面左段或右段梁上的外力的方向及对截面形心力矩的转向直接求得。

（3）根据剪力方程和弯矩方程画剪力图和弯矩图的步骤：
① 求解支座约束力。
② 分段。集中力、集中力偶作用的作用点和分布载荷的起止点都是分段点。
③ 列出各段的剪力方程和弯矩方程。
④ 按剪力方程和弯矩方程画剪力图和弯矩图。

（4）根据弯矩、剪力和载荷集度之间的关系，可得出表8–1所示的一些规律，并依此直接绘制剪力图和弯矩图或对已画的内力图进行校核。

思 考 题

1. 具有对称截面的直梁发生平面弯曲的条件是什么？
2. 常见的载荷有哪几种？典型的支座有哪几种？
3. 剪力和弯矩的正负号是按什么原则确定的？它与坐标的选择是否有关？弯矩与静力学中力偶的符号规定有何区别？
4. 在图8–17所示的截面上已画出了弯矩 M 和剪力 F_Q 的实际方向，试判断它们的符号。
5. 如何理解在集中力作用处，剪力图有突变；在集中力偶作用处，弯矩图有突变？
6. 弯矩 M、剪力 F_Q、载荷集度 q 三者之间存在什么关系？如何利用它们的关系来画剪力图和弯矩图？

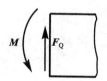

图8–17 判断 M 和 F_Q 符号

习 题

1. 试求题1图所示的各梁指定截面上的剪力和弯矩。设 F、q、a 均为已知。

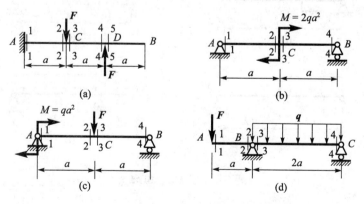

题1图 截面的内力

2. 试列出题2图所示各梁的剪力方程和弯矩方程，画剪力图和弯矩图，并求出 F_{Qmax} 和 M_{max}。设 F、q、l、a 均为已知。

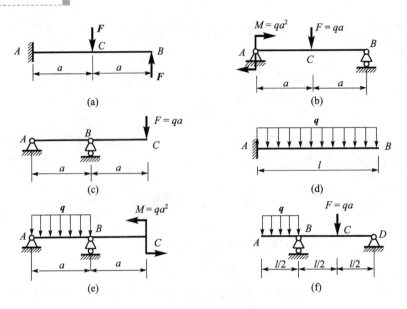

题 2 图　画剪力图和弯矩图

3. 如题 3 图所示，试利用载荷、剪力和弯矩间的关系作出梁的剪力图和弯矩图，并求出 F_{Qmax} 和 M_{max}。设 F、q、l、a 均为已知。

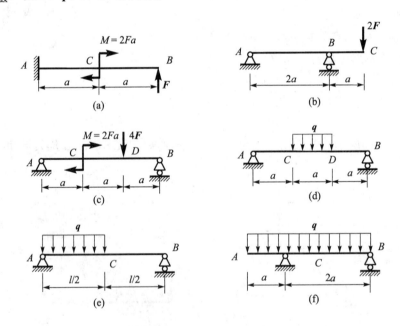

题 3 图　求 F_{Qmax} 和 M_{max}

4. 如题 4 图所示，已知悬臂梁的剪力图，试画此梁的载荷图和弯矩图（设梁上无集中力偶作用）。

5. 利用 F_Q、M 图的规律检查题 5 图中的 F_Q、M 图是否有错，并改正图中的错误。

第8章 平面弯曲内力

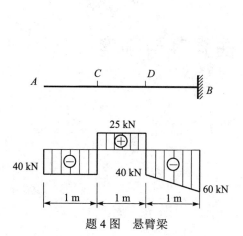

题 4 图 悬臂梁

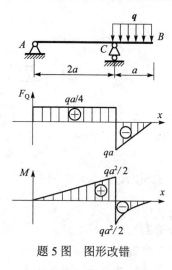

题 5 图 图形改错

第9章 弯曲强度与刚度

 本章知识点

1. 纯弯曲概念，弯曲正应力分布规律及计算。
2. 常用截面的惯性矩及抗弯截面系数的计算。
3. 组合截面的惯性矩计算方法。
4. 梁弯曲的正应力强度条件及计算。
5. 梁弯曲的切应力强度条件及计算。
6. 梁的刚度条件及刚度计算。

 先导案例

在第8章的案例中主要讨论了桁车大梁的剪力和弯矩，如何根据工作要求来设计桁车大梁，保证其安全可靠地运行？设计时应考虑哪些方面的问题呢？

梁弯曲时的内力为剪力和弯矩。通过以下的分析可知，梁横截面上的弯矩是由截面上的正应力形成的，而剪力则由截面上的切应力所形成。本章将在梁弯曲时的内力分析的基础上，导出梁弯曲时的应力与变形的计算，建立梁的强度和刚度条件。

9.1 梁弯曲时横截面上的正应力

 【知识预热】

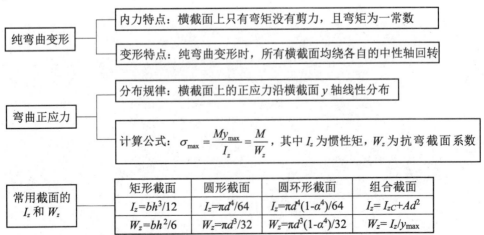

9.1.1 纯弯曲变形

一般情况下，梁横截面上既有弯矩又有剪力。对于横截面上的某点而言，则既有正应力又有切应力。但是，梁的强度主要取决于横截面上的正应力，切应力居次要地位。所以本节将讨论梁在纯弯曲（截面上没有剪力）时横截面上的正应力。

一矩形截面等直梁如图 9–1（a）所示。梁上作用着两个对称的集中力 F，该梁的剪力图和弯矩图如图 9–1（b）、（c）所示，在梁的 CD 段内，横截面上只有弯矩没有剪力，且全段内弯矩为一常数，这种弯曲称为纯弯曲。

将图 9–1（a）中梁受纯弯曲的 CD 段作为研究对象。变形之前在表面画些平行于梁轴线的纵线 ab、cd 和垂直于梁轴线的横线 1—1、2—2（图 9–2（a））。然后在梁的纵向对称面内施加一对大小相等、方向相反的力偶 M，使梁产生纯弯曲变形（图 9–2（b））。这时可观察到下列变形现象：

（1）横向线 1—1 和 2—2 仍为直线，且仍与梁轴线正交，但两线不再平行，相对倾斜角度 θ。

（2）纵向线变为弧线，轴线以上的纵向线缩短（如 ab），轴线以下的纵向线伸长（如 cd）。

（3）在纵向线的缩短区，梁的宽度增大；在纵向线的伸长区，梁的宽度减小。情况与轴向拉伸、压缩时的变形相似。

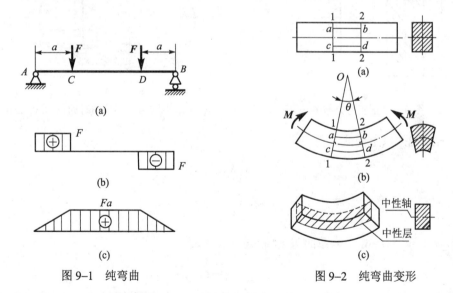

图 9–1　纯弯曲　　　　　　　　图 9–2　纯弯曲变形

根据上述现象，可对梁的变形提出如下假设：

（1）平面假设：梁弯曲变形时，其横截面仍保持平面，且绕某轴转过了一个微小的角度。

（2）单向受力假设：设梁由无数纵向纤维组成，则这些纤维处于单向受拉或单向受压状态。由此可以判断纯弯曲梁横截面上只有正应力，而不会有切应力。

由于变形的连续性，伸长和缩短的长度是逐渐变化的。从伸长区过渡到缩短区，中间必有一层纤维既不伸长也不缩短，这层纤维称为中性层（图 9–2（c）），中性层与横截面的交线称为中性轴 z。梁弯曲变形时，所有横截面均绕各自的中性轴回转。

9.1.2 正应力分布规律

根据平面假设可得出矩形截面梁在纯弯曲时的正应力分布规律：
（1）中性轴上的线应变为零，所以其正应力亦为零。
（2）距中性轴距离相等的各点，其线应变相等，根据胡克定律，它们的正应力也相等。
（3）横截面上的正应力沿横截面 y 轴线性分布，即 $\sigma=Ky$，或 $K=\dfrac{\sigma}{y}$，K 为待定常数，如图 9–3 所示。

9.1.3 弯曲正应力的计算

在纯弯曲梁的横截面上任取一微面积 dA（图 9–4），微面积上的微内力为 σdA。由于横截面上的内力只有弯矩 M，所以由横截面上的微内力构成的合力必为零，而梁横截面上的微内力对中性轴 z 的合力矩就是弯矩 M，即

$$F_N = \int_A \sigma dA = 0, \quad M = \int_A y\sigma dA$$

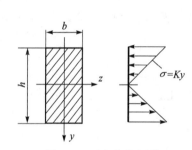
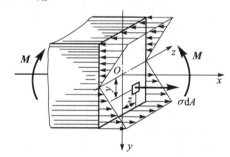

图 9–3 正应力分布图　　　　图 9–4 梁弯曲时的内力和应力

将 $\sigma=Ky$ 代入以上两式，得

$$F_N = \int_A Ky dA = 0 \tag{9–1}$$

$$M = \int_A Ky^2 dA \tag{9–2}$$

式中，$\int_A y dA = y_c \cdot A = S_z^*$，为截面对 z 轴的静矩，故有

$$y_c \cdot A = 0$$

显然，横截面面积 $A \neq 0$，只有 $y_c = 0$，说明中性轴 z 轴通过截面形心。

式中，$\int_A y^2 dA$ 为截面对 z 轴的惯性矩，记作 I_z，单位为 m^4 或 mm^4。

故有

$$KI_z = M \tag{9–3}$$

将 $K = \dfrac{\sigma}{y}$ 代入式（9–3），得

$$\sigma = \dfrac{My}{I_z} \tag{9–4}$$

式（9–4）即梁的正应力计算公式。

由式（9–4）可以看出：中性轴上 $y=0$，故 $\sigma=0$；$y=y_{max}$ 时 $\sigma=\sigma_{max}$，最大正应力产生在离中性轴最远的边缘上，即

$$\sigma_{max} = \frac{My_{max}}{I_z} \tag{9–5}$$

令

$$W_z = \frac{I_z}{y_{max}}$$

则

$$\sigma_{max} = \frac{M}{W_z} \tag{9–6}$$

式中，W_z 称为抗弯截面系数，单位为 m³ 或 mm³。

I_z 和 W_z 都是与截面有关的几何量。有关型钢的 I_z 和 W_z 可在相关工程手册中查到。

式（9–4）和式（9–6）是由纯弯曲梁变形推导出的，但只要梁具有纵向对称面，且载荷作用在对称面内，则当梁的跨度较大时，对梁横截面上既有弯矩又有剪力，也可应用式（9–6）计算最大正应力。当梁横截面上的最大应力大于比例极限时，此式不再适用。

9.1.4 常用截面的惯性矩的计算

为了应用式（9–4），必须解决惯性矩 I_z 的计算问题。根据

$$I_z = \int_A y^2 dA$$

即可导出梁的截面为各种形状时 I_z 的计算公式。

1. 矩形截面的惯性矩 I_z

图 9–5 所示矩形截面，其高度为 h，宽度为 b，通过形心 O 的轴为 z 和 y。为了计算该截面对 z 轴的惯性矩 I_z，可取平行于 z 轴的狭长条为微面积，即 $dA=bdy$，这样矩形截面对 z 轴的惯性矩为

$$I_z = \int_A y^2 dA = \int_{-h/2}^{h/2} by^2 dy = \frac{bh^3}{12} \tag{9–7a}$$

相应地，抗弯截面系数为

$$W_z = \frac{I_z}{y_{max}} = \frac{bh^2}{6} \tag{9–7b}$$

2. 圆形截面的惯性矩 I_z

下面我们直接给出圆形截面的和圆环形截对中性轴的惯性矩 I_z 的计算公式。

（1）圆形截面（图 9–6）的惯性矩

$$I_z = \frac{\pi d^4}{64} \tag{9–8a}$$

其抗弯截面系数为

$$W_z = \frac{\pi d^3}{32} \tag{9–8b}$$

（2）圆环形截面（图 9–7）的惯性矩

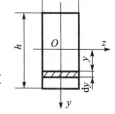

图 9–5 矩形截面

$$I_z = \frac{\pi}{64}(D^4 - d^4) = \frac{\pi D^4}{64}(1-\alpha^4) \qquad (9\text{-}9a)$$

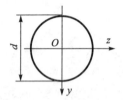
图 9-6 圆形截面

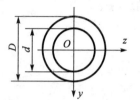
图 9-7 圆环形截面

其抗弯截面系数为

$$W_z = \frac{\pi D^3}{32}(1-\alpha^4) \qquad (9\text{-}9b)$$

式中，D 和 d 分别为圆环形截面外圆和内圆的直径，α 为内、外径的比值。

3. 组合截面的惯性矩 I_z

有一些梁的截面是由几个简单图形组合而成的，在求这种组合图形的截面惯性矩时，就需要用下面的平行移轴公式。

设有一平面图形，通过形心 C 点的轴线 z_C 与相互平行的 z 轴的距离为 d，若图形面积为 A，对于 z_C 轴的惯性矩为 I_{zC}，则此图形对于 z 轴的惯性矩

$$I_z = I_{zC} + Ad^2 \qquad (9\text{-}10)$$

即截面对任一轴 z 的惯性矩，等于它对平行于该轴的形心轴 z_C 的惯性矩，加上截面面积与两平行轴距离平方之积。式（9-10）称为惯性矩的平行移轴公式。下面用例题来说明具体的计算方法。

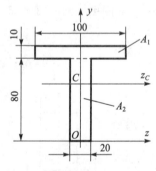
图 9-8 T形截面

例 9.1 T形截面的尺寸如图 9-8 所示，求其对通过其形心且与底边平行的 z_C 轴的惯性矩。

解 建立图示坐标系 yOz。

（1）确定截面形心的位置。

$$y_C = \frac{A_1 y_1 + A_2 y_2}{A_1 + A_2}$$

$$= \frac{10 \times 100 \times (80+5) + 80 \times 20 \times 40}{10 \times 100 + 80 \times 20}$$

$$= 57.3 \text{（mm）}$$

（2）计算两矩形截面对 T 形截面对 z_C 的惯性矩。

$$I_{zC1} = \frac{100 \times 10^3}{12} + 10 \times 100 \times (85-57.3)^2 = 77.5 \times 10^4 \text{（mm}^4\text{）}$$

$$I_{zC2} = \frac{20 \times 80^3}{12} + 20 \times 80 \times (57.3-40)^2 = 133.2 \times 10^4 \text{（mm}^4\text{）}$$

所以

$$I_{zC} = I_{zC1} + I_{zC2} = 200.7 \times 10^4 \text{ mm}^4$$

在应用平行移轴公式时应注意，只能从各截面的形心轴平行地移到另一轴，反之则不可。

显而易见，过形心轴的惯性矩值最小。

9.2 梁弯曲时正应力强度计算

【知识预热】

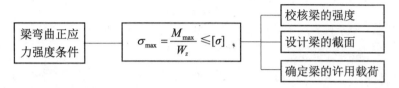

为了保证梁在载荷作用下能够正常工作，必须使梁具备足够的强度。也就是说，梁的最大正应力值不得超过梁材料在单向受力状态（轴向拉、压情况）下的许用应力值$[\sigma]$，即

$$\sigma_{max} = \frac{M_{max}}{W_z} \leqslant [\sigma] \qquad (9-11)$$

式（9-11）就是梁弯曲时的正应力强度条件。需要指出的是，式（9-11）只适用于许用拉应力$[\sigma_l]$和许用压应力$[\sigma_y]$相等的材料。如果两者不相等（如铸铁等脆性材料），为保证梁的受拉部分和受压部分都能正常工作，应该按拉伸和压缩分别建立强度条件，即

$$\sigma_{lmax} \leqslant [\sigma_l], \quad \sigma_{ymax} \leqslant [\sigma_y] \qquad (9-12)$$

运用梁弯曲时的正应力强度条件，可对梁进行强度校核、截面设计和确定梁的许用载荷等三类强度问题计算。

例 9.2 设矩形截面外伸梁 ABC（图 9-9（a））在 C 端受集中力 $F=5.4$ kN 作用，其许用应力$[\sigma]=90$ MPa，试分析：

（1）梁是否满足强度条件？

（2）若选用 No.12.6 工字钢，梁是否满足强度条件？

（3）求 No.12.6 工字钢与矩形截面积之比 $\dfrac{A_\text{工}}{A_\text{矩}}$。

解 （1）校核矩形截面梁的强度。

作弯矩图如图 9-9（b）所示。

梁 ABC 为等截面直梁，最大弯曲正应力发生在弯矩最大的截面上，所以截面 B 为危险截面。

由式（9-11）得

$$\sigma_{max} = \frac{M_{max}}{W_z} = \frac{5.4 \times 10^3}{40 \times 90^2 \times 10^{-9} \div 6} = 100（\text{MPa}）> [\sigma]$$

故该矩形截面梁不满足强度条件。

（2）校核 No.12.6 工字钢截面梁的强度。

查附录得 No.12.6 工字钢的抗弯截面系数 $W_z=77.529$ cm³。

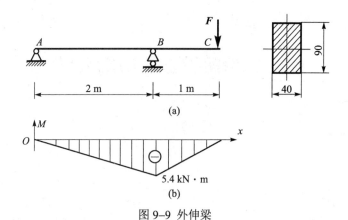

图 9-9 外伸梁

由强度条件得

$$\sigma_{\max} = \frac{M_{\max}}{W_z} = \frac{5.4 \times 10^3}{77.529 \times 10^{-6}} = 69.7 \,(\text{MPa}) < [\sigma]$$

故选用 No.12.6 工字钢，梁满足强度要求。

（3）计算 $\dfrac{A_{\text{工}}}{A_{\text{矩}}}$。

$$A_{\text{矩}} = 40 \times 90 \times 10^{-6} = 3.6 \times 10^{-3} \,(\text{m}^2)$$

查附录得 No.12.6 工字钢的截面积

$$A_{\text{工}} = 18.1 \text{ cm}^2 = 1.81 \times 10^{-3} \text{ m}^2$$

因此

$$\frac{A_{\text{工}}}{A_{\text{矩}}} = \frac{1.81 \times 10^{-3} \text{ m}^2}{3.6 \times 10^{-3} \text{ m}^2} \approx 0.5$$

例9.3 图 9-10（a）所示为齿轮轴简图。已知齿轮 C 受径向力 F_1=3 kN，齿轮 D 受径向力 F_2=6 kN，材料的许用应力 $[\sigma]$=100 MPa。试确定轴的直径（设暂不考虑齿轮上所受的圆周力）。

解 （1）绘制轴的简图。将齿轮轴简化成受二集中力作用的简支梁 AB（图 9-10（b））。

（2）由静力学平衡方程求出梁的支座约束力为

$$F_A = 4 \text{ kN}, \quad F_B = 5 \text{ kN}$$

（3）绘弯矩图如图 9-10（c）所示。最大弯矩在截面 D 处，M_D=750 N·m。

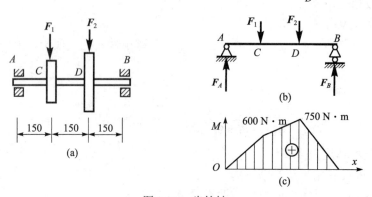

图 9-10 齿轮轴

(4) 根据强度条件确定轴的直径。设轴的直径为 d，则其抗弯截面系数为 $W_z \approx 0.1d^3$。

由
$$\sigma_{max} = \frac{M_{max}}{W_z} \leq [\sigma]$$

得
$$0.1d^3 \geq \frac{M_{max}}{\sigma_{max}}$$

即
$$d \geq \sqrt[3]{\frac{M_{max}}{0.1[\sigma]}} = \sqrt[3]{\frac{750}{0.1 \times 100 \times 10^6}} \approx 4.2 \times 10^{-2} \text{（m）}$$

取齿轮轴的直径 d=42 mm。

例9.4 T形截面梁的受力及支承情况如图9–11（a）所示。材料的许用拉应力[σ_l]=32 MPa，许用压应力[σ_y]=70 MPa。试校核梁的强度。

解 （1）由静力平衡程求出支座约束力为
$$F_B=30 \text{ kN}, \quad F_D=10 \text{ kN}$$

（2）作出 M 图。B 截面有最大的负值弯矩，C 截面有最大的正值弯矩，如图9–11（b）所示。

（3）计算截面形心的位置及截面对中性轴的惯性矩。

确定截面形心 C 的位置（图9–11（d））：
$$y_C = \frac{A_1 y_1 + A_2 y_2}{A_1 + A_2} = \frac{30 \times 170 \times 85 + 200 \times 30 \times 185}{30 \times 170 + 200 \times 30} = 139 \text{（mm）}$$

计算截面对中性轴 z 的惯性矩：
$$I_z = \left(\frac{30 \times 170^3}{12} + 30 \times 170 \times 54^2\right) + \left(\frac{200 \times 30^3}{12} + 200 \times 30 \times 46^2\right) = 40.3 \times 10^6 \text{（mm}^4\text{）}$$

（4）校核强度。由于梁的抗拉强度与抗压强度不同，所以最大正弯矩和最大负弯矩截面都需校核（图9–11（c））。

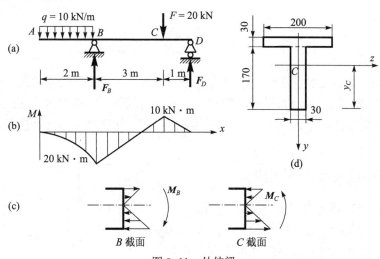

图9–11 外伸梁

校核 B 截面（最大负弯矩截面），上边缘处的最大拉应力为
$$\sigma_{lmax} = \frac{M_B y_\perp}{I_z} = \frac{20 \times 10^3 \times (200-139) \times 10^{-3}}{40.3 \times 10^6 \times 10^{-12}} = 30.3 \text{（MPa）} < [\sigma_l]$$

下边缘处的最大压应力为

$$\sigma_{y\max} = \frac{M_B y_下}{I_z} = \frac{20\times10^3 \times 139 \times 10^{-3}}{40.3\times10^6 \times 10^{-12}} = 69(\text{MPa}) < [\sigma_y]$$

校核 C 截面(最大正弯矩截面),上边缘处的最大压应力,因为 $M_C<|M_B|$,$y_上<y_下$,所以 C 截面上边缘的最大压应力一定小于 B 截面下边缘的最大压应力,也一定小于 $[\sigma_y]$,即 C 截面上边缘一定安全,无须校核。

下边缘处的最大拉应力为

$$\sigma_{l\max} = \frac{M_C y_下}{I_z} = \frac{10\times10^3 \times 139 \times 10^{-3}}{40.3\times10^6 \times 10^{-12}} = 34.5(\text{MPa}) > [\sigma_l]$$

校核结果:梁不安全。C 截面弯矩的绝对值虽非最大,但因截面受拉边缘距中性轴较远,应力较大,而材料的抗拉强度又比较小。所以在此处可能发生破坏。

从本例可以看出,当材料的抗拉与抗压性能不同,截面上下又不对称时,对梁内最大正弯矩与最大负弯矩截面均应校核。

9.3 弯曲切应力简介

【知识预热】

典型截面梁的 $\tau_{\max}$	矩形截面	工字形截面	圆形截面	圆环形截面
	$\tau_{\max}=1.5F_Q/A$	$\tau_{\max}=F_Q/A_腹$	$\tau_{\max}=4F_Q/(3A)$	$\tau_{\max}=2F_Q/A$

梁弯曲切应力强度条件	$\tau_{\max} \leqslant [\tau]$,常用作强度校核

横力弯曲时,梁的横截面上的内力既有弯矩又有剪力。因此梁的横截面上除了具有与弯矩有关的正应力外,还有由剪力引起的切应力。一般情况下,切应力对强度的影响较小,但对短梁或载荷靠近支座的梁,则应考虑切应力的作用。下面简单介绍几种典型截面梁的切应力最大值的计算方法。

9.3.1 矩形截面梁上的切应力

设矩形截面梁的横截面宽度为 b,高为 h,且 $h>b$(图9-12),横截面上剪力为 F_Q。梁横截面上的切应力的分布比较复杂,对于矩形截面梁可以作以下两点假设:

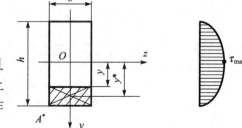

图9-12 矩形截面梁横截面上的切应力分布

(1)横截面上各点的剪应力方向与剪力 F_Q 方向相同。

(2)切应力沿截面宽度均匀分布,距中性轴等距离的各点切应力数值都相等。

据此可以推导出矩形截面梁横截面上距中性轴为 y 处的切应力计算公式为

$$\tau = \frac{F_Q S_z^*}{I_z b} \tag{9-13}$$

式中,F_Q 为横截面上的剪力;S_z^* 为距中性轴为 y 的横线外侧部分的面积 A^* 对中性轴 z 的静矩;I_z 为横截面对中性轴 z 的惯性矩;b 为矩形截面的宽度。

将静矩 $S_z^* = A^* \cdot y^*$(图 9–12)代入式(9–13)后,可得

$$\tau = \frac{F_Q}{2I_z}\left(\frac{h^2}{4} - y^2\right) \tag{9-14}$$

从式(9–14)中看出,切应力沿截面中性轴 z 均匀分布,沿 y 轴呈二次抛物线分布;上、下边缘上的各点切应力等于零;中性轴上 $y=0$ 的切应力最大。即

$$\tau_{\max} = \frac{3F_Q}{2bh} = \frac{3F_Q}{2A} \tag{9-15}$$

可见,矩形截面梁横截面上的最大切应力为平均切应力 $\frac{F_Q}{A}$ 的 1.5 倍。

9.3.2 典型截面梁的最大切应力计算

常见典型截面梁如工字形截面梁、圆形截面梁、圆环形截面梁,最大切应力发生在中性轴上,如图 9–13 所示,其值分别为

工字形截面梁:
$$\tau_{\max} = \frac{F_Q}{A_{腹}} \tag{9-16}$$

圆形截面梁:
$$\tau_{\max} = \frac{4F_Q}{3A} \tag{9-17}$$

圆环形截面梁:
$$\tau_{\max} = 2\frac{F_Q}{A} \tag{9-18}$$

式(9–16)中,$A_{腹}=ht$;式(9–17)和式(9–18)中 A 为横截面的面积。

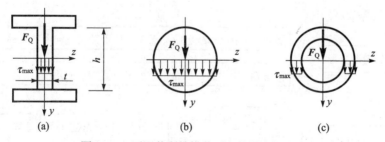

图 9–13 不同截面梁横截面上的最大切应力

9.3.3 弯曲切应力强度条件

梁内的最大切应力一般发生在剪力最大的横截面的中性轴上。梁的切应力强度条件为

$$\tau_{max} \leqslant [\tau] \tag{9-19}$$

式中，$[\tau]$为梁所用材料的许用切应力。

在设计梁的截面时，通常可先按正应力强度条件进行计算选型，再按切应力强度校核。

例 9.5 图 9-14 所示简支梁承受两集中力作用，材料的$[\sigma]=160$ MPa，$[\tau]=100$ MPa。试选择工字钢型号。

解 （1）由静力学平衡方程求出支座的约束力 $F_A=61.9$ kN，$F_B=88.1$ kN。

（2）画梁的剪力图和弯矩图分别如图 9-14（b）、（c）所示。由图可知

$$|F_Q|_{max} = 88.1 \text{ kN}$$
$$M_{max} = 35.2 \text{ kN} \cdot \text{m}$$

（3）按正应力强度条件选择工字钢型号。

$$W_z \geqslant \frac{M_{max}}{[\sigma]} = \frac{35.2 \times 10^3}{160 \times 10^6} = 2.2 \times 10^{-4} (\text{m}^3) = 220 (\text{cm}^3)$$

查附录型钢表，选用 No.20a 工字钢，$W_z=237$ cm^2，$h=200$ mm，$t=11.4$ mm，$d=7$ mm。

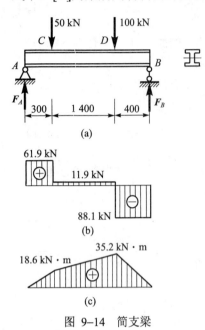

图 9-14 简支梁

（4）按切应力强度条件校核。

$$\tau_{max} = \frac{F_Q}{A_{腹}} = \frac{88.1 \times 10^3}{(200 - 2 \times 11.4) \times 7 \times 10^{-6}} = 70.1 \times 10^6 (\text{Pa}) = 70.1 (\text{MPa}) < [\tau]$$

可见，选择 No.20a 工字钢作梁，将同时满足弯曲正应力强度条件和弯曲切应力强度条件。

9.4 梁的弯曲变形与刚度

【知识预热】

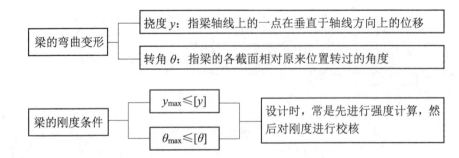

9.4.1 梁的弯曲变形概述

工程上有一些梁，虽然强度足够，但由于弯曲变形过大，也会影响其正常工作。如车床

的主轴，若变形过大，将影响齿轮的啮合和轴承的配合，而造成齿轮、轴和轴承严重磨损，降低寿命，产生噪声；主轴外伸端变形过大，还会影响零件的加工精度，甚至造成废品；桥梁的变形过大，当火车通过时，会引起桥梁严重振动。因此，梁的变形必须限制在一定范围内，即梁应满足刚度要求。

1. 挠曲线方程

梁在发生弯曲变形时，若其最大工作应力不超过材料的弹性极限，梁的轴线由原来的直线被弯成一条光滑的曲线 AB'，变形后的梁轴线称为挠曲线（图9-15）。当梁发生平面弯曲时，梁的挠曲线可用方程 $y=f(x)$ 来表示，称为梁的挠曲线方程。

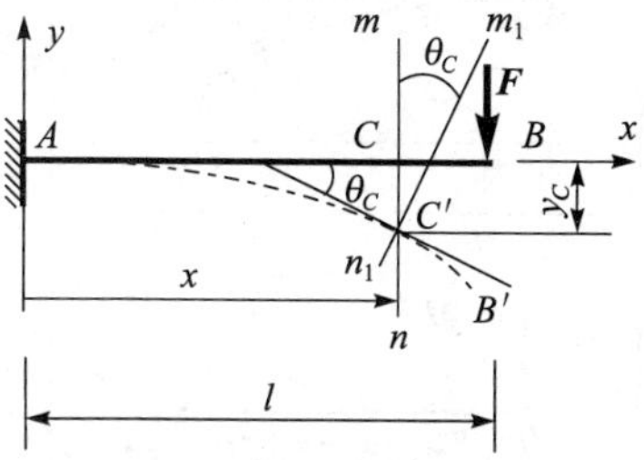

2. 挠度和转角

梁的变形是通过梁的横截面的位移即挠度和转角来度量的。

图9-15 悬臂梁的挠度和转角

（1）挠度，是指梁轴线上的一点在垂直于轴线方向上的位移，通常用 y 表示。图9-15中 y_C 是梁轴线上 C 点的挠度。一般规定向上的挠度为正，向下的挠度为负，单位是 mm。

（2）转角，是指梁的各截面相对原来位置转过的角度，用 θ 表示。图9-15中 θ_C 即截面 C 的转角。一般规定，逆时针方向的转角为正，顺时针的转角为负，单位是弧度（rad）或度（°）。

求变形的基本方法是积分法，由于该法计算较烦琐，本书中不作介绍。表9-1给出了由积分法算得的梁在简单载荷情况下的挠度和转角的计算公式，以供查用。

表9-1 简单载荷作用下梁的变形

梁的形式及载荷	挠曲线方程	端截面转角	最大挠度
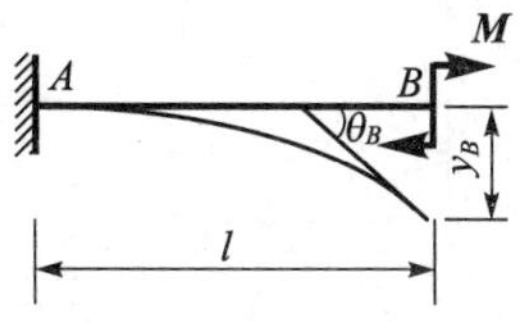	$y=-\dfrac{Mx^2}{2EI_z}$	$\theta_B=-\dfrac{Ml}{EI_z}$	$y_B=\dfrac{Ml^2}{2EI_z}$
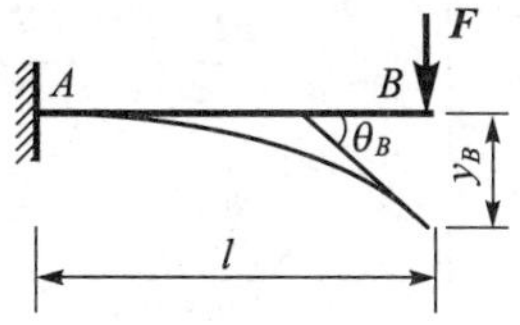	$y=-\dfrac{Fx^2}{6EI_z}(3l-x)$	$\theta_B=-\dfrac{Fl^2}{2EI_z}$	$y_B=-\dfrac{Fl^3}{3EI_z}$
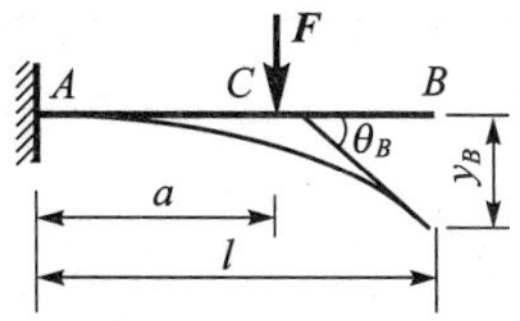	$y=-\dfrac{Fx^2}{6EI_z}(3a-x)$ $0\leqslant x\leqslant a$ $y=-\dfrac{Fa^2}{6EI_z}(3x-a)$ $a\leqslant x\leqslant l$	$\theta_B=-\dfrac{Fa^2}{2EI_z}$	$y_B=-\dfrac{Fa^2}{6EI_z}(3l-a)$

续表

梁的形式及载荷	挠曲线方程	端截面转角	最大挠度
悬臂梁，均布载荷 q，长 l	$y=-\dfrac{qx^2}{24EI_z}\cdot(x^2-4lx+6l^2)$	$\theta_B=-\dfrac{ql^3}{6EI_z}$	$y_B=-\dfrac{ql^4}{8EI_z}$
简支梁，左端受集中力偶 M	$y=-\dfrac{Mx}{6EI_zl}\cdot(l-x)(2l-x)$	$\theta_A=-\dfrac{Ml}{3EI_z}$ $\theta_B=\dfrac{Ml}{6EI_z}$	$x=\left(1-\dfrac{1}{\sqrt{3}}\right)l$， $y_{max}=-\dfrac{Ml^2}{9\sqrt{3}EI_z}$ $x=\dfrac{l}{2}$，$y=-\dfrac{Ml^2}{16EI_z}$
简支梁，中间受集中力偶 M	$y=\dfrac{Mx}{6EI_zl}\times(l^2-3b^2-x^2)$ $0\leqslant x\leqslant a$ $y=-\dfrac{M}{6EI_zl}\cdot[-x^3+3l(x-a)^2+(l^2-3b^2)x]$ $a\leqslant x\leqslant l$	$\theta_A=-\dfrac{M}{6EI_zl}(l^2-3b^2)$ $\theta_B=\dfrac{M}{6EI_zl}(l^2-3a^2)$	
简支梁，中点受集中力 F	$y=-\dfrac{Fx}{48EI_z}(3l^2-4x^2)$ $0\leqslant x\leqslant 0.5l$	$\theta_A=-\theta_B=-\dfrac{Fl^2}{16EI_z}$	$y_{max}=-\dfrac{Fl^3}{48EI_z}$
简支梁，任意位置集中力 F	$y=-\dfrac{Fbx}{6EI_zl}\cdot(l^2-x^2-b^2)$ $0\leqslant x\leqslant a$ $y=-\dfrac{Fb}{6EI_zl}\left[\dfrac{l}{b}\cdot(x-a)^3+(l^2-b^2)x-x^3\right]$ $a\leqslant x\leqslant l$	$\theta_A=-\dfrac{Fab(l+b)}{6EI_zl}$ $\theta_B=\dfrac{Fab(l+a)}{6EI_zl}$	设 $a>b$， $x=\sqrt{\dfrac{l^2-b^2}{3}}$ 处， $y_{max}=-\dfrac{Fb\sqrt{(l^2-b^2)^3}}{9\sqrt{3}EI_zl}$ 在 $x=\dfrac{l}{2}$ 处， $y_{l/2}=-\dfrac{Fb(3l^2-4b^2)}{48EI_z}$
简支梁，均布载荷 q	$y=-\dfrac{qx}{24EI_z}\cdot(l^3-2lx^2+x^3)$	$\theta_A=-\theta_B=-\dfrac{ql^3}{24EI_z}$	$y_{max}=-\dfrac{5ql^4}{384EI_z}$

续表

梁的形式及载荷	挠曲线方程	端截面转角	最大挠度
	$y = \dfrac{Fax}{6EI_z l}(l^2 - x^2)$ $0 \leq x \leq l$ $y = -\dfrac{F(x-l)}{6EI_z} \cdot$ $[a(3x-l)-(x-l)^2]$ $l \leq x \leq (l+a)$	$\theta_A = -\dfrac{1}{2}\theta_B = \dfrac{Fal}{6EI_z}$ $\theta_C = -\dfrac{Fa}{6EI_z}(2l+3a)$	$y_C = -\dfrac{Fa^2}{3EI_z}(l+a)$
	$y = -\dfrac{Mx^2}{6EI_z l}(x^2 - l^2)$ $0 \leq x \leq l$ $y = -\dfrac{M}{6EI_z} \cdot$ $(3x^2 - 4xl + l^2)$ $l \leq x \leq (l+a)$	$\theta_A = -\dfrac{1}{2}\theta_B = \dfrac{Ml}{6EI_z}$ $\theta_C = -\dfrac{M}{3EI_z}(l+3a)$	$y_C = -\dfrac{Ma}{6EI_z}(2l+3a)$

9.4.2 用叠加法求梁的变形

从表 9–1 可以看出，梁的挠度和转角均与梁的载荷呈线性关系。因梁在比例极限内工作，梁的材料服从胡克定律，而且梁的变形微小，在此情况下，当梁上同时受到几个载荷作用时，每一载荷所引起的梁的变形不受其他载荷的影响。于是，就可以用叠加法来计算梁的变形，即先求出各个载荷单独作用下梁的挠度和转角，然后将它们代数相加，得到几个载荷同时作用时梁的挠度与转角。

例 9.6 设 EI_z 为常数的简支梁 AB 受力如图 9–16 所示。试用叠加法求 A 截面的转角及跨度中点 C 处截面的挠度。

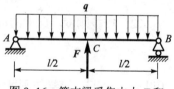

图 9–16 简支梁受集中力 F 和均布载荷 q

解 由表 9–1 查得，当集中力单独作用时，A 端截面的转角和 C 截面挠度分别为

$$\theta_{A1} = \frac{Fl^2}{16EI_z}, \quad y_{C1} = \frac{Fl^3}{48EI_z}$$

当受均布载荷 q 作用时，A 端截面的转角和 C 截面挠度分别为

$$\theta_{A2} = -\frac{ql^3}{24EI_z}, \quad y_{C2} = -\frac{5ql^4}{384EI_z}$$

F 和 q 同时作用时，A 端截面的转角

$$\theta_A = \theta_{A1} + \theta_{A2} = \frac{Fl^2}{16EI_z} - \frac{ql^3}{24EI_z} = \frac{l^2}{48EI_z}(3F - 2ql)$$

C 点的挠度为

$$y_C = y_{C1} + y_{C2} = \frac{Fl^3}{48EI_z} - \frac{5ql^4}{384EI_z} = \frac{l^3}{384EI_z}(8F - 5ql)$$

9.4.3 梁的刚度条件

计算梁的变形，主要目的在于进行刚度计算。所谓梁要满足刚度要求，就是指梁在外力作用下，应保证最大挠度小于许用挠度，最大转角小于许用转角。即梁的刚度条件为

$$y_{\max} \leqslant [y] \qquad (9\text{–}20\text{a})$$

$$\theta_{\max} \leqslant [\theta] \qquad (9\text{–}20\text{b})$$

式中，$[y]$为梁的许用挠度，$[\theta]$为梁的许用转角。它们的具体数值可参照有关手册确定。

一般来讲，对于弯曲构件，如果能满足强度条件，往往刚度条件也能满足。所以在设计计算中，常常是先进行强度计算，然后对刚度进行校核。

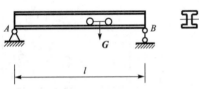

例 9.7 桁车大梁采用 No.32b 工字钢（图 9–17），自重不计。已知 $l=9.2$ m，最大起吊重力 $G=20$ kN，要求桁车工作时超载 25% 的情况下最大挠度不大于 $l/500$，试校核桁车大梁的刚度。

图 9–17 受集中力 G 作用的桁车大梁

解 （1）求最大挠度。电动葫芦作用在梁上可看成集中力，其运行至梁中点时挠度最大。由附录型钢表查得 No.32b 工字钢的截面惯性矩 $I_z=11\,621.4$ cm^4，又 $E=200$ GPa，$F=(1+0.25)\times 20=25$（kN），查表 9–1 得

$$|y_{\max}| = \frac{Fl^3}{48EI_z} = \frac{25\times 10^3 \times 9.2^3}{48\times 200\times 10^9 \times 11\,621\times 10^{-8}} = 0.017\,5\,(\text{m})$$

（2）校核刚度。此梁的许用挠度为

$$[y] = \frac{l}{500} = \frac{9.2}{500} = 0.018\,4\,(\text{m})$$

所以 $y_{\max} < [y]$，该梁的刚度满足要求。

9.5 提高梁的强度和刚度的措施

【知识预热】

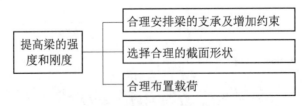

提高梁的强度和刚度，就是在材料消耗最低的前提下，提高梁的承载能力，满足既安全又经济的要求。梁上的最大弯曲正应力 $\sigma_{\max}$ 和梁上的最大弯矩 $M_{\max}$ 成正比，和抗弯截面系数

W_z 成反比;梁的变形和梁的跨度 l 的高次方成正比,和梁的抗弯刚度 EI 成反比。因此,提高梁的强度和刚度可从以下几方面入手。

9.5.1 合理安排梁的支承及增加约束

当梁的尺寸和截面形状已定时,合理安排梁的支承或增加约束,可以缩小梁的跨度、降低梁上的最大弯矩。如图 9–18 所示受均布载荷的简支梁,若能改为两端外伸梁,则梁上的最大弯矩将大为降低。

增加约束,缩短梁的跨度,对提高梁的刚度极为有效。若在图 9–18(a)所示简支梁中间加一活动铰支座,则梁的最大挠度只有原来的 1/16。

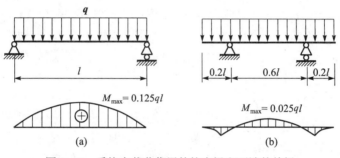

图 9–18 受均布载荷作用的简支梁和两端外伸梁

9.5.2 选择合理的截面形状

从梁的正应力强度条件可知,梁的抗弯截面系数 W_z 越大,横截面上的最大正应力就越小,即梁的抗弯能力越大。W_z 一方面与截面的尺寸有关,同时还与截面的形状(材料的分布情况)有关。由于横截面上的正应力和各点到中性轴的距离成正比,靠近中性轴的材料正应力较小,未能充分发挥其潜力,故将靠近中性轴的材料移至界面的边缘,必然使 W_z 增大。如在满足 W_z 的情况下,选用工字钢和槽钢制成的梁较为合理;建筑中则常采用混凝土空心预制板;既受弯曲又受扭转的轴类零件,则采用空心圆截面比较合理。这样既可减少梁的横截面面积,达到节约材料、减轻自重的目的,又提高了梁的强度和刚度。

9.5.3 合理布置载荷

当载荷已确定时,合理地布置载荷可以减小梁上的最大弯矩,提高梁的承载能力。例如,图 9–19(a)所示的简支梁,集中力 F 作用在梁的中点 $l/2$ 处,则 $M_{max}= Fl/4$。若按图 9–19(b)所示,使梁上的集中力 F 靠近支座,如距离左支座 $l/6$ 处,则 $M_{max}= 5Fl/36$,相比之下,后者的最大弯矩减小很多。机床中许多齿轮轴,常把齿轮安置在紧靠轴承处,就是这个原因。

此外,在结构允许的条件下,应尽可能把集中力改为分散的力。如图 9–19(c)所示,其最大弯矩值比图 9–19(a)有了明显的降低。超出额定载荷的物体要过桥时,采用长平板车将集中载荷分为几个载荷,就能安全过桥。吊车采用副梁可以吊起更重的物体也是这个道理。

由于优质钢和普通钢的 E 值相差不大,但价格相差较大,故一般情况下不以优质钢代替普通钢来提高梁的刚度。

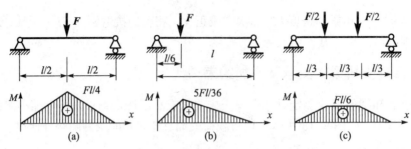

图 9-19 受集中载荷和分散载荷的简支梁

 先导案例解决

采用工字钢制成桁车大梁（参照图 9-17），将其简化为图 9-20（a）所示的简支梁。若梁长 l=10 m，最大起重载荷 F=35 kN（包括电动葫芦和钢丝绳），许用应力[σ]=130 MPa，许用挠度[y]=l/500，弹性模量 E=200 GPa，现根据上述条件来选择工字钢型号。

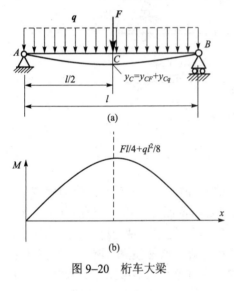

图 9-20 桁车大梁

（1）由于桁车大梁自重的 q 未知，无法计算出梁的最大弯矩 M_{max}，进而不能直接依据强度条件选定工字钢的型号。此时可采用试选法，初选工字钢型号，再用弯曲强度、刚度条件来校核。

（2）初选工字钢钢型号为 32c，查型钢表得 32c 工字钢 q=62.8 kg/m×9.8 m/s^2=615 N/m，I_z=12 167 cm^4，W_z=760 cm^3。

（3）求最大弯矩。由前一章分析知，当载荷 F 在梁的中点 C 时弯矩达最大值，C 截面为危险截面（图 9-20（b））。

$$M_{max}=Fl/4+ql^2/8=35\times10^3\times10/4+615\times10^2/8$$
$$=95\ 187.5（N\cdot m）$$

（4）校核梁的强度。由弯曲正应力强度条件得

$$\sigma_{max}=\frac{M_{max}}{W_z}=\frac{95\ 187.5}{760\times10^{-6}}=125.3（MPa）<[\sigma]$$

说明选用的工字钢 32c 强度足够。

（5）校核梁的刚度。利用叠加法求变形。查表 9-1 得

$$y_{CF}=-\frac{Fl^3}{48EI_z}=-\frac{35\times10^3\times10^3}{48\times200\times10^9\times12\ 167\times10^{-8}}=-0.029（m）$$

$$y_{Cq}=-\frac{5ql^4}{384EI_z}=-\frac{5\times615\times10^4}{384\times200\times10^9\times12\ 167\times10^{-8}}=-0.003（m）$$

$$|y_{Cmax}|=|y_{CF}+y_{Cq}|=|-0.029-0.003|\ m=0.032\ m$$

梁的许用挠度[y]=l/500=10 m/500=0.02 m，显见$|y_{Cmax}|$>[y]，故梁的刚度不够，需重新选择工字钢型号，过程与上面相似，不妨试一试。

学 习 经 验

（1）学习本章时应与圆轴扭转的内容相对照，它们之间有一些相似之处，如内力分析的方法、正应力分布规律、正应力计算公式及强度条件等。

（2）圆形和圆环形截面的抗弯截面系数分别等于其抗扭截面系数的一半，二者可对比记忆，以免混淆。

（3）不但要学会计算杆件弯曲时的最大正应力，还要学会算截面上任一点的应力，这样才能对应力在截面上的分布规律有清晰的概念。

本 章 小 结

（1）平面弯曲时，梁横截面上正应力的大小沿横截面的高度呈线性变化，其计算公式为

$$\sigma = \frac{My}{I_z}$$

中性轴上正应力为零，离中性轴最远的边缘上各点的正应力绝对值最大。梁的最大正应力发生在弯矩最大的截面上且离中性轴最远的边缘处。其计算公式为

$$\sigma_{max} = \frac{M_{max} y_{max}}{I_z} = \frac{M_{max}}{W_z}$$

（2）梁的正应力强度条件为

$$\sigma_{max} = \frac{M_{max}}{W_z} \leqslant [\sigma]$$

若材料的拉、压许用应力不同，则应分别计算。

（3）梁横截面上的切应力与切应力强度条件。

对矩形截面梁，横截面上的切应力计算公式为

$$\tau = \frac{F_Q S_z^*}{I_z b}$$

其最大切应力在截面的中性轴上，计算公式为

$$\tau_{max} = \frac{3F_Q}{2A}$$

梁的切应力强度条件为

$$\tau_{max} \leqslant [\tau]$$

（4）弯矩引起的最大正应力是判断梁是否安全的主要依据，故通常采用梁的正应力进行梁的强度计算，必要时再进行切应力强度校核。

（5）梁的变形用挠度 y 和转角 θ 来度量。简单载荷作用下梁的挠曲线方程、端截面的转角和最大挠度可查表 9-1。由于梁的变形和载荷呈线性关系，故工程上常用叠加法来求复杂载荷下梁的变形。

（6）梁弯曲的刚度条件为

$$y_{max} \leqslant [y], \quad \theta_{max} \leqslant [\theta]$$

（7）为提高梁的强度和刚度，可从合理安排梁的支承、合理布置梁的载荷、选用合理的截面等几个主要方面入手，根据实际情况确定合适的方法。

思 考 题

1. 怎样的弯曲称为纯弯曲？从矩形截面直梁的弯曲实验中能观察到哪些现象？
2. 什么是中性层？什么是中性轴？
3. 纯弯曲时，梁内截面上将产生何种应力？它们按什么规律分布？在横截面上什么位置的应力最大？什么位置应力为零？
4. 纯弯曲横截面上的正应力计算公式适用于横力弯曲吗？为什么？
5. 什么是梁的抗弯截面系数？它与梁的承载能力有什么关系？
6. 若矩形截面梁的高度增加一倍，梁的承载能力增大几倍？宽度增加一倍，承载能力又增大几倍？
7. 钢梁和铝梁的尺寸、约束、截面、受力均相同，其内力、最大弯矩、最大正应力及梁的最大挠度是否相同？
8. 梁的变形与弯矩有什么关系？在弯矩最大处，梁的转角和挠度一定最大吗？
9. 提高梁的强度和刚度的措施主要有哪些？试举例说明。

习 题

1. 如题 1 图所示的简支梁为矩形截面，已知 $I_z = 5.76 \times 10^6 \text{ mm}^4$，$F = 28.4 \text{ kN}$，试求该梁 C 截面上 a、b、d 三点的正应力值，并标明正负号。

2. 试求题 2 图所示的各截面对形心轴 z 的惯性矩 I_z。

3. 倒 T 形截面的铸铁梁如题 3 图所示，试求梁内最大拉应力和最大压应力，并画出危险截面的正应力分布图。

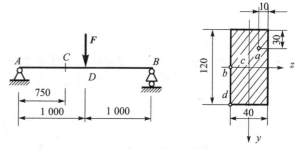

题 1 图　矩形截面梁

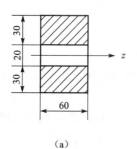

（a）

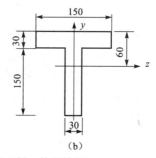

（b）

题 2 图　求截面对形心轴 z 的惯性矩 I_z

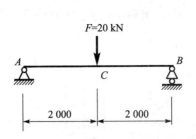
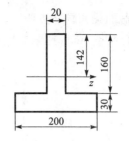

题 3 图　倒 T 形截面铸铁梁

4. 如题 4 图所示，悬臂梁在自由端受集中力 **F** 作用，已知 F=200 N，l=300 mm，截面为圆形，d=25 mm。材料的许用拉应力$[\sigma_l]$=28 MPa，许用压应力$[\sigma_y]$=120 MPa。试校核梁的强度。

5. 如题 5 图所示，外伸梁受均布载荷作用，q=12 kN/m，$[\sigma]$=160 MPa。试选择此梁的工字钢型号。

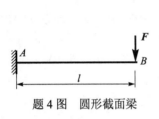
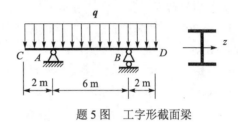

题 4 图　圆形截面梁　　　　题 5 图　工字形截面梁

6. 空心管受载如题 6 图所示，已知$[\sigma]$=150 MPa，管外径 D=60 mm。在保证安全的条件下，求内径 d 的最大值。

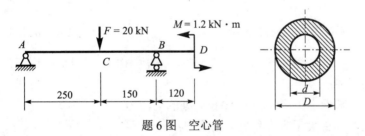

题 6 图　空心管

7. 一简支梁的中点受集中力 F=20 kN 作用，梁的跨度为 8 m。梁由 No.32a 工字钢制成，许用应力$[\sigma]$=100 MPa，试校核梁的强度。

8. 铸铁梁的载荷及横截面尺寸如题 8 图所示。许用拉应力$[\sigma_l]$=40 MPa，许用压应力$[\sigma_y]$=100 MPa。试按正应力强度条件校核梁的强度。若载荷不变，将 T 形梁横截面倒置，问是否合理？

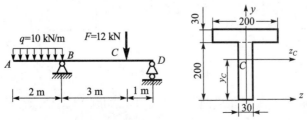

题 8 图　T 形截面梁

9. 一矩形截面梁如题 9 图所示。已知 $F=2$ kN，横截面的高宽比 $h/b=3$，材料为松木，其许用应力 $[\sigma]=8$ MPa。试选择截面尺寸。

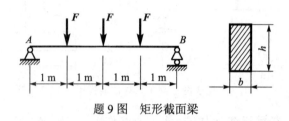

题 9 图　矩形截面梁

10. 简支梁长 5 m，全长上受 $q=8$ kN/m 的均布载荷作用。若许用应力 $[\sigma]=12$ MPa，试求此梁的截面尺寸。

（1）选用圆形截面；

（2）选用矩形截面，其高宽比 $h/b=3/2$。

11. 由 No.20b 工字钢制成的外伸梁，在外伸端 C 处作用集中力 F，如题 11 图所示，已知 $[\sigma]=160$ MPa，求最大许用载荷 $[F]$。

12. 如题 12 图所示，圆截面简支梁的直径 $d=280$ mm，$l=450$ mm，$b=100$ mm。设梁的许用应力 $[\sigma]=100$ MPa，求梁承受均布载荷集度 q 的许用值。

题 11 图　工字形截面梁　　　　题 12 图　圆形截面梁

13. 一矩形截面简支梁在跨中受集中力 $F=40$ kN 的作用，如题 13 图所示，已知 $l=10$ m，$b=100$ mm，$h=200$ mm。

（1）求 m—m 截面上距中性轴 $y=50$ mm 处的切应力；

（2）比较梁中的最大正应力和最大切应力；

（3）若采用 No.32a 工字钢，求最大切应力。

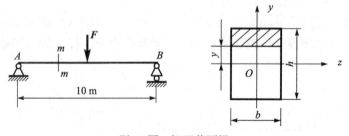

题 13 图　矩形截面梁

14. 截面为工字钢的简支梁承受两集中力作用，如题 14 图所示，材料的 $[\sigma]=160$ MPa，$[\tau]=100$ MPa。试选择工字钢型号。

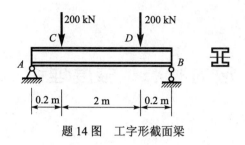

题 14 图　工字形截面梁

15. 用叠加法求题 15 图所示各梁的指定截面上的挠度和转角。EI_z 为常量，M、F、a、l 均为已知。

(1) 求 y_C，θ_C；

(2) 求 y_A，θ_A。

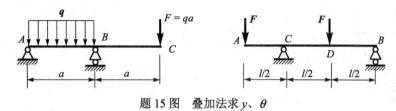

题 15 图　叠加法求 y、θ

16. 圆形截面简支梁，梁长 $l=300$ mm，其直径 $d=30$ mm，在距支座 50 mm 处受集中力 1.8 kN，材料的 $E=200$ GPa，若集中力作用处的许用挠度为 $[y]=0.05$ mm，试校核其刚度。

第 10 章　应力状态　强度理论　组合变形

本章知识点

1. 一点的应力状态。
2. 单元体及主平面、主应力概念。
3. 平面应力状态分析。
4. 四种强度理论。
5. 组合变形的强度计算。

先导案例

齿轮传动中，圆截面传动轴在同时受轴向拉伸、扭转和弯曲作用下产生组合变形，此时能否分别依据轴向拉伸、扭转和弯曲来进行强度计算？如果不能，该依据什么理论来进行强度计算？

10.1　应力状态的概念

【知识预热】

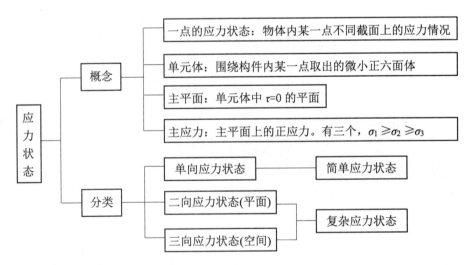

10.1.1　一点的应力状态

以前讨论拉（压）、扭转、弯曲等强度问题，主要分析了杆件横截面上的应力情况，因为横截面是一个特殊的截面,考虑杆件的尺寸是以横截面尺寸来衡量的,另外,像铸铁的拉伸、低碳钢的扭转都是在横截面上发生破坏的。因此,分析横截面上的应力对解决强度问题是必要的,但是我们也发现,低碳钢拉伸时与杆轴成 45°的斜面上出现滑移线,铸铁的扭转破坏沿约 45°的斜面断裂。由此可见,为了全面地分析强度问题,仅仅分析横截面上的应力还不够,还必须对各个不同方向的斜面上的应力进行分析。

通过物体内某一点不同截面上的应力情况,叫作该点的应力状态。

10.1.2 单元体的概念

为了研究受力构件内某一点的应力状态,假想围绕该点取出一个微小的正六面体——单元体来进行分析。因为单元体的边长是非常微小的,所以可以认为单元体各个面上的应力是均匀分布的,相对平行的平面上的应力大小相等、性质相同。若令单元体的边长趋于零,则单元体各不同方向上的应力情况就代表了该点的应力状态。

一般情况下,杆件横截面上的应力是可以求得的,因此,在截取单元体时,常以横截面为基础,用一对横截面和相互垂直的两对纵截面,就可以从受力杆件中截取一个各侧面上的应力均为已知的单元体。例如,在图 10-1(a)所示矩形截面简支梁的 m—n 截面上,有剪力和弯矩,横截面上的正应力和切应力分布规律如图 10-1(b)所示。m—n 截面上 C 点处在梁的下边缘,围绕该点所取的单元体(图 10-1(c))只在左右两个面上有正应力 σ,图 10-1(d)是其平面单元表示。图 10-1(e)、(f)、(g)、(h)分别为 m—n 截面上边缘 A 点、中性层 B 点及任意点 D、E 处截取的单元体。这些单元体中各侧面上的应力均可通过杆件的外载荷求得,故称为原始单元体。

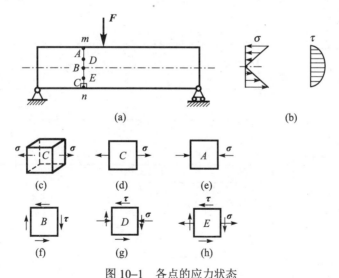

图 10-1　各点的应力状态

10.1.3 主平面、主应力

单元体中切应力等于零的平面称为主平面。作用于主平面上的正应力称为主应力。图 10-1(d)和图 10-1(e)所示单元体的三对面上均没有切应力,所以三对面均为主平面;三对面上的正应力(包括正应力为零)都是主应力。

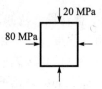

图 10-2 主应力

根据弹性理论可以证明，在受力物体内的任一点处，总可以找到具有三个互相垂直的主平面组成的单元体，称为主单元体。相应的三个主应力，一个最大，一个最小，通常用 σ_1、σ_2、σ_3 表示，并且规定按它们代数值的大小 $\sigma_1 \geqslant \sigma_2 \geqslant \sigma_3$ 顺序排列。例如图 10-2 所示的单元体，$\sigma_1=0$，$\sigma_2=-20$ MPa，$\sigma_3=-80$ MPa。

10.1.4 应力状态分类

一向应力状态：一个主应力数值不等于零的应力状态（图 10-1（d）、（e））。

二向应力状态（平面）：两个主应力数值不等于零的应力状态（图 10-1（f）、（g）、（h））。

三向应力状态（空间）：三个主应力数值都不等于零的应力状态（如火车轮与钢轨的接触点、高压厚壁容器内壁各点）。

一向（单向）应力状态也称简单应力状态，二向、三向应力状态也称复杂应力状态。

10.2 平面应力状态分析

【知识预热】

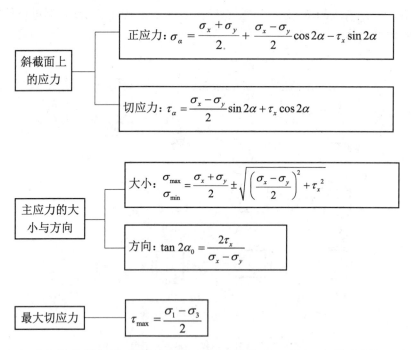

工程上许多受力构件的危险点都是处于平面应力状态。例如，图 10-3（a）所示的单元体，其上面的应力 σ_x、σ_y、τ_x、τ_y 分布在同一个平面内，故称为平面应力状态。知道这些应力就可以确定斜截面上的应力，从而找出受力构件上某点的主单元体，求出相应的三个主应力的大小和决定主平面的方位，为组合变形情况下构件的强度计算建立理论基础。

10.2.1 斜截面上的应力

图 10–3（a）所示的单元体，设 x 平面（外法线沿 x 轴的平面）上的应力 σ_x、τ_x 和 y 平面上的应力 σ_y、τ_y 均已知。由于垂直于 z 轴的两平面上没有应力作用，为主平面，该主平面上的主应力为零，因此，该单元体也可用图 10–3（b）所示的平面状态表示。利用截面法可以求出与 x 轴正向 α 角的任意斜截面上的正应力 σ_α 和切应力 τ_α（图 10–3（c））。

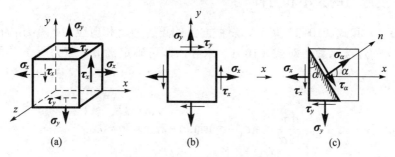

图 10–3 平面应力状态分析

$$\sigma_\alpha = \frac{\sigma_x + \sigma_y}{2} + \frac{\sigma_x - \sigma_y}{2}\cos 2\alpha - \tau_x \sin 2\alpha \tag{10–1}$$

$$\tau_\alpha = \frac{\sigma_x - \sigma_y}{2}\sin 2\alpha + \tau_x \cos 2\alpha \tag{10–2}$$

式（10–1）和式（10–2）中，正应力 σ_x、σ_y 以拉应力为正，压应力为负；切应力 τ_x、τ_y 以对单元体内一点产生顺时针转向的力矩时为正，反之为负；角度 α 以 x 轴逆时针转到斜截面的外法线 n 时为正，反之为负。

例 10.1 受轴向拉力 F 作用的等截面杆，其横截面上的正应力为 σ，如图 10–4（a）所示。求与杆轴线夹角为 α 的斜截面上的应力。

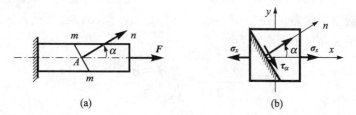

图 10–4 斜截面上的应力

解 （1）围绕斜截面上的 A 点截取单元体，如图 10–4（b）所示，可见为单向应力状态。

$$\sigma_x = \sigma, \quad \tau_x = 0, \quad \sigma_y = 0, \quad \tau_y = 0$$

（2）将上述应力值分别代入式（10–1）和式（10–2）中得

$$\sigma_\alpha = \frac{\sigma_x + \sigma_y}{2} + \frac{\sigma_x - \sigma_y}{2}\cos 2\alpha - \tau_x \sin 2\alpha = \sigma \cos^2 \alpha \tag{10–3}$$

$$\tau_\alpha = \frac{\sigma_x - \sigma_y}{2}\sin 2\alpha + \tau_x \cos 2\alpha = \frac{\sigma}{2}\sin 2\alpha \tag{10–4}$$

式（10-3）和式（10-4）即拉压杆斜截面上的应力计算公式。由公式可知，当 $\alpha=0°$，σ_α 最大，其值为 $\sigma_{max}=\sigma$，即最大正应力在横截面上；当 $\alpha=45°$ 时，τ_α 最大，$\tau_{max}=\sigma/2$，即最大切应力在与轴线成 45°的斜截面上。这就可以解释为什么低碳钢拉伸试验中，屈服时与试样轴线成 45°的方向出现滑移线，由此可以看出低碳钢的抗剪能力小于抗拉能力；同样，亦可解释铸铁受压试验中，试件破坏时沿与试样轴线成 45°的方向切断的原因。

10.2.2 主应力的大小和方向

由式（10-1）和式（10-2）可知，斜截面上的正应力 σ_α 和剪应力 τ_α 随 α 角的改变而改变，即 σ_α 和 τ_α 都是 α 的连续函数。对式（10-1）求导，即可确定极值正应力所在平面的方位。令 $\dfrac{d\sigma_\alpha}{d\alpha}=0$ 得

$$\frac{d\sigma_\alpha}{d\alpha}=-(\sigma_x-\sigma_y)\sin 2\alpha-2\tau_x\cos 2\alpha=0$$

即
$$\frac{\sigma_x-\sigma_y}{2}\sin 2\alpha+\tau_x\cos 2\alpha=0 \tag{10-5}$$

将式（10-5）与式（10-2）相比较可知，在切应力 $\tau_\alpha=0$ 的主平面上，正应力 σ_α 取得极值，即极值正应力就是主应力。

如果用 α_0 表示主平面的外法线与 x 轴正向间的夹角，则由式（10-5）可得

$$\tan 2\alpha_0=-\frac{2\tau_x}{\sigma_x-\sigma_y} \tag{10-6}$$

式（10-6）可确定主平面的位置 α_0，因为

$$\tan 2\alpha_0=\tan(2\alpha_0+180°)=\tan 2(\alpha_0+90°)$$

所以 α_0 和 $\alpha_0+90°$ 都满足式（10-6）。这表明有两个相互垂直的主平面，其上面的主应力分别对应最大和最小极值正应力。由式（10-6）求出 $\sin 2\alpha_0$ 和 $\cos 2\alpha_0$ 后代入式（10-1）中，得两个主平面上的最大和最小正应力为

$$\begin{matrix}\sigma_{max}\\\sigma_{min}\end{matrix}=\frac{\sigma_x+\sigma_y}{2}\pm\sqrt{\left(\frac{\sigma_x-\sigma_y}{2}\right)^2+\tau_x^2} \tag{10-7}$$

因为平面应力状态可视为一个主应力为零的三向应力状态，则可根据 σ_{max} 和 σ_{min} 代数值的大小，按 $\sigma_1\geqslant\sigma_2\geqslant\sigma_3$ 顺序排列，定出三个主应力。

按式（10-6）可以算出两个主平面的方位角。可以证明，主平面上的主应力 σ_{max} 的作用线位置总是处在 τ_x 和 τ_y 矢量箭头所指的那一侧。

10.2.3 最大切应力

理论分析证明，在复杂应力状态下，最大切应力与主应力之间存在如下数量关系：

$$\tau_{max}=\frac{\sigma_1-\sigma_3}{2} \tag{10-8}$$

最大切应力 τ_{max} 的作用面与最大主应力 σ_1 和最小主应力 σ_3 均成 $45°$，与主应力 σ_2 垂直，如图 10–5 所示。

例 10.2 一平面应力状态单元体如图 10–6（a）所示，已知 $\sigma_x=50$ MPa，$\tau_x=-\tau_y=20$ MPa。试求：

（1）$\alpha=45°$ 截面上的应力；

（2）计算主应力值，并在单元体中绘出主单元体；

（3）最大切应力值。

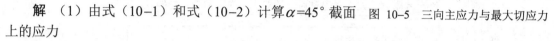

图 10–5 三向主应力与最大切应力

解 （1）由式（10–1）和式（10–2）计算 $\alpha=45°$ 截面上的应力

$$\sigma_{45°}=\frac{\sigma_x+\sigma_y}{2}+\frac{\sigma_x-\sigma_y}{2}\cos 90°-\tau_x\sin 90°=\frac{50+0}{2}-20=5\ （\text{MPa}）$$

$$\tau_{45°}=\frac{\sigma_x-\sigma_y}{2}\sin 90°+\tau_x\cos 90°=25\ （\text{MPa}）$$

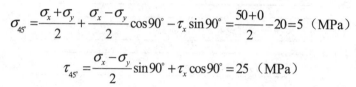

图 10–6 应力状态

（2）由式（10–7）计算主应力值

$$\begin{matrix}\sigma_{max}\\ \sigma_{min}\end{matrix}=\frac{\sigma_x+\sigma_y}{2}\pm\sqrt{\left(\frac{\sigma_x-\sigma_y}{2}\right)^2+\tau_x^2}$$

$$=\frac{50}{2}\pm\sqrt{\left(\frac{50}{2}\right)^2+20^2}=25\pm 32=\begin{cases}57（\text{MPa}）\\ -7（\text{MPa}）\end{cases}$$

所以该单元体的三个主应力分别为

$$\sigma_1=57\ \text{MPa}，\quad \sigma_2=0，\quad \sigma_3=-7\ \text{MPa}$$

由式（10–6）得 $\quad\tan 2\alpha_0=-\dfrac{2\tau_x}{\sigma_x-\sigma_y}=-\dfrac{2\times 20}{50}=-0.8$

所以 $\quad 2\alpha_0=-38.6°，\quad \alpha_0=-19.3°$

按 σ_1 的作用线位置应在 τ_x 和 τ_y 矢量箭头所指一侧的规则，作出主单元体，如图 10–6（b）所示。

（3）由式（10–8）计算最大切应力

$$\tau_{max}=\frac{\sigma_1-\sigma_3}{2}=\frac{57-(-7)}{2}=32\ （\text{MPa}）$$

10.3 强度理论

【知识预热】

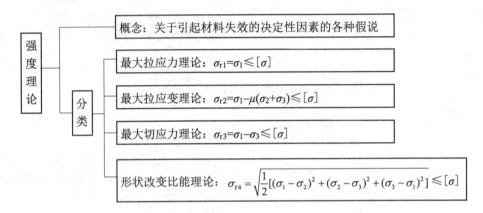

10.3.1 强度理论的概念

对于构件的基本变形,已经建立了强度条件。如受轴向拉压时,$\sigma_{max}=\dfrac{F_N}{A}\leqslant[\sigma]$;圆轴扭转时,$\tau_{max}=\dfrac{T}{W_P}\leqslant[\tau]$。许用应力$[\sigma]$和$[\tau]$分别是通过拉压与扭转试验测得的极限应力除以安全系数获得的。因此,基本变形的强度条件是以试验结果直接建立的。

但是,工程中构件的受力形式较为复杂,构件上的危险点往往处于复杂应力状态。根据材料试验来测出失效时的极限应力是比较困难的。这是因为在复杂应力状态下,材料的失效不仅取决于主应力σ_1、σ_2及σ_3的大小,还取决于它们之间的比值。由于σ_1、σ_2、σ_3有无数个不同的组合,因而要确定材料的极限应力就必须做无穷多次试验,这显然是不可能的。所以复杂应力状态下的强度条件不能直接由试验确定。人们在大量的试验观察、理论分析、实践检验的基础上,逐步形成了这样的认识,认为无论是单向应力状态还是复杂应力状态,材料按某种方式的失效(如断裂或屈服)都是由某一特定的因素(如应力、应变或变形能等)引起的,只要导致材料失效的这一因素达到极限值,构件就会被破坏。这样就可以根据简单应力状态的试验结果来建立复杂应力状态的强度条件。关于引起材料失效的决定性因素的各种假说,称为强度理论。

在强度理论的指导下,对复杂应力状态进行强度计算时,可把它的三个主应力σ_1、σ_2、σ_3 "折算"成一个与它们相当的单向应力状态的主应力σ_r,σ_r就称为所研究的复杂应力状态的相当应力。不同的强度理论因为假设材料破坏的原因不同,所以就有不同的"折算"方法。经过"折算"后,就可以用相当应力σ_r与材料在单向应力状态下的许用应力$[\sigma]$相比较,建立起复杂应力状态下的强度条件

$$\sigma_r \leqslant [\sigma] \qquad (10\text{-}9)$$

式中的许用应力$[\sigma]$,对于脆性材料,$[\sigma]=\dfrac{\sigma_b}{n}$;对于塑性材料,$[\sigma]=\dfrac{\sigma_s}{n}$。

10.3.2 常用的四种强度理论

由于材料的破坏按其物理实质可分为脆断和屈服两类,因而强度理论也相应分为两类,第一类强度理论以脆断作为破坏标志,包括最大拉应力理论和最大拉应变理论;第二类强度理论以屈服作为破坏标志,包括最大切应力理论和形状改变比能理论。

下面分别介绍四种强度理论及其相当应力。

1. 最大拉应力理论(第一强度理论)

这一理论认为,引起材料脆性断裂的主要因素是最大拉应力。在各种复杂应力状态下,只要构件内一点处的三个主应力中最大的拉应力达到材料在单向拉伸时的极根应力σ_b,材料就发生断裂。与之相对的极限条件为$\sigma_1=\sigma_b$,相当应力为$\sigma_{r1}=\sigma_1$,强度条件为

$$\sigma_{r1}=\sigma_1 \leqslant [\sigma] \tag{10-10}$$

2. 最大拉应变理论(第二强度理论)

这一理论认为,引起材料脆性断裂的主要因素是最大拉应变。也就是说,在各种复杂应力状态下,只要任一点处的最大伸长线应变ε_1达到了材料在单向应力状态时的极限应变值ε^0,材料就发生脆性断裂。按照这个理论,材料极限状态为$\varepsilon_1=\varepsilon^0$。

由理论推导得:在复杂应力状态下最大拉应变为$\varepsilon_1=\dfrac{1}{E}[\sigma_1-\mu(\sigma_2+\sigma_3)]$,在单向拉伸拉断时拉应变的极限值为$\varepsilon^0=\dfrac{\sigma_b}{E}$,所以有$\dfrac{1}{E}[\sigma_1-\mu(\sigma_2+\sigma_3)]=\dfrac{\sigma_b}{E}$。这样第二强度理论的相当应力为$\sigma_{r2}=\sigma_1-\mu(\sigma_2+\sigma_3)$,强度条件为

$$\sigma_{r2}=\sigma_1-\mu(\sigma_2+\sigma_3) \leqslant [\sigma] \tag{10-11}$$

3. 最大切应力理论(第三强度理论)

这一理论认为,引起材料的塑性屈服的主要因素是最大切应力。在各种复杂应力状态下,只要构件内一点处的最大切应力τ_{max}达到了材料在单向应力状态时材料的极限切应力值τ^0,材料就发生塑性屈服。根据这个强度理论,材料的极限状态为$\tau_{max}=\tau^0$。

因为在复杂应力状态下最大切应力$\tau_{max}=\dfrac{1}{2}(\sigma_1-\sigma_3)$,在单向应力状态下材料的极限切应力$\tau^0=\dfrac{\sigma_s}{2}$,所以有$\dfrac{1}{2}(\sigma_1-\sigma_3)=\dfrac{\sigma_s}{2}$。因而第三强度理论的相当应力为$\sigma_{r3}=\sigma_1-\sigma_3$,强度条件为

$$\sigma_{r3}=\sigma_1-\sigma_3 \leqslant [\sigma] \tag{10-12}$$

4. 形状改变比能理论(第四强度理论)

这个理论又称为畸变能理论,它认为材料在各种复杂应力作用下,引起塑性屈服的主要原因是形状改变比能达到其单向拉伸时的极限值。该强度理论的相当应力为

$$\sigma_{r4}=\sqrt{\dfrac{1}{2}[(\sigma_1-\sigma_2)^2+(\sigma_2-\sigma_3)^2+(\sigma_3-\sigma_1)^2]}$$

于是,第四强度理论强度条件为

$$\sigma_{r4}=\sqrt{\dfrac{1}{2}[(\sigma_1-\sigma_2)^2+(\sigma_2-\sigma_3)^2+(\sigma_3-\sigma_1)^2]} \leqslant [\sigma] \tag{10-13}$$

10.3.3 四种强度理论的适用范围

材料的失效是一个极其复杂的问题,四种常用的强度理论都有它符合实际的一方面,又有它不符合实际的片面的一方面。大量的工程实践和试验结果表明,上述四种强度理论的适用范围与材料的类别和应力状态等有关。

(1)脆性材料通常以断裂形式失效,宜采用第一或第二强度理论。

(2)塑性材料通常以屈服形式失效,宜采用第三或第四强度理论。

(3)在三向拉应力状态下,如果三个拉应力相近,无论是塑性材料或脆性材料都将以断裂形式失效,宜采用第一强度理论——最大拉应力理论。

(4)在三向压缩应力状态下,如果三个压应力相近,无论是塑性材料或脆性材料都可引起塑性变形,宜采用第三或第四强度理论。

下面举例说明强度理论的应用。

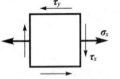

图10-7 危险点处的应力状态

例 10.3 有一铸铁制成的构件,其危险点处的应力状态如图10-7所示。已知$\sigma_x=20$ MPa,$\tau_x=20$ MPa,材料的许用拉应力$[\sigma_l]=30$ MPa,许用压应力为$[\sigma_y]=120$ MPa。试校核此构件的强度。

解 (1)计算危险点处的主应力。

$$\begin{matrix}\sigma_1\\\sigma_3\end{matrix} = \frac{\sigma_x}{2} \pm \sqrt{\left(\frac{\sigma_x}{2}\right)^2 + \tau_x^2}$$

$$= \frac{20}{2} \pm \sqrt{\left(\frac{20}{2}\right)^2 + 10^2} = \begin{cases}32.4\,(\text{MPa})\\-12.4\,(\text{MPa})\end{cases}$$

(2)因为铸铁是脆性材料,所以选用第一强度理论来进行校核,其相当应力$\sigma_{r1}=\sigma_1$,故

$$\sigma_{r1} = \sigma_1 = 32.4 \text{ MPa} > [\sigma_l] = 30 \text{ MPa}$$

所以该铸铁构件强度不足。

10.4 组合变形的强度计算

【知识预热】

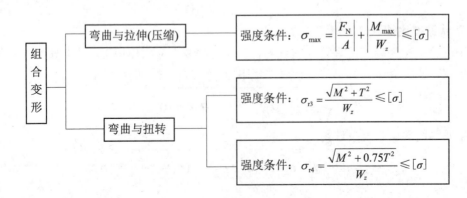

工程上大多数杆件在外力作用下产生较为复杂的变形，但经分析可知，这些变形均可看成是两种或两种以上基本变形的组合，这种变形称为组合变形。

在小变形的条件下，构件组合变形的应力可依据叠加原理，即先将构件上的载荷进行分组，使每一组载荷只发生一种基本变形，然后计算构件在基本变形下的应力，再将基本变形的应力叠加，即得组合变形的应力。在进行强度计算时，当构件的危险点处于单向应力状态时，可将基本变形的应力求代数和，按轴向拉压强度条件计算；当构件的危险点处于复杂应力状态时，则需要求出三个主应力，按强度理论进行计算。

本节主要讨论工程上常见的两种组合变形，即拉伸（压缩）与弯曲的组合变形以及弯曲与扭转的组合变形。至于其他形式的组合变形，可用同样的分析方法加以解决。

10.4.1　弯曲与拉伸（压缩）组合变形的强度计算

设有一矩形截面杆，一端固定，一端自由（图 10-8（a）），在自由端受到集中力 F 的作用，固定端 A 受约束力 F_{Ax}、F_{Ay} 以及约束力偶 M_A 的作用，如图 10-8（b）所示。为了分析杆件的变形，将 F 分解成两个正交的分力 F_x 和 F_y，则

$$F_x = F\cos\alpha, \quad F_y = F\sin\alpha$$

F_x 和 F_{Ax} 使杆轴向拉伸，F_y、F_{Ay} 和 M_A 使杆发生平面弯曲，故杆的变形是弯曲与拉伸的组合变形。

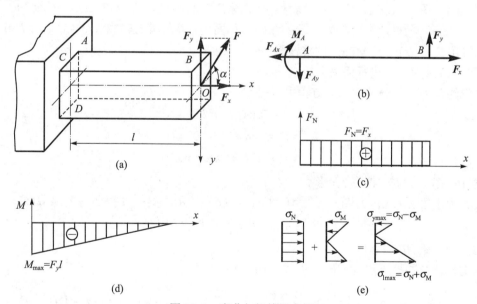

图 10-8　弯曲与拉伸组合杆

画出杆 AB 的轴力图和弯矩图（图 10-8（c）、（d）），由内力图可知，截面 A 为危险截面，该截面上的轴力 $F_N = F_x$，弯矩 $M = F_y l$。当 $\sigma_N < \sigma_M$ 时，危险截面上的应力分布情况如图 10-8（e）所示。其中，由 F_x 引起的拉应力是均匀分布的，其值为

$$\sigma_N = \frac{F_N}{A} = \frac{F_x}{A}$$

由 F_y 引起的弯曲正应力，在距中性轴最远处的弯曲正应力的绝对值为

$$\sigma_\mathrm{M} = \frac{M_\mathrm{max}}{W_z} = \frac{F_y l}{W_z}$$

由应力分布图可知，危险点为截面 A 的上、下边缘处。由于两种基本变形在危险点引起的应力均为正应力，故危险点处于单向应力状态，只需将这两个同向应力代数相加（图 10–8 (e)），即得危险点的总应力，即截面 A 下边缘各点的应力（杆件上的最大拉应力）为

$$\sigma_{l\max} = \sigma_\mathrm{N} + \sigma_\mathrm{M} = \frac{F_\mathrm{N}}{A} + \frac{M_\mathrm{max}}{W_z}$$

截面上边缘各点的应力（截面上的最大压应力）为

$$\sigma_{y\max} = \sigma_\mathrm{N} - \sigma_\mathrm{M} = \frac{F_\mathrm{N}}{A} - \frac{M_\mathrm{max}}{W_z}$$

当构件发生的弯曲拉伸（压缩）组合变形时，对于抗压强度等于抗拉强度的塑性材料，为使杆件具有足够的强度，只需按截面上的最大应力进行强度计算，其强度条件为

$$\sigma_\mathrm{max} = \left|\frac{F_\mathrm{N}}{A}\right| + \left|\frac{M_\mathrm{max}}{W_z}\right| \leqslant [\sigma] \tag{10–14}$$

但对于抗压强度大于抗拉强度的脆性材料，则可根据危险截面上、下边缘应力分布的实际情况，采用与上述相似的方法分别进行强度计算。

例 10.4 图 10–8（a）所示的悬臂梁 AB，采用钢材制成，长 l=400 mm，截面为正方形，边长 a=60 mm，外力 $\boldsymbol{F}$ 作用在梁 B 端的纵向对称面内，并与梁的轴线成 α=45°，若 F=10 kN，材料的许用应力 $[\sigma]$=100 MPa，试校核梁 AB 的强度。

解 （1）对梁 AB 进行受力分析（图 10–8（b））。
先求约束力，由静力学平衡方程可求得

$$F_{Ax} = F_x = F\cos 45° = 7.07 \text{ kN}$$
$$F_{Ay} = F_y = F\sin 45° = 7.07 \text{ kN}$$
$$M_A = F_y l = 2.81 \text{ kN·m}$$

悬臂梁 AB 受弯曲与拉伸组合变形。

（2）画出梁 AB 的内力图，如图 10–8（c）、（d）所示。梁的 A 截面为危险截面。

$$F_\mathrm{N} = F_x = 7.07 \text{ kN}, \quad M_\mathrm{max} = |F_y l| = 2.81 \text{ kN·m}$$

（3）校核梁 AB 的强度。
因钢材抗拉与抗压强度相同，由式（10–14）

$$\sigma_\mathrm{max} = \left|\frac{F_\mathrm{N}}{A}\right| + \left|\frac{M_\mathrm{max}}{W_z}\right| = \frac{7.07 \times 10^3}{60^2 \times 10^{-6}} + \frac{2.81 \times 10^3}{(60^3 \times 10^{-9})/6} = 80.6 \text{（MPa）} < [\sigma]$$

故梁 AB 满足强度条件。

10.4.2 弯曲与扭转组合变形的强度计算

机械中的转轴，通常是在弯曲与扭转组合变形下工作的。现以图 10–9（a）所示的圆轴 AB 为例，来具体说明弯曲与扭转组合变形的强度计算方法。该轴的左端固定，在右端带轮的边缘上受一垂直向下的力 $\boldsymbol{F}$ 作用，带轮半径为 R。

首先分析力 F 对轴 AB 的作用。将力 F 向圆轴的 B 截面形心简化，得到一个力 F' 和一个力偶矩 M_e，如图 10–9（b）所示。其值分别为

$$F'=F, \quad M_e=FR$$

力 F' 使轴在 xAy 平面内发生弯曲，力偶 M_e 使轴扭转，故轴上产生弯曲与扭转组合变形。

根据轴 AB 的受力情况，画出 AB 轴的扭矩图和弯矩图如图 10–9（c）、（d）所示。由图可知，固定端截面 A 为危险截面，其上的弯矩和扭矩值分别为

$$M=F'l, \quad T=M_e=FR$$

由于在危险截面上同时作用弯矩和扭矩，故该截面上必同时存在弯曲正应力和扭转切应力，其分布情况如图 10–9（e）所示。由应力分布图可见，C、D 两点的正应力和切应力均达到了最大值，因此，C、D 两点为危险点，该两点的弯曲正应力和扭转切应力分别为

$$\sigma = \frac{M}{W_z}, \quad \tau = \frac{T}{W_p}$$

取 C、D 两点的单元体如图 10–9（f）、（g）所示，它们均属于平面应力状态，故需按强度理论来建立强度条件。

对于在弯曲和扭转作用下的转轴，一般用塑性材料制成，由于其抗拉、抗压强度相同，因此 C、D 两点的危险程度是相同的。现取 C 点为例，采用第三强度理论和第四强度理论进行强度计算。

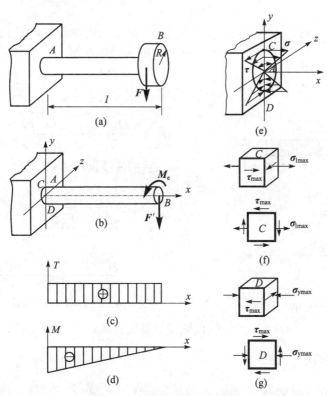

图 10–9 弯曲与扭转组合圆轴

由前述知，单元体 C 的第三、第四强度理论的相当应力分别为

$$\sigma_{r3} = \sqrt{\sigma^2 + 4\tau^2}$$

$$\sigma_{r4} = \sqrt{\sigma^2 + 3\tau^2}$$

将 $\sigma = \dfrac{M}{W_z}$，$\tau = \dfrac{T}{W_p}$ 代入上面两式，并注意到 $W_p = 2W_z$，即得到按第三和第四强度理论建立的强度条件为

$$\sigma_{r3} = \frac{\sqrt{M^2 + T^2}}{W_z} \leqslant [\sigma] \tag{10-15}$$

$$\sigma_{r4} = \frac{\sqrt{M^2 + 0.75T^2}}{W_z} \leqslant [\sigma] \tag{10-16}$$

例 10.5 如图 10-10（a）所示，在圆轴 AB 的右端联轴器上作用一力偶 M_e。已知：$D=0.5$ m，$F_1=2F_2=8$ kN，$d=90$ mm，$a=500$ mm，$[\sigma]=50$ MPa，试分别按第三、第四强度理论校核圆轴的强度。

解 （1）简化机构如图 10-10（b）所示，计算相应值：

$$M_1 = \frac{(F_1 - F_2)D}{2} = 1 \text{ kN·m}$$

分别画出轴的扭矩图和弯矩图 10-10（c）、（d）。可以看出 C 截面为危险截面，其截面上

$T=1$ kN·m，　$M=3$ kN·m

（2）由第三强度理论，得

$$\sigma_{r3} = \frac{\sqrt{M^2 + T^2}}{W_z} = \frac{\sqrt{(3 \times 10^3)^2 + (1 \times 10^3)^2}}{0.1 \times 90^3 \times 10^{-9}}$$

$$= 43.4 \text{（MPa）} < [\sigma]$$

由第四强度理论得

$$\sigma_{r4} = \frac{\sqrt{M^2 + 0.75T^2}}{W_z}$$

$$= \frac{\sqrt{(3 \times 10^3)^2 + 0.75 \times (1 \times 10^3)^2}}{0.1 \times 90^3 \times 10^{-9}}$$

$$= 42.83 \text{（MPa）} < [\sigma]$$

故该轴满足强度要求。

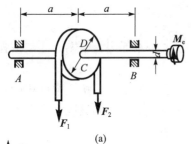
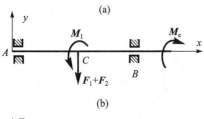
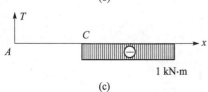
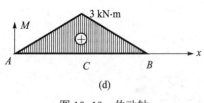

图 10-10　传动轴

 先导案例解决

圆截面传动轴在同时受轴向拉伸、扭转和弯曲作用下，轴上的危险点应力状态如图 10-11 所示，为复杂应力状态。通过本章学习知道，当危险点处于复杂应力状态时，应采用强度理论解决这类问题。

运用强度理论时,首先要确定主单元体的三个主应力 σ_1、σ_2、σ_3。由式(10-7)得

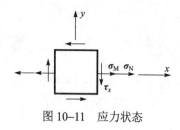

图 10-11 应力状态

$$\begin{aligned}\sigma_{\max}\\\sigma_{\min}\end{aligned}=\frac{\sigma_x+\sigma_y}{2}\pm\sqrt{\left(\frac{\sigma_x-\sigma_y}{2}\right)^2+\tau_x^2}$$

$$=\frac{\sigma_M+\sigma_N}{2}\pm\sqrt{\left(\frac{\sigma_M+\sigma_N}{2}\right)^2+\tau_x^2}$$

则主单元体的三个主应力分别为

$$\sigma_1=\frac{\sigma_M+\sigma_N}{2}+\sqrt{\left(\frac{\sigma_M+\sigma_N}{2}\right)^2+\tau_x^2},\quad\sigma_2=0,\quad\sigma_3=\frac{\sigma_M+\sigma_N}{2}-\sqrt{\left(\frac{\sigma_M+\sigma_N}{2}\right)^2+\tau_x^2}$$

因传动轴采用塑性材料制成,可选用第三或第四强度理论来建立强度条件。若选用第三强度理论,则强度条件为

$$\sigma_{r3}=\sigma_1-\sigma_3=\sqrt{(\sigma_M+\sigma_N)^2+\tau_x^2}\leqslant[\sigma]$$

其中 $\sigma_N=F_N/A$,$\sigma_M=M/W_z$,$\tau_x=T/W_P$。

学 习 经 验

(1)点的应力状态是用单元体来描述的,应在理解平面应力状态下任意斜截面上应力计算公式的基础上,掌握极值正应力的计算方法,从而确定单元体的三个主应力 σ_1、σ_2、σ_3。

(2)对组合变形的构件要进行受力分析,根据内力图分析可能危险面,根据危险面上应力分布,找出可能危险点,并画出它们相应的应力状态(单元体),计算有关应力分量,对复杂应力状态应计算其主应力。

(3)对危险点按选用的强度理论作强度校核或强度计算。特别注意不要漏掉可能的危险点和选错强度理论。

本 章 小 结

(1)一点处的应力状态是指受力构件内某点处在各个不同方位截面上的应力情况。一点处的应力状态可采用单元体来表示。

(2)单元体上切应力为零的截面称为主平面,主平面上的正应力称为主应力。过受力构件的某点,总可以找到一个主单元体,其上作用着三个主应力 $\sigma_1\geqslant\sigma_2\geqslant\sigma_3$。它是解释材料失效和建立强度理论的基础。

(3)平面应力状态下的主要公式。

任意斜截面上的应力计算公式:

$$\sigma_\alpha=\frac{\sigma_x+\sigma_y}{2}+\frac{\sigma_x-\sigma_y}{2}\cos 2\alpha-\tau_x\sin 2\alpha$$

$$\tau_\alpha=\frac{\sigma_x-\sigma_y}{2}\sin 2\alpha+\tau_x\cos 2\alpha$$

主应力计算公式：

$$\begin{matrix}\sigma_{\max}\\ \sigma_{\min}\end{matrix} = \frac{\sigma_x + \sigma_y}{2} \pm \sqrt{\left(\frac{\sigma_x - \sigma_y}{2}\right)^2 + \tau_x^2}$$

按 $\sigma_1 \geqslant \sigma_2 \geqslant \sigma_3$ 定出三个主应力。

主平面的方位角：

$$\tan 2\alpha_0 = -\frac{2\tau_x}{\sigma_x - \sigma_y}$$

最大切应力计算公式：

$$\tau_{\max} = \frac{\sigma_1 - \sigma_3}{2}$$

（4）强度理论是关于材料失效原因的假说。它利用单向拉伸的试验结果来建立复杂应力状态下的强度条件：

$$\sigma_r \leqslant [\sigma]$$

四个强度理论的相当应力分别为

$$\sigma_{r1} = \sigma_1$$

$$\sigma_{r2} = \sigma_1 - \mu(\sigma_2 + \sigma_3)$$

$$\sigma_{r3} = \sigma_1 - \sigma_3$$

$$\sigma_{r4} = \sqrt{\frac{1}{2}[(\sigma_1 - \sigma_2)^2 + (\sigma_2 - \sigma_3)^2 + (\sigma_3 - \sigma_1)^2]}$$

其适用范围主要取决于材料的类别，通常对脆性材料用第一、第二强度理论，对塑性材料用第三、第四强度理论。

（5）用叠加法求解组合变形强度问题的步骤是：

① 对杆件进行受力分析，确定杆件是哪些基本变形的组合。

② 分别画出各基本变形的内力图。

③ 确定危险截面上危险点的应力分布。

④ 运用强度理论进行计算。

（6）弯曲与拉伸或压缩组合变形，对于塑性材料，其强度条件为

$$\sigma_{\max} = \left|\frac{F_N}{A}\right| + \left|\frac{M_{\max}}{W_z}\right| \leqslant [\sigma]$$

对于脆性材料，需分别按最大拉应力和最大压应力进行强度计算。

（7）弯曲与扭转组合变形的塑性材料圆轴，其强度条件为

$$\sigma_{r3} = \frac{\sqrt{M^2 + T^2}}{W_z} \leqslant [\sigma]$$

$$\sigma_{r4} = \frac{\sqrt{M^2 + 0.75T^2}}{W_z} \leqslant [\sigma]$$

第 10 章 应力状态 强度理论 组合变形

思 考 题

1. 何谓一点处的应力状态？为什么要研究一点处的应力状态？
2. 在研究一点的应力状态时，为什么要把一点看成单元体？
3. 主应力与正应力有何区别？最大切应力作用面上正应力是否为零？
4. 什么是强度理论？为什么要建立强度理论？如何选用强度理论？
5. 什么是组合变形？试分析图 10-12 中曲杆各段产生何种变形？

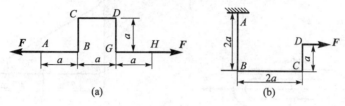

图 10-12 曲杆

习 题

1. 指出题 1 图所示单元体主应力 σ_1、σ_2、σ_3 的值，并说明各属于哪一种应力状态（应力单位：MPa）。

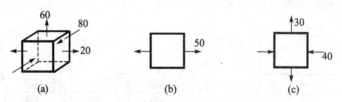

题 1 图 判断单元体的应力状态

2. 一拉伸试件，直径 $d=20$ mm，当与杆轴线成 $45°$ 斜截面上的切应力 $\tau=150$ MPa 时，求试件的拉力 F。

3. 已知单元体应力状态如题 3 图所示，试求主应力和最大剪应力（应力单位：MPa）。

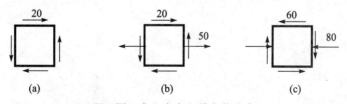

题 3 图 求主应力和最大剪应力

4. 已知 $[\sigma]=35$ MPa，$\mu=0.3$，危险点的主应力为 $\sigma_1=30$ MPa，$\sigma_2=20$ MPa，$\sigma_3=15$ MPa，试对铸铁零件进行强度校核。

5. 已知 $[\sigma]=120$ MPa，危险点的应力为 $\sigma_1=60$ MPa，$\sigma_2=0$，$\sigma_3=-50$ MPa，试按钢制零件

进行强度校核。

6. 圆轴受力如题 6 图所示，已知轴径 $d=20$ mm，材料的许用应力 $[\sigma]=140$ MPa，试用第三强度理论进行校核。

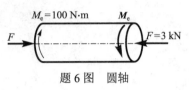

题 6 图　圆轴

7. 链条中一环如题 7 图所示，已知 $d=50$ mm，$F=10$ kN，$e=60$ mm，$[\sigma]=100$ MPa，试校核链环的强度。

8. 简易悬臂式吊车如题 8 图所示，起吊重力 $F=25$ kN，$[\sigma]=100$ MPa，横梁 AB 为工字钢。试按行车移至 AB 梁的中点选择工字钢的型号。

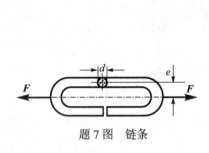

题 7 图　链条

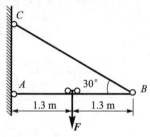

题 8 图　简易悬臂式吊车

9. 题 9 图所示折杆的 AB 段为圆截面，$AB\perp CB$，已知 AB 直径 $d=100$ mm，材料的许用应力 $[\sigma]=80$ MPa，试按第三强度理论确定许用载荷 $[F]$。

10. 题 10 图所示轴 AB 上装有两个轮子，C 轮和 D 轮上分别作用 W 和 F，轴处于平衡状态。已知 C 轮的直径 $D_1=0.4$ m，D 轮的直径 $D_2=0.8$ m，$W=6$ kN，轴的许用应力 $[\sigma]=60$ MPa，试按第三强度理论确定轴的直径 d。

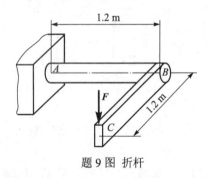

题 9 图　折杆

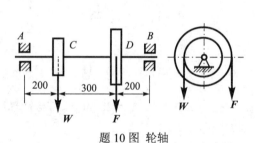

题 10 图　轮轴

第 11 章 压杆稳定与疲劳破坏等

本章知识点

1. 压杆稳定的概念及提高压杆稳定性的方法。
2. 交变应力和疲劳破坏的概念。
3. 应力集中的概念及减小应力集中的方法。

先导案例

工程中有些构件会在强度远低于材料强度极限时发生破坏,而且是瞬间发生的,以至于人们猝不及防,所以更具危险性。例如,1907 年,加拿大魁北克的圣劳伦斯河上一座跨度为 548 m 的钢桥,在施工过程中,由于两根受压杆件失稳,而导致全桥突然坍塌的严重事故;1912 年,德国汉堡一座煤气库由于其一根受压槽钢失稳,而致使其破坏;1998 年,德国高速行驶的列车,因轮轴突然断裂造成脱轨事故等。发生这些事故的原因是什么?

11.1 压杆稳定的概念

【知识预热】

压杆失稳
- 概念:压杆丧失直线平衡状态的能力而引起破坏的现象
- 失稳特点:破坏时工作应力远小于许用压应力,无预兆,具有突然性
- 影响因素:与压杆的横截面形状、长度及两端约束情况等有关

工程实际中发现,较细长的受压杆件,当所受压力远远小于强度条件所允许的压力值时,会突然弯折而破坏。

为了说明这个现象,做一实验。取一根细长木条,截面为矩形,面积 $A=b \times h=10 \times 20 \text{ mm}^2 = 200 \text{ mm}^2$,长 1.4 m,木材的许用应力 $[\sigma]=12$ MPa。根据压缩时的强度条件公式,可以计算出木条的许可载荷应该是 $F \leqslant A[\sigma]=200 \times 12=2\,400$ N。但是我们给这根木条加上轴向压力后就会发现:当压力较小时,木条保持原来的直线形状。而压力达到了某一数值时(约 100 N),木条就会突然弯曲,由原来的直线形状变成了曲线形状(图 11-1)。这时

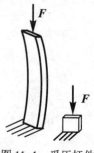

图 11-1 受压杆件

若再增加力,它就迅速折断。木条发生突然弯曲时的压力值远远小于按压缩强度条件计算出的许可载荷数值。

如果改变木条的长度,那么发生突然弯折时的压力值也相应改变。木条越细长,这个压力值越小。压杆之所以丧失工作能力,是由它不能保持原来的直线状态所造成的。

从这个实验中可以看到:细长压杆的承载能力不是取决于它的压缩强度条件,而是取决于它保持直线平衡的能力。压杆丧失直线平衡状态的能力而引起破坏的现象称压杆失稳。上述压力的临界值即保持压杆微小弯曲状态下平衡的最小压力,称为压杆的临界压力。

为保证压杆能正常工作,作用在杆上的压力必须低于压杆的临界压力。临界压力与杆端的支承有关,但可统一写成

$$F_{lj} = \frac{\pi^2 EI}{(\mu l)^2} \tag{11-1}$$

式（11-1）又称为欧拉公式。式中的 I 应是压杆横截面的最小惯性矩,因失稳一定发生在抗弯能力最小的纵向平面内;μ 称为长度系数,它反映了不同的支承情况对临界力的影响;μl 称为相当长度,两端铰支细长压杆的 $\mu=1$,其他支座条件的长度系数可从有关手册中查到。

由于压杆失稳时杆件的工作压应力远小于许用压应力,且失稳是突然发生的,事先没有任何预兆,势必导致一些难以预料的事故。所以,在工程中必须引起重视。

发动机连杆、液压缸的活塞杆、车床的丝杠、螺旋千斤顶的螺杆等都是较细长的压杆,均需要考虑压杆的稳定性问题。

11.2 提高压杆稳定性的措施

【知识预热】

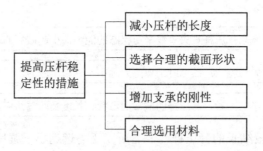

研究表明:压杆的稳定性与杆件的材料性能、长度、截面形状和尺寸以及两端的约束有关,因此,要提高压杆稳定性可从以下几个方面着手。

1. 减小压杆的长度

减小压杆的长度,可提高压杆的临界载荷。工程中,为了减小柱子的长度,通常在柱子的中间设置一定形式的撑杆,它们与其他构件连接在一起后,对柱子形成支点,限制了柱子的弯曲变形,起到减小柱长的作用。对于细长杆,若在柱子中设置一个支点,则长度减小一半,而承载能力可增加到原来的 4 倍。

2. 选择合理的截面形状

压杆的承载能力取决于最小的惯性矩 I，当压杆各个方向的约束条件相同时，使截面对两个形心主轴的惯性矩尽可能大，而且相等，是压杆合理截面的基本原则。因此，薄壁圆管（图 11-2（a））、正方形薄壁箱形截面（图 11-2（b））是理想截面，它们各个方向的惯性矩相同，且惯性矩比同等面积的实心杆大得多。但这种薄壁杆的壁厚不能过薄，否则会出现局部失稳现象。对于型钢截面（工字钢、槽钢、角钢等），由于它们的两个形心主轴惯性矩相差较大，为了提高这类型钢截面压杆的承载能力，工程实际中常用几个型钢，通过缀板组成一个组合截面，如图 11-2（c）、（d）所示。并选用合适的距离 a，使 $I_z = I_y$，这样可大大提高压杆的承载能力。

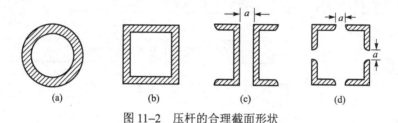

图 11-2 压杆的合理截面形状

3. 增加支承的刚性

一端铰支另一端固定的细长压杆的临界载荷比两端铰支的大一倍。因为杆端越不易转动，杆端的刚性越大，长度系数就越小，图 11-3 所示压杆，若增大杆右端止推轴承的长度 a，就加强了约束的刚性。

4. 合理选用材料

由欧拉公式知，临界压力与材料的弹性模量 E 成正比。因此，钢压杆比铜、铸铁或铝制压杆的临界载荷高。但各种钢材的 E 基本相同，所以对细长压杆选用优质钢材比低碳钢并无多大差别。

最后尚需指出，对于压杆，除了可以采取上述几方面的措施以提高其承载能力外，在可能的条件下，还可以从结构方面采取相应的措施。例如，将结构中的压杆转换成拉杆，这样就可以从根本上避免失稳问题。以图 11-4 所示的托架为例，在不影响结构使用的条件下，若图（a）所示结构改换成图（b）所示结构，则 AB 杆由承受压力变为承受拉力，从而避免了压杆的失稳问题。

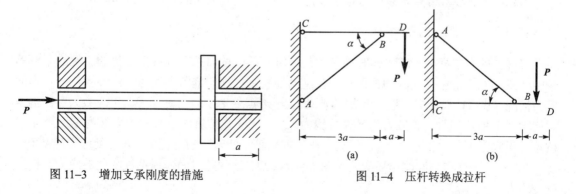

图 11-3 增加支承刚度的措施　　图 11-4 压杆转换成拉杆

11.3 交变应力和疲劳破坏的概念

【知识预热】

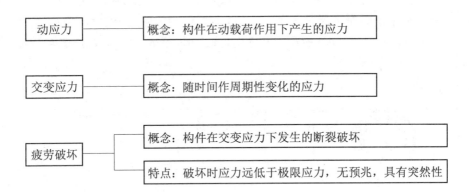

11.3.1 动应力的概念

作用在结构上的载荷，如果是一种由零缓慢地增加到某一数值，以后就保持不变或变化很小的载荷，称为静载荷。在静载荷作用下所产生的应力叫静应力。前面几章我们所讨论的问题都属于静应力问题。

在工程中，我们会遇到另外一类载荷。例如用汽锤打桩，桩在极短的时间内受到了很大的载荷；又如起重机加速起吊重物时，吊绳受到的载荷与加速度有关。这些载荷都是动载荷。

构件在动载荷作用下产生的应力叫作动应力。

静载荷和动载荷对构件所产生的作用是不相同的。一般来说，构件在动载荷作用下的应力和变形要比在静载荷作用下的应力和变形大得多。如起重机的钢丝绳吊着重物（重力为 G），重物静止不动（或匀速上升）时，重力 G 对吊绳是静载荷。在重力 G 作用下，吊绳受拉，拉力等于重力 G，吊绳并未发生断裂。如果此时突然以一个很大的加速度将重物吊起，吊绳就可能被拉断，说明吊绳在动载荷作用时，应力突增导致断裂。

动载荷的强度计算较复杂，通常可以通过转化按照静载荷的方法来计算。

11.3.2 交变应力的概念

工程上的有些杆件，在工作时的应力是随时间的改变而按某种规律变化的。例如车辆的轮轴（图 11-5（a））受到外力作用后产生纯弯曲变形，现研究跨中截面上最外缘任一点处的应力情况（图 11-5（b））。随着轮轴的转动，当 A 点处于 1 的位置时，其正应力为零；当 A 点旋转至 2 的位置时，正应力为最大拉应力 σ_{max}；至 3 点位置时，其正应力又为零；至 4 点位置时正应力为最大压应力 σ_{min}。可见，在车辆轮轴不断转动的过程中，A 点处应力将从 0→σ_{max}→0→σ_{min}→0 作不断的循环变化（图 11-5（c））。这种随时间作周期性变化的应力，称为交变应力。

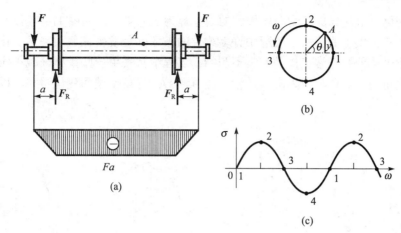

图 11-5 火车轮轴

11.3.3 构件的疲劳破坏及其产生的原因

实践表明，长期在交变应力作用下的构件，虽然其最大工作应力远低于材料在静载荷下的极限应力，也会突然发生断裂；即便塑性很好的材料，破坏时也无明显的塑性变形。这种构件在交变应力下发生的断裂破坏，称为疲劳破坏。观察构件的断口，明显呈现两个不同的区域，一个是光滑区，一个是粗糙区，如图 11-6 所示。

通常认为，产生疲劳破坏的原因是：当交变应力的大小超过一定限度时，经过很多次的应力循环，在构件中的应力最大处和材料缺陷处产生了细微的裂纹，随着应力循环次数增加，裂纹逐渐扩大，裂纹两边的材料时合时分，不断挤压形成断口的光滑区。经过长期运转，裂纹不断扩展，有效面积逐渐缩小；当截面削弱到一定程度时，构件突然断裂，形成断口的粗糙区。

图 11-6 疲劳破坏

由于疲劳破坏是在构件没有明显的塑性变形时突然发生的，故常会产生严重的后果。

11.4 应力集中的概念

【知识预热】

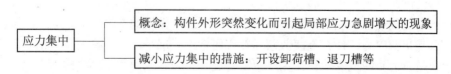

前面我们研究的都是等截面直杆。在轴向拉伸和压缩时，截面上的应力是均匀分布的。但是工程上，有些零件因有切口、开槽、钻孔、螺纹和台阶等，造成截面发生突然的改变。实验证明：在零件尺寸突然改变的横截面上，应力不再均匀分布。在切口或圆孔附近的局部区域内，应力急剧增加。而在离开这一区域稍远的地方，应力迅速降低而趋于均匀，这种构

件外形突然变化而引起局部应力急剧增大的现象称为应力集中，如图 11-7 所示。

正是由于应力集中的缘故，工程中许多构件的破坏都是发生在截面突然变化的地方。所以应力集中对于构件的正常工作是非常不利的。工程中常采用一些措施来减小应力集中的影响，如将带尖角的槽或台阶改为圆角过渡（图 11-8），尽量使截面变化缓和，以减小应力集中的影响。

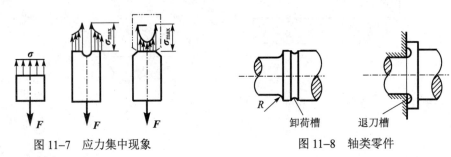

图 11-7　应力集中现象　　　　　　图 11-8　轴类零件

 先导案例解决

细长压杆的承载能力不是取决于它的压缩强度条件，而是取决于它保持直线平衡的能力。随着压杆长度增加，其维持直线平衡状态的能力降低，承载能力显著下降，引起失稳破坏。这就是案例中加拿大圣劳伦斯河上钢桥、德国汉堡一座煤气库被破坏的真正原因。

高速行驶的列车，轮轴突然断裂造成脱轨事故，其原因是列车在行驶过程中，车辆轮轴不断转动，轮轴所受应力为周期性变化的交变应力（图 11-5），经过很多次的应力循环后，产生疲劳破坏。

因杆件失稳及构件疲劳破坏造成的事故还有很多，在工程中应给予足够的重视。

学 习 经 验

本章主要介绍了压杆稳定、提高压杆稳定性的方法、交变应力、疲劳破坏和应力集中等知识，可结合工程实际来理解和掌握。

思 考 题

1. 压杆稳定性有什么重要意义？试举例说明。
2. 从哪些方面来提高压杆的稳定性？
3. 什么是动载荷、动应力？试举几个生产中动载荷作用的实例。
4. 什么是交变应力？什么是疲劳破坏？有何特点？试举出几个交变应力的实例。
5. 什么是应力集中现象？你在生产中看到过哪些减轻应力集中的措施？

附录A 型 钢 表

一、热轧等边角钢

符号意义：

b——边宽；
d——边厚；
r——内圆半径；
r_1——边端内弧半径；
I——惯性矩；
i——惯性半径；
W——截面系数；
z_0——重心距离。

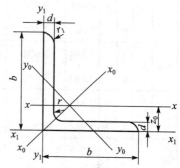

角钢号数	尺寸/mm			截面面积/cm^2	理论质量/$(kg \cdot m^{-1})$	外表面积/$(m^2 \cdot m^{-1})$	参 考 数 值										z_0/cm
							$x-x$			x_0-x_0			y_0-y_0			x_1-x_1	
	b	d	r				I_x/cm^4	i_x/cm	W_x/cm^3	I_{x0}/cm^4	i_{x0}/cm	W_{x0}/cm^3	I_{y0}/cm^4	i_{y0}/cm	W_{y0}/cm^3	I_{x1}/cm^4	
2	20	3	3.5	1.132	0.889	0.078	0.40	0.59	0.29	0.63	0.75	0.45	0.17	0.39	0.20	0.81	0.60
		4		1.459	1.145	0.077	0.50	0.58	0.36	0.78	0.73	0.55	0.22	0.38	0.24	1.09	0.64
2.5	25	3	3.5	1.432	1.124	0.098	0.82	0.76	0.46	1.29	0.95	0.73	0.34	0.49	0.33	1.57	0.73
		4		1.859	1.459	0.097	1.03	0.74	0.59	1.62	0.93	0.92	0.43	0.48	0.40	2.11	0.76
3.0	30	3	4.5	1.749	1.373	0.117	1.46	0.91	0.68	2.31	1.15	1.09	0.61	0.59	0.51	2.71	0.85
		4		2.276	1.786	0.117	1.84	0.90	0.87	2.92	1.13	1.37	0.77	0.58	0.62	3.63	0.89
3.6	36	3	4.5	2.109	1.656	0.141	2.58	1.11	0.99	4.09	1.39	1.61	1.07	0.71	0.76	4.68	1.00
		4		2.756	2.163	0.141	3.29	1.09	1.28	5.22	1.38	2.05	1.37	0.70	0.93	6.25	1.04
		5		3.382	2.654	0.141	3.95	1.08	1.56	6.24	1.36	2.45	1.65	0.70	1.09	7.84	1.07
4.0	40	3	5	2.359	1.852	0.157	3.59	1.23	1.23	5.69	1.55	2.01	1.49	0.79	0.96	6.41	1.09
		4		3.086	2.422	0.157	4.60	1.22	1.60	7.29	1.54	2.58	1.91	0.79	1.19	8.56	1.13
		5		3.791	2.976	0.156	5.53	1.21	1.96	8.76	1.52	3.01	2.30	0.78	1.39	10.74	1.17
4.5	45	3	5	2.659	2.088	0.177	5.17	1.40	1.58	8.20	1.76	2.58	2.14	0.90	1.24	9.12	1.22
		4		3.486	2.736	0.177	6.65	1.38	2.05	10.56	1.74	3.32	2.75	0.89	1.54	12.18	1.26
		5		4.292	3.369	0.176	8.04	1.37	2.51	12.74	1.72	4.00	3.33	0.88	1.81	15.25	1.30
		6		5.076	3.985	0.176	9.33	1.36	2.95	14.76	1.70	4.64	3.89	0.88	2.06	18.36	1.33
5	50	3	5.5	2.971	2.332	0.197	7.18	1.55	1.96	11.37	1.96	3.22	2.98	1.00	1.57	12.50	1.34

续表

角钢号数	尺寸/mm			截面面积/cm²	理论质量/(kg·m⁻¹)	外表面积/(m²·m⁻¹)	参考数值										z_0/cm
							$x-x$			x_0-x_0			y_0-y_0			x_1-x_1	
	b	d	r				I_x/cm⁴	i_x/cm	W_x/cm³	I_{x0}/cm⁴	i_{x0}/cm	W_{x0}/cm³	I_{y0}/cm⁴	i_{y0}/cm	W_{y0}/cm³	I_{x1}/cm⁴	
5	50	4		3.897	3.059	0.197	9.26	1.54	2.56	14.70	1.94	4.16	3.82	0.99	1.96	16.69	1.38
		5		4.803	3.770	0.196	11.21	1.53	3.13	17.79	1.92	5.03	4.64	0.98	2.31	20.90	1.42
		6		5.688	4.465	0.196	13.05	1.52	3.68	20.68	1.91	5.85	5.42	0.98	2.63	25.14	1.46
5.6	56	3	6	3.343	2.624	0.221	10.19	1.75	2.48	16.14	2.20	4.08	4.24	1.13	2.02	17.56	1.48
		4		4.390	3.446	0.220	13.18	1.73	3.24	20.92	2.18	5.28	5.46	1.11	2.52	23.43	1.53
5.6	56	5	6	5.415	4.251	0.220	16.02	1.72	3.97	25.42	2.17	6.42	6.61	1.10	2.98	29.33	1.57
		8	7	8.367	6.568	0.219	23.63	1.68	6.03	37.37	2.11	9.44	9.89	1.09	4.16	47.24	1.68
6.3	63	4	7	4.978	3.907	0.248	19.03	1.96	4.13	30.17	2.46	6.78	7.89	1.26	3.29	33.35	1.70
		5		6.143	4.822	0.248	23.17	1.94	5.08	36.77	2.45	8.25	9.57	1.25	3.90	41.73	1.74
		6		7.288	5.721	0.247	27.12	1.93	6.00	43.03	2.43	9.66	11.20	1.24	4.46	50.14	1.78
		8		9.515	7.469	0.247	34.46	1.90	7.75	54.56	2.40	12.25	14.33	173	5.47	67.11	1.85
		10		11.657	9.151	0.246	41.09	1.88	9.39	64.85	2.36	14.56	17.33	1.22	6.36	84.31	1.93
7	70	4	8	5.570	4.372	0.275	26.39	2.18	5.14	41.80	2.74	8.44	10.99	1.40	4.17	45.74	1.86
		5		6.875	5.397	0.275	32.21	2.16	6.32	51.08	2.73	10.32	13.34	1.39	4.95	57.21	1.91
		6		8.160	6.406	0.275	37.77	2.15	7.48	59.93	2.71	12.11	15.61	1.38	5.67	68.73	1.95
		7		9.424	7.398	0.275	43.09	2.14	8.59	68.35	2.69	13.81	17.82	1.38	6.34	80.29	1.99
		8		10.667	8.373	0.274	48.17	2.12	9.68	76.37	2.68	15.43	19.98	1.37	6.98	91.92	2.03
7.5	75	5	9	7.367	5.818	0.295	39.97	2.33	7.32	63.30	2.92	11.94	16.63	1.50	5.77	70.56	2.04
		6		8.797	6.905	0.294	46.95	2.31	8.64	74.38	2.90	14.02	19.51	1.49	6.67	84.55	2.07
		7		10.160	7.976	0.294	53.57	2.30	9.93	84.96	2.89	16.02	22.18	1.48	7.44	98.71	2.11
		8		11.503	9.030	0.294	59.96	2.28	11.20	95.07	2.88	17.93	24.86	1.47	8.19	112.97	2.15
		10		14.126	11.089	0.293	71.98	2.26	13.64	113.92	2.84	21.48	30.05	1.46	9.56	141.71	2.22
8	80	5	9	7.912	6.211	0.315	48.79	2.48	8.34	77.33	3.13	13.67	20.25	1.60	6.66	85.36	2.15
		6		9.397	7.376	0.314	57.35	2.47	9.87	90.98	3.11	16.08	23.72	1.59	7.65	102.50	2.19
		7		10.860	8.525	0.314	65.58	2.46	11.37	104.07	3.10	18.40	27.09	1.58	8.58	119.70	2.23
		8		12.303	9.658	0.314	73.49	2.44	12.83	116.60	3.08	20.61	30.39	1.57	9.46	136.97	2.27
		10		15.126	11.874	0.313	88.43	2.42	15.64	140.09	3.04	24.76	36.77	1.56	11.08	171.74	2.35
9	90	6		10.637	8.350	0.354	82.77	2.79	12.61	131.26	3.51	20.63	34.28	1.80	9.95	145.87	2.44
		7		12.301	9.656	0.354	94.83	2.78	14.54	150.47	3.50	23.64	39.18	1.78	11.19	170.30	2.48

附录A 型钢表

续表

角钢号数	尺寸/mm			截面面积/cm²	理论质量/(kg·m⁻¹)	外表面积/(m²·m⁻¹)	参 考 数 值										z_0/cm
							$x-x$			x_0-x_0			y_0-y_0			x_1-x_1	
	b	d	r				I_x/cm⁴	i_x/cm	W_x/cm³	I_{x0}/cm⁴	i_{x0}/cm	W_{x0}/cm³	I_{y0}/cm⁴	i_{y0}/cm	W_{y0}/cm³	I_{x1}/cm⁴	
9	90	8	10	13.944	10.946	0.353	106.47	2.76	16.42	168.97	3.48	26.55	43.97	1.78	12.35	194.80	2.52
		10		17.167	13.476	0.353	128.58	2.74	20.07	203.90	3.45	32.04	53.26	1.76	14.52	244.07	2.59
		12		20.306	15.940	0.352	149.22	2.71	23.57	236.21	3.41	37.12	62.22	1.75	16.49	293.76	2.67
10	100	6	12	11.932	9.366	0.393	114.95	3.01	15.68	181.98	3.90	25.74	47.92	2.00	12.69	200.07	2.67
		7		13.796	10.830	0.393	131.86	3.09	18.10	208.97	3.89	29.55	54.74	1.99	14.26	233.54	2.71
		8		15.638	12.276	0.393	148.24	3.08	20.47	235.07	3.88	33.24	61.41	1.98	15.75	267.09	2.76
		10		19.261	15.120	0.392	179.51	3.05	25.06	284.68	3.84	40.26	74.35	1.96	18.54	334.48	2.84
		12		22.800	17.898	0.391	208.90	3.03	29.48	330.95	3.81	46.80	86.84	1.95	21.08	402.34	2.91
		14		26.256	20.611	0.391	236.53	3.00	33.73	374.06	3.77	52.90	99.00	1.94	23.44	470.75	2.99
		16		29.627	23.257	0.390	262.53	2.98	37.82	414.16	3.74	58.57	110.89	1.94	25.63	539.80	3.06

注：1. 角钢：型号　　2～4 号　　4.5～8 号　　9～14 号　　16～20 号
　　　　　长度　　3～9 m　　4～12 m　　4～19 m　　6～19 m
　　2. 一般采用的材料：Q215，Q235，Q275，Q235F。

二、热轧普通工字钢

符号意义：

h——高度；　　　　　　　r_1——边端内弧半径；

b——腿宽；　　　　　　　I——惯性矩；

d——腰厚；　　　　　　　i——惯性半径；

t——平均腿厚；　　　　　W——截面系数；

r——内圆半径；　　　　　S——半截面静矩。

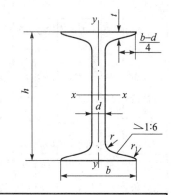

型号	尺寸/mm						截面面积/cm²	理论质量/(kg·m⁻¹)	参 考 数 值					
									$x-x$				$y-y$		
	h	b	d	t	r	r_1			I_x/cm⁴	W_x/cm³	i_x/cm	$I_x:S_x$/cm	I_y/cm⁴	W_y/cm³	i_y/cm
10	100	68	4.5	7.6	6.5	3.3	14.3	11.2	245	49	4.14	8.59	33	9.72	1.52
12.6	126	74	5	8.4	7	3.5	18.1	14.2	488.43	77.529	5.195	10.85	46.906	12.677	1.609
14	140	80	5.5	9.1	7.5	3.8	21.5	16.9	712	102	5.76	12	64.4	16.1	1.73
16	160	88	6	9.9	8	4	26.1	20.5	1 130	141	6.58	13.8	93.1	21.2	1.89
18	180	94	6.5	10.7	8.5	4.3	30.6	24.1	1 660	185	7.36	15.4	122	26	2

续表

型号	尺寸/mm						截面面积/cm^2	理论质量/$(kg \cdot m^{-1})$	参考数值					
									x—x				y—y		
	h	b	d	t	r	r_1			I_x/cm^4	W_x/cm^3	i_x/cm	$I_x:S_x$/cm	I_y/cm^4	W_y/cm^3	i_y/cm
20a	200	100	7	11.4	9	4.5	35.5	27.9	2 370	237	8.15	17.2	158	31.5	2.12
20b	200	102	9	11.4	9	4.5	39.5	31.1	2 500	250	7.96	16.9	169	33.1	2.06
22a	220	110	7.5	12.3	9.5	4.8	42	33	3 400	309	8.99	18.9	225	40.9	2.31
22b	220	112	9.5	12.3	9.5	4.8	46.4	36.4	3 570	325	8.78	18.7	239	42.7	2.27
25a	250	116	8	13	10	5	48.5	38.1	5 023.54	401.88	10.18	21.58	280.046	48.283	2.403
25b	250	118	10	13	10	5	53.5	42	5 283.96	422.72	9.938	21.27	309.297	52.423	2.404
28a	280	122	8.5	13.7	10.5	5.3	55.45	43.4	7 114.14	508.15	11.32	24.62	345.051	56.565	2.495
28b	280	124	10.5	13.7	10.5	5.3	61.05	47.9	7 480	534.29	11.08	24.24	379.496	61.209	2.493
32a	320	130	9.5	15	11.5	5.8	67.05	52.7	11 075.5	692.2	12.84	27.46	459.93	70.758	2.619
32b	320	132	11.5	15	11.5	5.8	73.45	57.7	11 621.4	726.33	12.58	27.09	501.53	75.989	2.614
32c	320	134	13.5	15	11.5	5.8	79.95	62.8	12 167.5	760.47	12.34	26.77	543.81	81.166	2.608
36a	360	136	10	15.8	12	6	76.3	59.9	15 760	875	14.4	30.7	552	81.2	2.69
36b	360	138	12	15.8	12	6	83.5	65.6	16 530	919	14.1	30.3	582	84.3	2.64
36c	360	140	14	15.8	12	6	90.7	71.2	17 310	962	13.8	29.9	612	87.4	2.6
40a	400	142	10.5	16.5	12.5	6.3	86.1	67.6	21 720	1 090	15.9	34.1	660	93.2	2.77
40b	400	144	12.5	16.5	12.5	6.3	94.1	73.8	22 780	1 140	15.6	33.6	692	96.2	2.71
40c	400	146	14.5	16.5	12.5	6.3	102	80.1	23 850	1 190	15.2	33.2	727	99.6	2.65
45a	450	150	11.5	18	13.5	6.8	102	80.4	32 240	1 430	17.7	38.6	855	114	2.89
45b	450	152	13.5	18	13.5	6.8	111	87.4	33 760	1 500	17.4	38	894	118	2.84
45c	450	154	15.5	18	13.5	6.8	120	94.5	35 280	1 570	17.1	37.8	938	122	2.79
50a	500	158	12	20	14	7	119	93.6	46 470	1 860	19.7	42.8	1 120	142	3.07
50b	500	160	14	20	14	7	129	101	48 560	1 940	19.4	42.4	1 170	146	3.01
50c	500	162	16	20	14	7	139	109	50 640	2 080	19	41.8	1 220	151	2.96
56a	560	166	12.5	21	14.5	7.3	135.25	106.2	65 585.6	2 342.31	22.02	47.73	1 370.16	165.08	3.182
56b	560	168	14.5	21	14.5	7.3	146.45	115	68 512.5	2 446.69	21.63	47.17	1 486.75	174.25	3.162
56c	560	170	16.5	21	14.5	7.3	157.85	123.9	71 439.4	2 551.41	21.27	46.66	1 558.39	183.34	3.158
63a	630	176	13	22	15	7.5	154.9	121.6	93 916.2	2 981.47	24.62	54.17	1 700.55	193.24	3.314
63b	630	178	15	22	15	7.5	167.5	131.5	98 083.6	3 163.38	24.2	53.51	1 812.07	203.6	3.289
63c	630	180	17	22	15	7.5	180.1	141	102 251.1	3 298.42	23.82	52.92	1 924.91	213.88	3.268

注：1. 工字钢：型号 10～18 号，长 5～19 m；20～63 号，长 6～19 m。
　　2. 一般采用的材料：Q215，Q235，Q275，Q235F。

附录B 习题答案

第2章

3. （a）$F_A=2\,236$ N，$\alpha=26°34'$
   （b）$F_A=2\,236$ N，$\alpha=26°34'$
   （c）$F_A=1\,000$ N，$\alpha=45°$

4. （a）$F_{AB}=0.577G=1.154$ kN（拉），$F_{AC}=1.155G=2.31$ kN（压）
   （b）$F_{AB}=0.577G=1.154$ kN（压），$F_{AC}=1.155G=2.31$ kN（拉）
   （c）$F_{AB}=0.5G=1$ kN（拉），$F_{AC}=0.866G=1.732$ kN（压）
   （d）$F_{AB}=0.577G=1.154$ kN（拉），$F_{AC}=0.577G=1.154$ kN（拉）

5. （a）$F_{AB}=0.414$ kN（压），$F_{AC}=3.15$ kN（压）
   （b）$F_{AB}=2.73$ kN（拉），$F_{AC}=5.28$ kN（压）

6. （1）$F=11.18$ kN
   （2）$F_{\min}=7.453$ kN，$\alpha=48°11'$

7. （a）$M_O(\boldsymbol{F})=Fl$
   （b）$M_O(\boldsymbol{F})=0$
   （c）$M_O(\boldsymbol{F})=Fl\sin\alpha$
   （d）$M_O(\boldsymbol{F})=F(l+r)$
   （e）$M_O(\boldsymbol{F})=-Fa$
   （f）$M_O(\boldsymbol{F})=F\sqrt{a^2+b^2}\sin\alpha$

8. $M_A(\boldsymbol{F})=-15$ N·m

9. $M_1=3$ N·m，$F_{AB}=5$ N（拉）

10. 主矢 $F'_R=494$ N，F'_R 与 x 轴夹角 $\alpha=36°47'$，指向第四象限；主矩 $M_O=21.65$ N·m

11. $G_{\max}=3\,398$ kN

12. （a）$F_A=F_B=1.5$ kN
    （b）$F_A=F_B=7.07$ kN
    （c）$F_A=F_B=25$ kN
    （d）$F_{Ax}=20$ kN，$F_{Ay}=10$ kN，$F_B=20$ kN
    （e）$F_{Ax}=20$ kN，$F_{Ay}=-10$ kN，$F_B=28.3$ kN
    （f）$F_{Ax}=-20$ kN，$F_{Ay}=-10$ kN，$F_B=28.3$ kN

13. $\alpha=\arccos\dfrac{G_1}{G_2}$，$F_N=P-\sqrt{G_2^2-G_1^2}$

14. 挡板 AB 所受的压力分别是 4.61 kN 和 4 kN

15. F_A=35.36 kN, F_B=84.64 kN, T=207.8 kN
16. F_{Ax}=1 500 N, F_{Ay}=−7 500 N, F_{ND}=8 366 N
17. F_{Ax}=35.37 kN, F_{Ay}=20 kN, T=35.37 kN, h=1.25 m
18. M=285 N·m
19. h_{max}=1.18 m
20. b≤9 cm
21. （a）$F_1 = \dfrac{M}{rbf_s}(a - f_s c)$

   （b）$F_2 = \dfrac{M}{rbf_s}a$

   （c）$F_3 = \dfrac{M}{rbf_s}(a + f_s c)$

第 3 章

1. F_{1x}=0, F_{1y}=0, F_{1z}=3 kN
   F_{2x}=−1.2 kN, F_{2y}=1.6 kN, F_{2z}=0
   F_{3x}=0.424 kN, F_{3y}=0.566 kN, F_{3z}=0.707 kN
2. F_{1x}=0, F_{1y}=138.6 N, F_{1z}=80 N
   F_{2x}=0, F_{2y}=0, F_{2z}=−140 N
   F_{3x}=50 N, F_{3y}=86.6 N, F_{3z}=−173.2 N
   F_{4x}=25 N, F_{4y}=−86.6 N, F_{4z}=43.3 N
3. F_x=$F\cos\alpha\sin\beta$, F_y=−$F\cos\alpha\cos\beta$
   F_z=−$F\sin\alpha$, $M_y(\boldsymbol{F})$=$Fr\cos\alpha\sin\beta$
4. $M_x(\boldsymbol{F})$=−180 N·m, $M_y(\boldsymbol{F})$=−156 N·m, $M_z(\boldsymbol{F})$=0
5. F_A=−26.38 kN, F_B=−26.38 kN, F_C=33.46 kN
6. F_{AB}=4.081 kN, F_{AC}=4.081 kN, F_{AD}=−11.547 kN
7. T_A=2.03 kN, T_B=2.03 kN, T_C=3.36 kN
8. F_A=−31.55 kN, F_B=−31.55 kN, F_C=−1.55 kN
9. F_{NA}=41.7 kN, F_{NB}=31.6 kN, F_{NC}=36.7 kN
10. F_{Ax}=−2.01 kN, F_{Az}=0.376 kN
    F_{Bx}=−1.77 kN, F_{Bz}=−0.152 kN, F_2=2.19 kN
11. F_{Ax}=−518 N, F_{Ay}=0, F_{Az}=−899 N
    F_{Bx}=4 119 N, F_{Bz}=−1 302 N, F_n=2 056 N
12. （a）x_C=0, y_C=35（距上边）

    （b）x_C=31.8（距左边），y_C=0

    （c）x_C=0, y_C=153.3（距下边）
13. （a）x_C=−49.5, y_C=83.3（以右下点为坐标原点）

    （b）x_C=122.8（圆心向右），y_C=0

    （c）x_C=9.375 （大圆圆心向左），y_C=0

第 4 章

1. v=1.047 m/s
2. d=0.5 m，ω=2 rad/s
3. n=330 r/min
4. P=1.92 kW
5. n=7.64 r/min，v=0.2 m/s
6. F=800 N，P=1 kW

第 5 章

1. （a）F_{N1}=50 kN，F_{N2}=20 kN，F_{N3}=−20 kN
   （b）F_{N1}=−30 kN，F_{N2}=−70 kN，F_{N3}=−50 kN
2. σ_1=25 MPa，σ_2=−33.3 MPa，σ_3=−100 MPa
3. σ_{max}=66.7 MPa
4. Δl=0.5 mm
5. Δl=0.375 mm
6. E=210 GPa，μ=0.243
7. σ_{max}=184 MPa$<[\sigma]$
8. G_{max}=38.6 kN
9. $[F]\leqslant$84 kN
10. a=14.1 mm，b=28.3 mm
11. $x=\dfrac{6}{7}L$
12. $F_A=\dfrac{l_2}{l_1+l_2}F$，$F_B=\dfrac{l_1}{l_1+l_2}F$

第 6 章

1. 强度不够，$d\geqslant$32.6 mm
2. d_{min}=34 mm，t_{max}=10.1 mm
3. $d:h$=2.4:1
4. $d\geqslant$14.6 mm
5. $l\geqslant$112 mm

第 7 章

2. （1）T_{12}=255 N·m，T_{23}=95.5 N·m
   （2）将主动轮放在两从动轮之间较合理，此时的 T_{max}=159.5 N·m
3. P=18.85 kW
4. 节省 43.6% 的材料
6. l=2.62 m

7. $d \geqslant 83$ mm

第 8 章

1. (a) $F_{Q1-1}=0$, $M_{1-1}=Fa$;
   $F_{Q2-2}=0$, $M_{2-2}=Fa$;
   $F_{Q3-3}=-F$, $M_{3-3}=Fa$;
   $F_{Q4-4}=-F$, $M_{4-4}=0$;
   $F_{Q5-5}=0$, $M_{5-5}=0$

   (b) $F_{Q1-1}=-qa$, $M_{1-1}=0$;
   $F_{Q2-2}=-qa$, $M_{2-2}=-qa^2$;
   $F_{Q3-3}=-qa$, $M_{3-3}=qa^2$;
   $F_{Q4-4}=-qa$, $M_{4-4}=0$

   (c) $F_{Q1-1}=qa$, $M_{1-1}=-qa^2$;
   $F_{Q2-2}=qa$, $M_{2-2}=0$;
   $F_{Q3-3}=0$, $M_{3-3}=0$;
   $F_{Q4-4}=0$, $M_{4-4}=0$

   (d) $F_{Q1-1}=-2qa$, $M_{1-1}=0$;
   $F_{Q2-2}=-2qa$, $M_{2-2}=-2qa^2$;
   $F_{Q3-3}=2qa$, $M_{3-3}=-2qa^2$; $F_{Q4-4}=0$, $M_{4-4}=0$

第 9 章

1. $\sigma_a=-75$ MPa, $\sigma_b=0$, $\sigma_d=150$ MPa

2. (a) $I_z=2.52\times10^6$ mm^4
   (b) $I_z=27\times10^6$ mm^4

3. $\sigma_{lmax}=3.68$ MPa, $\sigma_{ymax}=10.9$ MPa

4. $\sigma_{lmax}=39.1$ MPa $>[\sigma_l]$,
   $\sigma_{ymax}=39.1$ MPa $<[\sigma_y]$，不满足强度条件

5. 选用 No.18 工字钢

6. $d_{max}=38.8$ mm

7. $\sigma_{lmax}=86.7$ MPa $<[\sigma]$，满足强度条件

9. $b=70$ mm, $h=210$ mm

10. (1) $d=275$ mm
    (2) $b=177$ mm, $h=266$ mm

11. $[F] \leqslant 20$ kN

12. $q \leqslant 9\,074$ kN/m

13. (1) $\tau=1.2$ MPa
    (2) $\sigma_{max}/\tau_{max}=100$
    (3) $\tau_{max}=7.26$ MPa

14. 选用 No.25b 工字钢

15. （1） $y_C = -\dfrac{5qa^2}{8EI}$，$\theta_C = -\dfrac{19qa^3}{24EI}$

　　（2） $y_A = -\dfrac{9Fl^2}{96EI}$，$\theta_A = \dfrac{11Fl^2}{48EI}$

第 10 章

1. （a） σ_1=60 MPa，σ_2=20 MPa，σ_3=−80 MPa，三向应力状态
   （b） σ_1=50 MPa，$\sigma_2=\sigma_3$=0，单向应力状态
   （c） σ_1=30 MPa，σ_2=0，σ_3=−40 MPa，两向应力状态

2. F=94.25 MPa

3. （a） σ_1=20 MPa，σ_2=0，σ_3=−20 MPa
       τ_{max}=20 MPa
   （b） σ_1=57 MPa，σ_2=0，σ_3=−7 MPa
       τ_{max}=32 MPa
   （c） σ_1=55.4 MPa，σ_2=0，σ_3=−115.4 MPa
       τ_{max}=85.4 MPa

4. σ_{r1}=30 MPa<[σ]，σ_{r2}=19.5 MPa<[σ]，安全

5. σ_{r3}=110 MPa<[σ]，σ_{r4}=95.4 MPa<[σ]，安全

6. σ_{r3}=127.7 MPa<[σ]，轴的强度足够

7. σ_{max}=54 MPa<[σ]，链环强度足够

8. 选用 No.18 工字钢

9. [F]=4.63 kN

10. d=65 mm

参 考 文 献

[1] 张秉荣，章剑青. 工程力学 [M]. 北京：机械工业出版社，1996.
[2] 赵芳印. 材料力学 [M]. 北京：机械工业出版社，1991.
[3] 张亮. 理论力学解题指南 [M]. 南京：河海大学出版社，1991.
[4] 韩冠英. 材料力学 [M]. 南京：河海大学出版社，1991.
[5] 李龙堂. 工程力学 [M]. 北京：高等教育出版社，1988.
[6] 顾志荣，吴永生. 材料力学 [M]. 上海：同济大学出版社，1990.
[7] 张翼. 材料力学 [M]. 南京：江苏科学技术出版社，1990.
[8] 纪武瑜. 工程力学 [M]. 北京：中国劳动社会保障出版社，2001.
[9] 单辉祖. 材料力学 [M]. 北京：国防工业出版社，1982.
[10] 张定华. 工程力学 [M]. 北京：高等教育出版社，2000.